Systems Engineering

Iris Gräßler · Christian Oleff

Systems Engineering

Verstehen und industriell umsetzen

Springer Vieweg

Iris Gräßler
Heinz Nixdorf Institut
Universität Paderborn
Lehrstuhl für Produktentstehung
Paderborn, Deutschland

Christian Oleff
Heinz Nixdorf Institut
Universität Paderborn
Lehrstuhl für Produktentstehung
Paderborn, Deutschland

ISBN 978-3-662-64516-1 ISBN 978-3-662-64517-8 (eBook)
https://doi.org/10.1007/978-3-662-64517-8

Die Deutsche Nationalbibliothek verzeichnet diese Publikation in der Deutschen Nationalbibliografie; detaillierte bibliografische Daten sind im Internet über http://dnb.d-nb.de abrufbar.

Planung/Lektorat: Alexander Grün
Springer Vieweg ist ein Imprint der eingetragenen Gesellschaft Springer-Verlag GmbH, DE und ist ein Teil von Springer Nature.
Die Anschrift der Gesellschaft ist: Heidelberger Platz 3, 14197 Berlin, Germany

Geleitwort

Systems Engineering hat international eine lange Geschichte, die ich selbst schon aktiv wissenschaftlich, methodisch, in der Industrie und als Unternehmensberater in zahlreichen Projekten begleiten und mitgestalten durfte. Kaum ein Gebiet ist einerseits so intensiv allgemeingültig beschrieben und anderseits so heterogen in der täglichen praktischen industriellen Bedeutung und Anwendung. Während die Luft- und Raumfahrt schon seit vielen Dekaden die Methoden des Systems Engineering anwendet, weiterentwickelt und in den Prozessen, Werkzeugen und Ausbildungsprogrammen institutionalisiert, kommen andere Branchen wie zum Beispiel der Automobilbau erst in den letzten Jahren „auf den Geschmack". Auch hier zeigt sich wieder: die Bedeutung und die Anwendung von Systems Engineering hängt direkt an der Komplexität der zu bewältigenden Aufgaben. Im Automobilbau ist diese auf Grund des Technologie-Shifts zu Elektro-Antrieben, der Entwicklung des autonomen Fahrens und der hohen Vernetzung der Fahrzeuge mit Ihrer Umgebung und Software-Basierung nahezu exponentiell gestiegen – im Gegensatz zu den verfügbaren Ressourcen.

Aber nicht nur unsere technischen Systeme werden komplexer. Die aktuellen Herausforderungen unserer Gesellschaft durch Digitalisierung, Lieferkettenbrüche, Energiekrise und Klimawandel erfordern Problemlösungskompetenzen, wie sie im Systems Engineering beschrieben und schon angelegt sind. Dazu werden wir auch das Systems Engineering teilweise neu interpretieren und zukunftsfähig machen müssen. Für die nutzbringende Anwendung von SE wird es aber notwendig sein, die Lücke zwischen Theorie und der praktischen Anwendung besser zu schließen. Genau an dieser Stelle setzt dieses Buch an.

Das Buch wendet sich an Führungskräfte, Praktiker und Einsteiger ins Systems Engineering. Den Lesern werden die wesentlichen Elemente, auf die es im Systems Engineering ankommt, greifbar vermittelt. Schlüsselfragen für die industrielle Umsetzung werden beantwortet. Welche Voraussetzungen benötige ich? Wie finde ich die passenden Methoden und das richtige Maß? Warum ist Systemdenken für Integrität und Nachhaltigkeit von Systemen entscheidend? Wie fügt sich Systems Engineering in meine bestehenden Entwicklungsprozesse und Vorgehensmodelle ein? Welcher Verantwortung muss der Anwender gerecht werden und welche Rollen müssen etabliert werden? Welche Rahmenbedingungen muss ich als Führungskraft für eine erfolgreiche Einführung und Veränderung schaffen?

Für die verschiedenen Beiträge konnten die Autoren auf ihre persönlichen Erfahrungen als Führungskraft in der Industrie, in Veränderungsinitiativen, bei der Grundlagenvermittlung und im Theorieverständnis durch die Lehre am Heinz Nixdorf Institut der Universität Paderborn, in der angewandten Forschung und durch Projekte in der Industrie und Fördervorhaben zurückgreifen.

Vor diesem Hintergrund haben die Autoren selbst eine umfassende SE Vorlesung über Jahre am Lehrstuhl für Produktentstehung auf- und ausgebaut. In gemeinsamen Industrie-Projekten konnten wir uns intensiv mit der Ausbildung zum Systems Engineer und auch der Modellbildung und Modellierung als eine Grundlage für Nachweisfähigkeit, Anforderungs- und Änderungsmanagement auseinandersetzen. Die Nachhaltigkeit eines Systems und von Entscheidungen hängt besonders an der Betrachtung des gesamten Lebenszyklus über Entwicklung, Fertigung, Nutzung bis hin zur Demontage und Recycling. Das Streben nach Zirkularität und die dazu notwendige vorausschauende und daten-/informationsgebundene Entwicklung ist ein weiterer wichtiger Forschungsschwerpunkt der Autoren. Auch hierzu werden im Buch wertvolle Anleitungen und Modelle bereitstellt.

Mit diesem Buch ist ein wichtiger Beitrag für den Transfer von Systems Engineering in die industrielle Praxis gelungen. Der aufzeigte Ansatz ergänzt und vertieft bestehende Denkmodelle und Schulen um die Sicht der Anwender und Führungskräfte.

München, im November 2022 Dr. Stefan Wenzel

Gründer und geschäftsführender Partner der 3DSE Management Consultants GmbH

Geleitwort

Besuchen Sie ein Automobilwerk und beobachten Sie den Tanz der Roboter bei einer komplexen Fügefolge: Dann fragen Sie sich bitte, was alles geleistet wurde, damit dort in dieser Kiste, in die der Roboter alle paar Sekunden greift, verbaubare, gesetzlich zulässige, hochqualitative, gewinnbringende und den Kundenwunsch erfüllende Komponenten liegen. Ich versichere Ihnen für jedes noch so kleine Bauteil und jedes Stück Software darin haben Menschen mit viel Leidenschaft entwickelt, abgestimmt, diskutiert, gestritten und festgelegt. Wie sie das getan haben? Das wird in meiner Industrie immer mehr so beantwortet: "Systems Engineering"

Die Bedeutung des Systems Engineering für den Standort Deutschland ist nicht zu unterschätzen. Diese Entwicklungsmethodik bietet das Potenzial, unsere Ingenieurstugenden auf die Komplexität und die Veränderlichkeit dieser Welt auszurichten. Ich erlebe in meinem Unternehmen einen fundamentalen Wandel von klassisch mechanischen Produkten zu einem smarten software-definierten Produkt unter immensem gesellschaftlichen und unternehmerischem Druck. Der Traum der Mobilität für alle, die Herausforderungen einer Zero-Carbon-Gesellschaft - alles findet sich in den Entwicklungsumgebungen und "virtuellen Zeichentischen" unserer Forschung und Entwicklung wieder.

Wir im Volkswagen Konzern haben uns mit unseren vielen Marken gemeinsam für Systems Engineering entschieden und wir gehen diesen Weg. Prof. Gräßler und Hr. Oleff sprechen in den folgenden Kapiteln von Befähigern (Tailoring, Modellbildung, Methoden), wir nennen es die Basis für den Aufbruch in die neue automobile Welt. Denn das ist Systems Engineering für uns, eine tiefgreifende Transformation unserer Entwicklungsabteilungen in unserem Entwicklungsverbund mit fast 40.000 Menschen. Wenn Sie sich jetzt auch auf den Weg machen wollen, willkommen auf einem Dauerlauf Richtung Zukunft. Systems Engineering ist dabei eine Lebenseinstellung (Stichwort: "Systemdenken"), die auf dem Weg der Transformation die 3 typischen Erfolgsfaktoren kennt: 1. Menschen, 2. Menschen, 3. Menschen.

Sie wollen ein praxisnahes Buch zum Systems Engineering lesen? Herzlich willkommen. Als ich das Manuskript gelesen habe, hatte ich sofort das Gefühl: Dieses Buch hätten wir vor 5 Jahren gebraucht, denn wir finden alle angesprochenen Elemente in unserem Entwicklungsverbund wieder. Es freut mich umso mehr, dass Sie so ein Buch jetzt in den Händen halten können. Ich wünsche Ihnen, dass Sie aus den gewonnenen Erfahrungen und der aktuellen wissenschaftlichen Praxis lernen. Es ist schön, dass sich Prof. Gräßler und Hr. Oleff die Zeit genommen haben, Systems Engineering detailliert und gleichzeitig praxisrelevant mit Schwung darzustellen.

Und wenn Sie nach der Lektüre in Ihr Auto steigen, suchen Sie gern einmal nach unseren Systemen. Ob Fahr-, Interaktions- oder Automatisierungssystem. Für unsere nächsten Produkte finden Sie in unserem Entwicklungsverbund dazu die passenden Systemmodelle, erstellt durch Menschen in Systems Engineering Rollen, in einer Entwicklungsorganisation gemäß unserer Systems Engineering Produktstruktur, entwickelt mit Systemdenken in Hardware und Software. Und ganz am Ende verteilen wir die Systeme dann noch auf Bauteile. Und die fügt der Roboter in der Fabrik für Sie zusammen.

Wolfsburg, im November 2022

Fabian Ahrendts

Head of Group Systems Engineering
Volkswagen AG

Vorwort

Liebe Leserin, lieber Leser,

als ich vor neun Jahren bei Gründung meines Lehrstuhls keinen praxistauglichen Ansatz für Systems Engineering vorfand, begann mein Weg zu dem vorliegenden Fachbuch. Dass Systems Engineering hohe Effektivitäts- und Effizienzpotenziale bei der Entwicklung komplexer technischer Systeme erschließt, war damals schon klar. Was Systems Engineering aber konkret ausmacht und was es über die bislang bewährten Entwicklungsmethodiken hinaus leistet, war für Jeden etwas Anderes.

Es folgten tiefgreifende Diskussionen in Theorie und Praxis, eine eigene Systems Engineering-Definition, große öffentlich geförderte nationale und internationale Forschungsprojekte sowie zahlreiche Industrieprojekte mit kleinen und mittelständischen Unternehmen bis hin zu Großunternehmen. Als die Erkenntnis heranreifte, dass unser praxisnahes Systems Engineering Verständnis noch viel mehr Unternehmen helfen kann, übernahm ich den Vorsitz zur Erarbeitung einer neuen Richtlinie, die 2021 in die Neuauflage der VDI/VDE 2206 mündete. Sie bietet erstmals eine konkrete und an das Systems Engineering angelehnte Hilfestellung bei der Entwicklung mechatronischer und cyber-physischer Systeme. Die Essenz unserer Erfahrungen haben wir in mehr als 70 Publikationen wissenschaftlich heruntergebrochen und in mittlerweile 16 Semestern Systems Engineering Master-Vorlesungen didaktisch vermittelt.

Nun freuen wir uns, Ihnen unser praxisnahes Systems Engineering Fachbuch vorzulegen. Damit haben sowohl angehende Ingenieurinnen und Ingenieure als auch gestandene Systementwickler die Möglichkeit, schnell ein hohes Maß an Effektivität und Effizienz in der Systementwicklung zu erreichen. Das Buch beschreibt in kompakter Form die Erfolgsfaktoren einer industriellen Umsetzung von Systems Engineering wie Tailoring, Methodeneinsatz und Modellbildung sowie die drei Kernelemente Systemdenken, Entwicklungsmethodik und Rollenverständnis. Eine konkrete Schritt-für-Schritt Anleitung ebnet den Weg zur erfolgreichen Einführung von Systems Engineering. Mit unserem lebendigen Grafik-Stil setzen wir einen neuen Standard und vermitteln die Inhalte bewusst einprägsam. So wird nicht nur ein fundiertes Systems Engineering-Verständnis geschaffen, sondern auch die Basis für Kommunikation und Umsetzung im Unternehmen gelegt.

Dieses Fachbuch wurde so geschrieben, dass der bestmögliche Überblick entsteht, wenn Sie unserer Wanderkarte folgen und es von Anfang bis Ende lesen. Gleichzeitig ist jedes einzelne Kapitel so gestaltet, dass Verweise auf vorhergehende und nachfolgende Kapitel an den Stellen eingefügt sind, an denen auf Voraussetzungen aufgebaut wird, so dass Sie sich auch mit weniger Zeit einen guten Überblick über ausgewählte Themen verschaffen können. Zu Beginn eines jeden Kapitels werden die Inhalte kurz zusammengefasst, so dass Sie entscheiden können, ob Sie die angesprochenen Themen detailliert bearbeiten möchten. Wir haben uns um ein hohes Maß an Verständlichkeit bemüht und bewusst wissenschaftliche Abhandlungen vermieden. Da wir Ihnen aber die Möglichkeit zur themenbezogenen Vertiefung geben möchten, verweisen wir in jedem Kapitel auf die relevante Fachliteratur. Ganz bewusst werden dabei auch Arbeiten aus der Vergangenheit herangezogen, sofern diese den Grundstein für nachfolgende Forschungsaktivitäten gelegt haben.

Ihnen, liebe Leserin und lieber Leser, wünschen wir Freude beim Lesen und viel Erfolg bei der Umsetzung des Systems Engineering! Nutzen Sie dieses Buch als Impuls! Diskutieren Sie in Ihrem Unternehmen, welchen Mehrwert Systems Engineering für Sie bietet und erschließen Sie gemeinsam die Potenziale!

Paderborn, im November 2022 — Iris Gräßler und Christian Oleff

Danksagung

Um den für ein Fachbuch innovativen Grafikstil zu prägen, haben wir eng mit den Kommunikations- und Grafikprofis Janek Brings und Corinna Hahn von coop indigo GmbH zusammengearbeitet. Die intuitiv verständliche Visualisierung der komplexen Sachverhalte ist in spannenden gemeinsamen Diskussionen schrittweise zur jetzigen Form herangewachsen.

Herrn M. Sc. Benedikt Grewe verdanken wir die engagierte Realisierung und Fertigstellung des Bildmaterials sowie das professionelle Layout des gesamten Manuskripts. Neben vielen anderen Wissenschaftlern hat uns M. Sc. Dominik Wiechel durch Korrekturlesen und inhaltliche Reflektion unterstützt. Bedanken möchten wir uns darüber hinaus bei den vielen weiteren Mitgliedern der Lehrstuhlfamilie, ohne die dieses Projekt nicht hätte realisiert werden können. Ihnen allen gilt unser großer Dank.

Herrn Dr. Alfred Bantle und Frau Cecilia Bantle, Geschäftsführerin der HEADVANCE GmbH, danken wir für ihre freundliche Unterstützung bei der Organisationsentwicklung des Lehrstuhls.

Dem Verlag und hier besonders Herrn Dr. Alexander Grün und Frau Sabine Bromby danken wir für die stets hervorragende Zusammenarbeit.

Besonders bedanken möchten wir uns darüber hinaus bei unseren Familien Tabea Sobbe, Prof. Dr.-Ing. Richard Gräßler, Leonhard, Ann-Sophie und Valerie Gräßler für den Freiraum und die stetige Ermunterung, dieses Werk zum Abschluss zu bringen.

Paderborn, im November 2022 — Iris Gräßler und Christian Oleff

Inhalt

Abbildungen

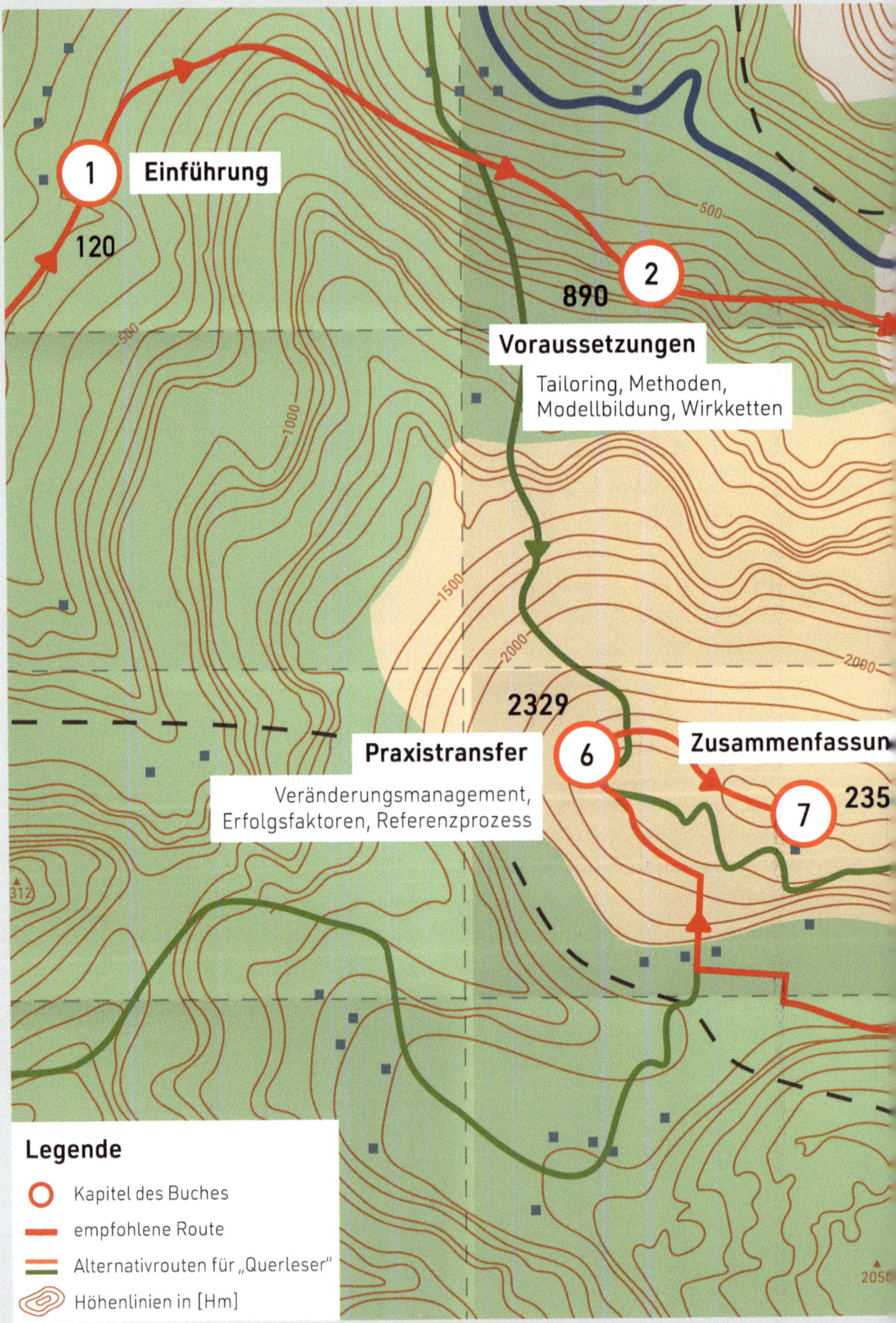

1 Einführung
120
2
890
Voraussetzungen
Tailoring, Methoden, Modellbildung, Wirkketten
500
1000
1500
2000
2329
Praxistransfer
Veränderungsmanagement, Erfolgsfaktoren, Referenzprozess
6
Zusammenfassun
7
235
312
Legende
Kapitel des Buches
empfohlene Route
Alternativrouten für „Querleser"
Höhenlinien in [Hm]

Systems Engineering Wanderkarte

1 Einführung in Systems Engineering

Systems Engineering ist aus der industriellen Praxis nicht mehr wegzudenken und wird zukünftig noch weiter an Bedeutung gewinnen. Das Streben nach Zirkularität, eine wachsende Komplexität, disziplinübergreifende Vernetzung und Marktdynamik sind wesentliche Treiber dieser Entwicklung. Die ersten Anwendungen von Systems Engineering können auf den Bau der Pyramiden um 2500 v. Chr. zurückgeführt werden (Hitchins 2007). Spätestens aber im russisch-amerikanischen Wettrennen um die erste Landung auf dem Mond fanden Systems Engineering Prinzipien Anwendung, da Komplexität und Projektdurchführung alles bisher Dagewesene übertrafen (SEBoK Editorial Board 2022; Weilkiens 2014).

Systems Engineering beruht auf systemischem Denken und umfasst eine Methodik für die Entwicklung komplexer technischer Systeme zur Erzielung eines disziplinübergreifenden Optimums innerhalb eines zuvor festgelegten Zeit- und Kostenrahmens (aufbauend auf (Gräßler 2015)). Hierfür werden die Disziplinen modelltechnisch strukturiert und miteinander vernetzt (Gräßler 2015). Im vorliegenden Buch werden die Vorgaben der internationalen Norm ISO/IEC/IEEE 15288:2015 und des International Council on Systems Engineering (INCOSE) auf mechatronische und cyber-physische Systeme angewendet. Damit wird der Weg für den Praxistransfer des zunächst abstrakt anmutenden Systems Engineering-Ansatzes in den Maschinenbau geebnet.

Einführung in Systems Engineering

1

1.1 Warum brauchen wir heute und in Zukunft Systems Engineering?

Die Menschheitsgeschichte ist durch einen kontinuierlichen technologischen Fortschritt geprägt. Die grundlegende Motivation dafür hat sich nicht verändert. Der Mensch strebt danach, seine Bedürfnisse zu befriedigen und seine Potenziale zu entfalten. Neben der Erfindung neuer Lösungen werden bestehende Lösungen weiterverwendet und zu komplexen technischen Systemen zusammengefügt. Mit der zunehmenden Leistungsfähigkeit der Systeme geht eine höhere Bedürfnisbefriedigung einher. Erste Treiber des technologischen Fortschritts waren beispielsweise die Entdeckung des Feuers oder die Erfindung des Rads. Durch Erfindung des Buchdrucks und später des World Wide Webs beschleunigte sich der Fortschritt, da es deutlich einfacher wurde, auf existierende Lösungsansätze zurückzugreifen.

Zur Leistungssteigerung dienen heute vorrangig interdisziplinäre Lösungen. Erste maschinenbauliche Produkte wurden rein kinematisch angesteuert, z. B. durch Betätigung von Nocken, Kulissenscheiben, Schubstangen oder Seilzügen (Gräßler, 2015 und 2017). In den nachfolgenden Dekaden hat sich branchenübergreifend ein rasanter Wandel über hydraulisch, pneumatisch hin zu elektronisch geregelten technischen Systemen vollzogen. Das Systemverhalten wurde dadurch präziser, flexibel konfigurierbar, adaptiv und echtzeitfähig. Die wachsende Dynamik von Wirtschaftsprozessen führte gleichzeitig zu einem verschärften Wettbewerb mit steigendem Innovationsdruck. Technische Systeme mussten leistungsfähiger werden und in Grenzgebiete der Beanspruchbarkeit vordringen. Mit dem technischen Fortschritt wuchs auch die Komplexität der Systeme, Technologien und Anwendungen. (Gräßler, 2015)

Abbildung 1-1 zeigt die sukzessive Ausschöpfung interdisziplinärer Leistungspotenziale am Beispiel der Luftfahrthistorie. Zu Beginn der Luftfahrt wurden die Leitwerke von Flugzeugen über Seilzüge gesteuert, wie z. B. bei dem viermotorigen Propellerflugzeug mit Kolbenmotoren „Lockheed Constellation" 1943 (Stufe 1 in Abbildung 1-1). Zur Erhöhung von Kräften und Leistung sowie Präzision und Genauigkeit folgten hydraulische und pneumatische Systeme, wie die Servolenkung und die hydraulische Ansteuerung von Flugzeugklappen und -rudern. Ein Beispiel war 1970 das dreistrahlige Großraumflugzeug für Mittel- und Langstrecken „Douglas DC-10" (Stufe 2). Mit elektronisch geregelten technischen Systemen wie „Fly-by-Wire" erfolgt heute die Steuerung über elektronische Signale, die von Hydraulikaktuatoren umgesetzt werden. Solche Systeme vermeiden aktiv das Erreichen unkontrollierbarer Flugzustände und werden z. B. seit 2013 im zweistrahligen Großraumflugzeug „Airbus A350" eingesetzt (Stufe 3). (Gräßler, 2017)

Der breitflächige Einsatz von Mikroprozessoren, Mikrocontrollern und die drahtlose Vernetzung mobiler Systeme verbessern darüber hinaus Robustheit, Konfi-

I. Gräßler und C. Oleff, *Systems Engineering*,
https://doi.org/10.1007/978-3-662-64517-8_1

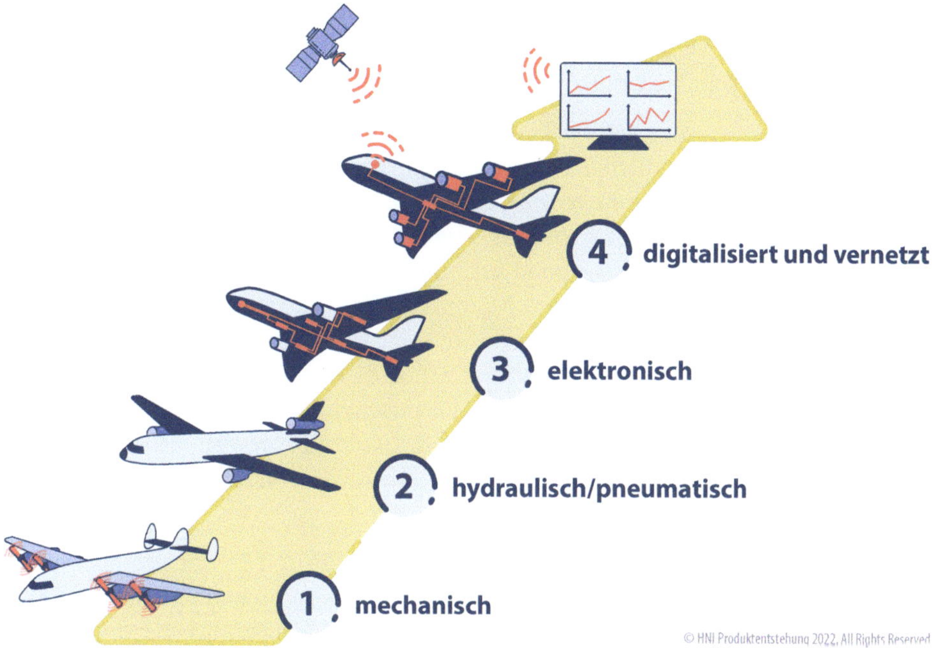

Abbildung 1-1 *Wachsende Systemkomplexität durch Ausschöpfung interdisziplinärer Leistungspotenziale (aufbauend auf (Gräßler 2017))*

gurierbarkeit, Anpassungsfähigkeit, Prädiktionsfähigkeit, Autonomie und Benutzungsfreundlichkeit der Systeme (Stufe 4, Gräßler, 2017). Dies ist beispielsweise auch Grundlage für erfolgsabhängige Verträge wie "Total Care" für Rolls-Royce Triebwerke. So werden laut General Electric[1] während eines Langstreckenflugs ca. 150 Millionen Sensordaten zu Flugleistung, Triebwerkszustand und Triebwerkseffizienz aufgenommen. Die Daten werden an Cockpit und Bodenstation übermittelt, analysiert und verarbeitet, um den Zustand des Triebwerks kontinuierlich zu überwachen, vorherzusagen und zu verbessern. Damit können Wartung und Instandhaltung vorausschauend angestoßen werden („Predictive Maintenance"). General Electric[1] schätzt die Einsparpotenziale für wartungsbedingte Verspätungen und Annullierungen von Flügen auf eine Größenordnung von über zwei Milliarden US-Dollar weltweit pro Jahr. Der sich so vollziehende Wandel des klassischen Maschinenbaus hin zu digitalisierten und vernetzten Systemen zieht als Konsequenz eine wachsende **Systemkomplexität** nach sich.

Neben der Systemkomplexität wächst auch die **Lebenszykluskomplexität**. Das Streben nach Zirkularität erzwingt eine vorausschauende Berücksichtigung nachgelagerter Lebenszyklusphasen des zu entwickelnden Systems. Randbedingungen wie Nutzungs-, Wartungs- und Instandhaltungsgerechtheit bis hin zu Demontage- und Rezykliergerechtheit finden damit Eingang in die Anforderungslisten der Systeme. Diese Restriktionen werden bereits im DfX-Ansatz (Meerkamm, 1994)

1 siehe (General Electric 2013)

und anderen Entwicklungsmethodiken (z. B. VDI/VDE 2206; VDI 2221; Bender und Gericke, 2021; Vajna, 2020; Lindemann, 2009; Gräßler, 2004; Eversheim und Schulten, 1999) berücksichtigt.

Zum Schließen von Materialkreisläufen ist darüber hinaus ein Denken über Produktgruppen unterschiedlicher Anbieter und über mehrere Produktgenerationen hinweg erforderlich (Seite 7) sowie (Gräßler und Pottebaum, 2021 und 2022). Nachdem die Nutzung eines Produkts beendet wurde, wird das Material in den Kreislauf zurückgeführt. Maßgebend für mögliche Einsatzbereiche des zurückgeführten Materials ist die verfügbare Materialqualität, die sich u. a. aus Verunreinigung und bei Faserverbundwerkstoffen aus der Faserlänge ergibt (Cruz Sanchez et al., 2017). Diese hängen von Nutzungsart und -intensität im vorherigen Produktleben ab, z. B. Einsatzbedingungen, thermischem und mechanischem Stress. Beispielsweise können zuvor im Flugzeug eingesetzte Faserverbundwerkstoffe in einem nachfolgenden Produktleben in der Gebäudetechnik weiterverwertet werden.

Für die vorausschauende Berücksichtigung von Menge und Einsatzmöglichkeiten des zurückgeführten Materials müssen auch Informationen über das Produktleben zurückgeführt und der laufenden Produktentstehung zur Verfügung gestellt werden (Gräßler und Hesse, 2021). Für die Bereitstellung solcher Informationen bietet sich das Konzept eines Digitalen Zwillings an (Stark et al., 2020). Vielfalt, Unüberschaubarkeit und Ungewissheit der Zirkularität von Material und Information verursachen eine zusätzliche Dimension von Komplexität: die Lebenszykluskomplexität.

Die wachsende System- und Lebenszykluskomplexität zieht als Konsequenz den Bedarf nach **Komplexitätsbeherrschung** in der Produktentstehung nach sich. Hier setzt die Zielsetzung des Systems Engineering an (Ziel 1 in Abbildung 1-2). Komplexität umfasst neben einer hohen Anzahl und Verschiedenheit der Elemente und ihrer Abhängigkeiten auch Nichtlinearitäten von Wechselwirkungen, Unvorhersehbarkeit des Zeitverhaltens sowie Verzögerung von Auswirkungen (Gandolfi, 2001; Schuh und Schwenk, 2001). Die Anzahl unterschiedlicher Zustände, die ein komplexes System potenziell annehmen kann, ist hoch (Stüttgen, 1999; Bliss, 2000) bzw. nicht mehr vorhersehbar, wie z. B. im Fall von Künstlicher Intelligenz. Die kognitiven Fähigkeiten des Menschen bleiben jedoch unverändert. Die Folge ist, dass das Systemverständnis aufgrund der Komplexität abnimmt und manche Ursache-Wirkungs-Zusammenhänge unklar bleiben (Bliss, 2000). Beispielsweise bestätigte eine unternehmensinterne Analyse von Feldausfällen technisch komplexer Automobilzulieferteile aus den frühen 2000er Jahren, dass die herrschenden Wirkzusammenhänge trotz zahlreicher Simulationen von den verantwortlichen Ingenieuren oftmals nicht mehr vollumfänglich verstanden wurden (vgl. auch (Gräßler et al., 2012 und Gräßler, 2017)). Im Managementkontext bedeutet Komplexität, dass die Unternehmensführung niemals über ausreichende Informa-

Lebenszykluskomplexität

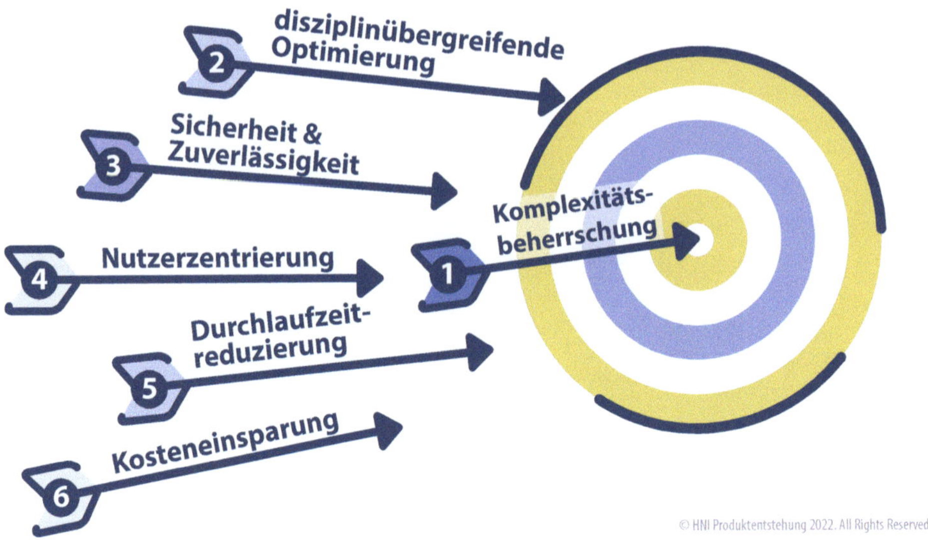

Abbildung 1-2 Zielsetzungen von Systems Engineering

tionen und Wissen verfügt, um ein Unternehmen im Detail steuern zu können (Gomez, 1981; Probst und Gomez, 1997).

Ein Beispiel für unerkannte Wirkzusammenhänge zwischen System und Systemumfeld ist die gleichzeitige Beschaffung eines russischen Raketenabwehrsystems und des Kampfflugzeugs F-35 durch die Türkei im Jahr 2019. Vor der Inbetriebnahme des Raketenabwehrsystems war die Türkei Mitglied eines internationalen Entwicklungskonsortiums für das Kampfflugzeug F-35, was 2017 als bislang teuerstes Rüstungsprojekt der Welt galt (Produktion.de, 2017). Trotz der Mitgliedschaft im Entwicklungskonsortium bestand die USA darauf, die Auslieferung von F-35 Kampfflugzeugen an die Türkei aufgrund von Sicherheitsbedenken zu untersagen. Es bestand die Sorge, dass Russland durch eine Kommunikationsschnittstelle zwischen dem F-35 Flugzeug und dem neu in Betrieb genommenen Raketenabwehrsystem an sicherheitskritische Informationen gelangen könnte (Marcus, 2019). Die Wechselwirkung zwischen dem F-35 Flugzeug und dem russischen Raketenabwehrsystem war im Rahmen der Akquise des Raketensystems nicht bekannt gewesen und wurde bei der Flugzeugentwicklung nicht berücksichtigt. Das Problemausmaß war in diesem Fall politisch weitreichend und die Problemursache liegt in einer nicht erkannten und unzureichend abgesicherten technischen Schnittstelle zwischen Kampfflugzeug und Systemumfeld.

Eine zentrale Zielsetzung des Systems Engineering ist die Realisierung eines **disziplinübergreifenden Optimums** (Gräßler, 2015, Ziel 2 in Abbildung 1-2). Beim klassischen Entwurf wird aufgrund der Systemkomplexität mechatronischer Systeme zunächst der Mechanismus konstruiert, der das Bewegungsverhalten des Systems vorgibt, bevor Steuerung und Regelung entworfen werden. Mit diesem konsekutiven Vorgehen lässt sich aber kein übergeordnetes Optimum erreichen.

Im schlimmsten Fall wird das Entwicklungsziel gar nicht erreicht. Im besten Fall wird die Entwicklung zu zeit- und kostenaufwändig. Der Weg zu einem disziplinübergreifenden Optimum hingegen führt über ein gemeinsames, in der Regel mathematisches Modell. Mit Hilfe eines Systems von Differenzialgleichungen werden alle Systemelemente (Mechanismus, Sensorik, Aktorik, Steuerung und Regelung) in einem Modell repräsentiert. Auf dieser Basis wird über alle Disziplinen hinweg optimiert. So wurde in der Forschung bereits vor über zwanzig Jahren gezeigt, dass bei dem Entwurf eines dreiachsigen Knickarmroboters eine gleichzeitige Optimierung der konstruktiven und regelungstechnischen Parameter zu deutlich verbesserter Dynamik und Positioniergenauigkeit führen: Indem Armlängen, Getriebeuntersetzungen, Bahnbeschleunigung und Reglerverstärkung gleichzeitig iteriert wurden, konnte die Verfahrzeit des Greifers auf vorgegebenen Bahnen im Raum um 14% reduziert werden (Abbildung 1-3, (Henrichfreise et al., 1999)). Die industrielle Umsetzung der disziplinübergreifenden Optimierung scheitert heute jedoch oftmals an dem Machtstreben und Kompetenzgerangel der beteiligten Fachabteilungen sowie dem gesteigerten Kommunikationsbedarf und der erforderlichen Kompromissbereitschaft. Funktionen und Randbedingungen gekoppelter Systemelemente müssen von allen Produktentwicklern durchdrungen werden, um im interdisziplinären Team die Vor- und Nachteile alternativer Konzepte gegeneinander abzuwägen und zu einem disziplinübergreifenden Optimum zu führen (Graessler, 2002). Diese ganzheitliche Optimierung muss von allen Beteiligten mitgetragen werden, weil auf dem Weg dahin eine Reihe von Kom-

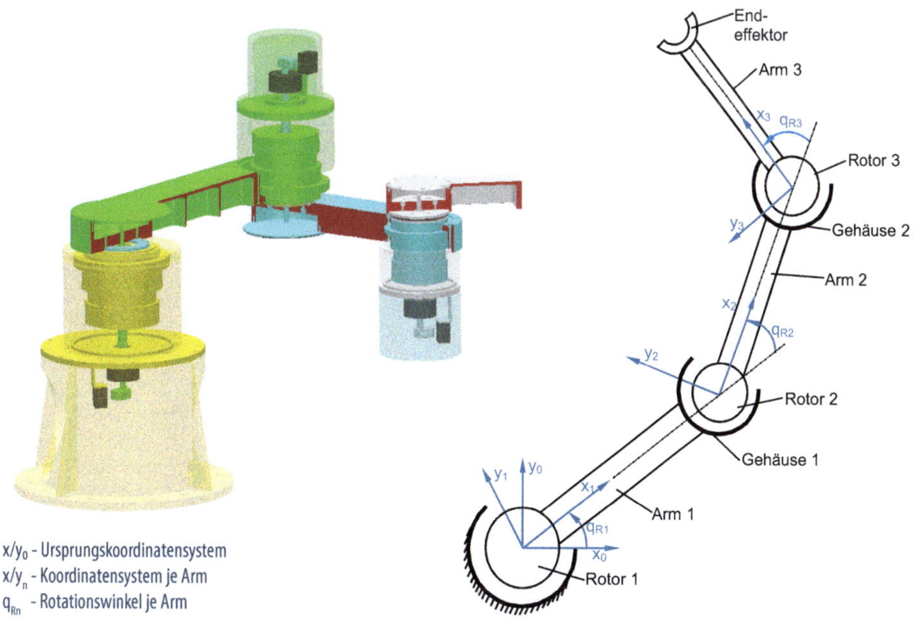

Abbildung 1-3 *Entwurf eines disziplinübergreifenden Optimums am Beispiel eines dreiachsigen Knickarmroboters (Henrichfreise et al. 1999)*

promissen geschlossen werden müssen. So muss z. B. der Mechanikkonstrukteur zusätzliche Änderungen zugunsten eines übergreifenden Optimums einpflegen oder geeignete Nebenbedingungen für die regelungstechnische Optimierung formulieren.

Im Fall cyber-physischer Systeme (CPS) kommt den Zielsetzungen Komplexitätsbeherrschung und disziplinübergreifendes Optimum verstärkte Bedeutung zu. Denn cyber-physische Systeme basieren auf einem mechatronischen Kern, der mit dem Internet der Dinge und Dienste (IoT) vernetzt ist (VDI/VDE 2206:2021). Dadurch ist das System in der Lage, über seine Systemgrenzen hinweg mit IoT-Diensten und anderen Systemen zu kommunizieren und zu interagieren, wodurch beispielsweise Verhaltens- oder Eigenschaftsänderungen während des Betriebs ermöglicht werden (VDI/VDE 2206:2021; Gräßler und Pöhler, 2019). Alltagsbeispiele für CPS sind Flugzeuge, Smartphones, Wetterstationen, Drohnen oder E-Scooter. Beispiele aus dem industriellen Kontext sind Montagelinien, dezentrale Produktionssysteme oder fahrerlose Transportsysteme.

Die Zielsetzung, Zuverlässigkeit und Funktionalität komplexer technischer Systeme sicherzustellen, war in den 50er Jahren in den USA Beweggrund zur Anwendung der Systemtheorie auf den Entwicklungsprozess und damit Ursprung des Systems Engineering. Das Wettrennen der Weltmächte um die Vorherrschaft im Weltraum und das militärische Wettrüsten hatten zu dem Druck geführt, äußerst komplexe Systeme schnell zum Erfolg zu führen (Weilkiens 2014). Hinsichtlich **Sicherheit und Zuverlässigkeit** erfordern die Vernetzung und die zunehmende Digitalisierung (vgl. Stufe 4 in Abbildung 1-1), dass ein System nicht nur physisch sicher ist, sondern auch digitalen Bedrohungen standhält, beispielsweise möglichen Sicherheitsbedrohungen per Fernzugriff oder einem unberechtigten Abgreifen von Daten (Gräßler et al., 2020, Ziel 3 in Abbildung 1-2). Dies ist sowohl hinsichtlich gegenwärtig bekannter als auch zukünftiger Bedrohungen sicherzustellen. Erschwert wird die Entwicklung eines sicheren und zuverlässigen Systems durch seine Systemkomplexität. Nicht nur einzelne Systemelemente, Schnittstellen und Wechselwirkungen müssen sicher und zuverlässig ausgelegt werden, sondern insbesondere auch ihr Zusammenspiel untereinander. Disziplinübergreifende mathematische Modelle ermöglichen ganz neue Standards hinsichtlich Sicherheit und Zuverlässigkeit: Sicherheitskritische Situationen können ohne Risiken für Mensch und Umwelt in Grenzgebieten exakt ausgetestet werden. Es sind Testszenarios möglich, die unter realen Bedingungen nicht durchführbar bzw. unzumutbar wären. Darüber hinaus sind Testsituationen bei unterschiedlichen Umgebungsbedingungen und Systemparametern schnell verfügbar und reproduzierbar. Alternative Regelungs- und Sicherheitskonzepte können unter identischen Bedingungen ohne aufwändiges Umrüsten von Prototypen und Testszenarien miteinander verglichen werden.

Zentral für den Wertbeitrag des Systems aus Kundensicht ist die Berücksichtigung der tatsächlichen Nutzerbedürfnisse, z. B. Funktionalität und Bedienbarkeit des Systems. Bei der **Nutzerzentrierung** (vgl. Ziel 4 in Abbildung 1-2) geht es darum, Problemstellung und Anwendungsszenarien vollumfänglich zu durchdringen und mit einer maßgeschneiderten Problemlösung den Kunden zu begeistern (Graessler, 2003; Huth und Vietor, 2020). Da bei mechatronischen und cyber-physischen Systemen zwischen Start und Abschluss eines Entwicklungsprojekts durchaus mehrere Jahre Entwicklungsarbeit liegen, ist es wichtig, die zum Markteintrittszeitpunkt herrschenden Nutzerbedürfnisse zu treffen. Von den zu Projektstart angefragten ursprünglichen Anforderungen ist bei Auslieferung des Produkts nur noch ein Teil relevant (Abbildung 1-4). Welche Anforderungen entfallen, muss frühzeitig erkannt werden, um ein „Overengineering" und eine damit einhergehende Ressourcenverschwendung zu vermeiden. Veränderte und neue Anforderungen resultieren aus einem Wandel von Randbedingungen, Markt- und Wettbewerbssituation, Kundenwünschen sowie einem tieferen Verständnis des zu entwickelnden Systems und seiner Einsatzbedingungen. Daher zielt Systems Engineering darauf ab, nicht krampfhaft an einmal festgelegten Anforderungen festzuhalten, sondern deren Relevanz und Ausprägung kontinuierlich zu prüfen und zu aktualisieren: Im Sinne der Nutzerzentrierung werden alle Entwicklungsaktivitäten auf die Erwartungen und Wünsche der Nutzer zum Zeitpunkt der Markteinführung ausgerichtet.

Charakteristisch für den Systems Engineering-Ansatz ist die Realisierung der beschriebenen vier Zielsetzungen bei gleichzeitiger Einhaltung des zuvor festgelegten Zeit- und Kostenrahmens (Ziele 5 und 6 in Abbildung 1-2). Zeit- und Kostenüberschreitungen sind bei komplexen technischen Systemen leider gang und gäbe und gefährden im heutigen globalen Wettbewerb den wirtschaftlichen Erfolg des

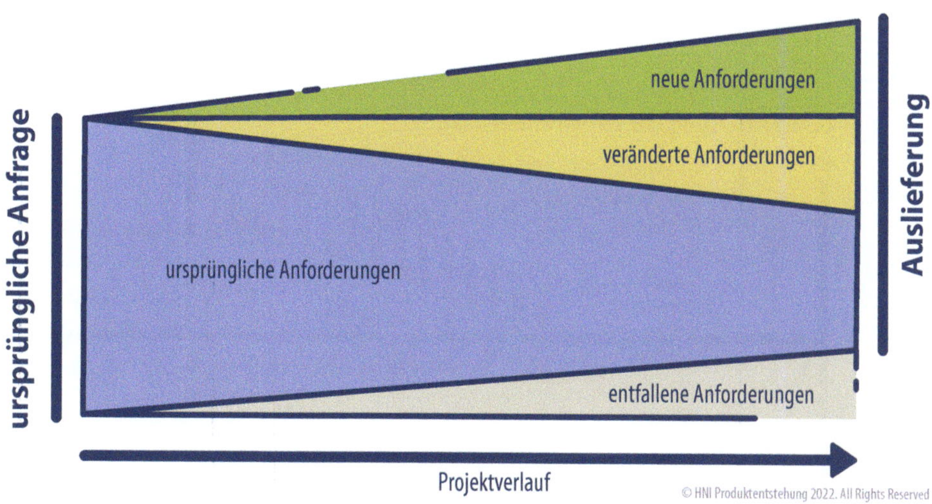

Abbildung 1-4 Wandel der Anforderungen während des Projektverlaufs (in Anlehnung an (Forsberg et al. 2005))

zu entwickelnden Systems. Motivation für **Durchlaufzeitreduzierungen und Kosteneinsparungen** ist es, den Zeitraum der wirtschaftlichen Verwertbarkeit eines Systems bestmöglich auszuschöpfen (Abbildung 1-5 oben, Gräßler, 1999).

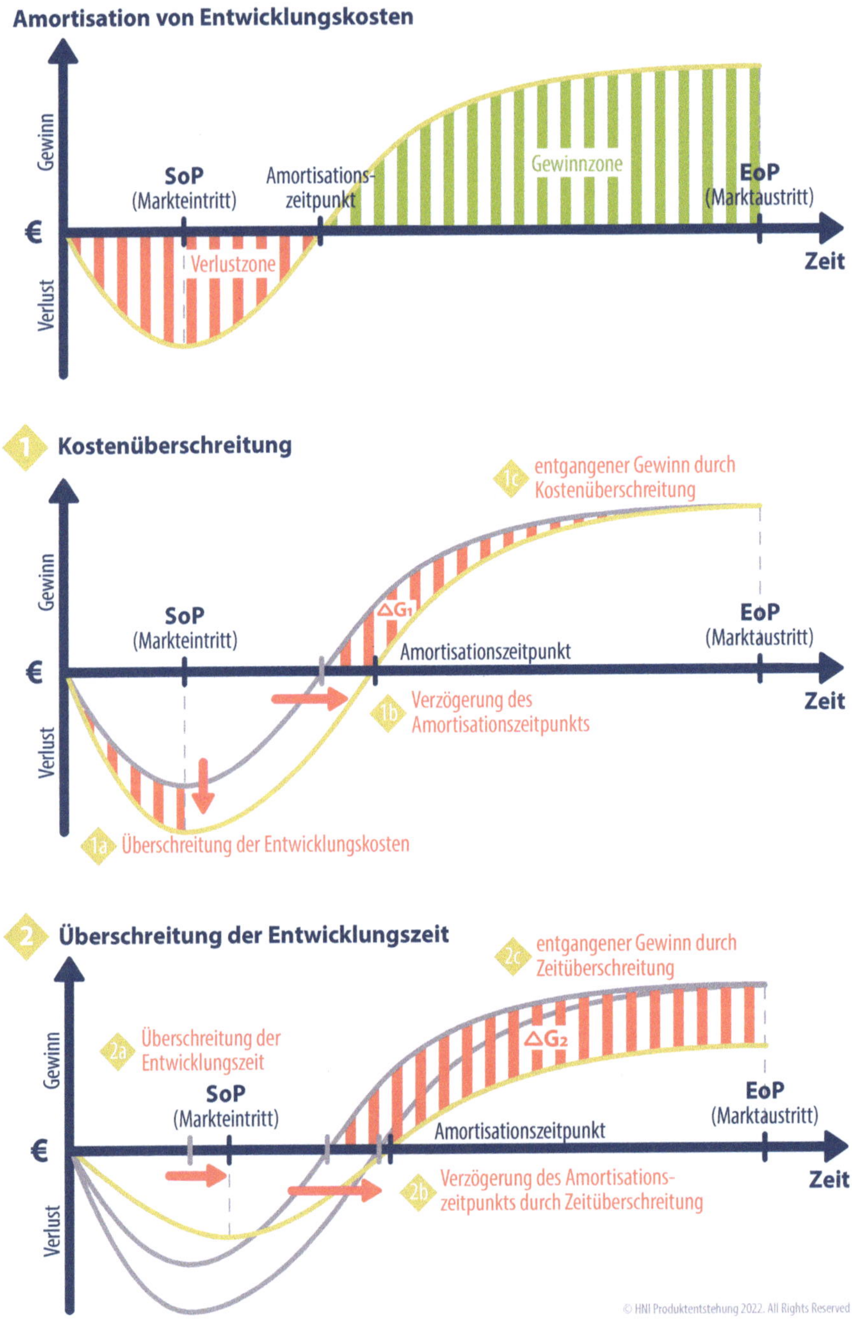

Abbildung 1-5 Einfluss von Kosten- und Zeitüberschreitungen auf die Wirtschaftlichkeit

Sowohl eine Kosten- als auch eine Zeitüberschreitung reduzieren den erzielbaren Gesamtgewinn eines Produkts (Abbildung 1-5 Mitte und unten). Da sich bei einer Zeitüberschreitung der Zeitpunkt des Inverkehrbringens des Produkts (in Abbildung 1-5 der Produktionsbeginn SoP bzw. der Markteintritt) verzögert, verschlechtern sich die Wettbewerbssituation am Markt und damit die Gewinnchancen nochmals erheblich: Die Amortisationskurve flacht ab.

Systems Engineering verfolgt all diese Zielsetzungen entlang des gesamten Systemlebenszyklus von der Entstehung bis zur Entsorgung oder Weiterverwertung des Systems. Der Systems Engineering-Ansatz unterstützt die Entwicklung mechatronischer und cyber-physischer Systeme erfolgreich und ist von hoher Relevanz für Industrie und Wissenschaft. Dies belegt u. a. eine Studie aus den USA, in der 148 Entwicklungsprojekte hinsichtlich der Einhaltung von Qualitäts-, Kosten- und Zeitvorgaben in Abhängigkeit von der Systems Engineering Kompetenz untersucht wurden (Elm und Goldenson, 2012). Demnach verbessert sich das Projektergebnis mit wachsender Systems Engineering Kompetenz (Abbildung 1-6). Dies gilt umso mehr für Entwicklungsprojekte, die sehr hohen Budgetschwankungen unterliegen, viele technologische Unsicherheiten aufweisen oder in denen es an Vorerfahrungen mangelt. (Elm und Goldenson, 2012)

Der Nutzen von Systems Engineering ist sowohl im akademischen als auch im industriellen Kontext unbestritten. In der Luft- und Raumfahrt sowie der Rüstungsindustrie ist Systems Engineering bereits als Standard etabliert (Abbildung 1-7). Beispielsweise müssen alle Unternehmen, die in die Lieferkette des US-Verteidigungsministeriums eingebunden sind, eine Zertifizierung nach spezifischen Systems Engineering-Normen vorweisen (DAU, 2013). Ziel ist die Reduzierung von Risiken in Entwicklung und Produktion. Im Automobilsektor sowie dem Maschinen- und Anlagenbau wird Systems Engineering gegenwärtig breitflächig eingeführt. Hintergrund sind steigende System- und Lebenszykluskomplexität mechatronischer und cyber-physischer Systeme bei gleichzeitig hohen Anforderungen

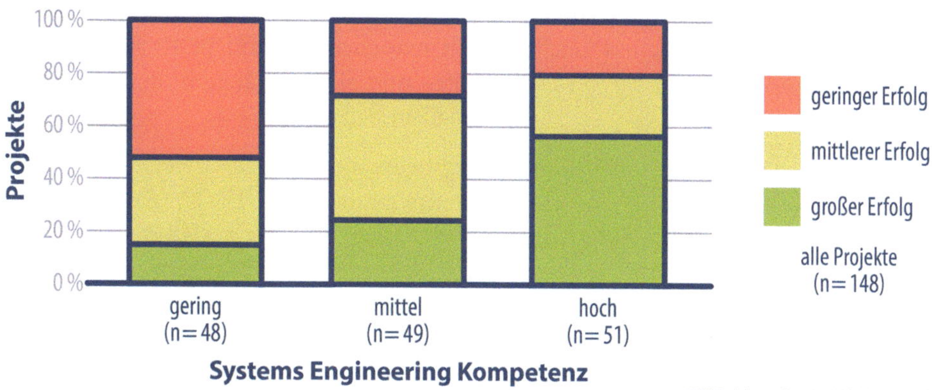

Abbildung 1-6 Systems Engineering Kompetenz erhöht den Projekterfolg (Elm und Goldenson, 2012)

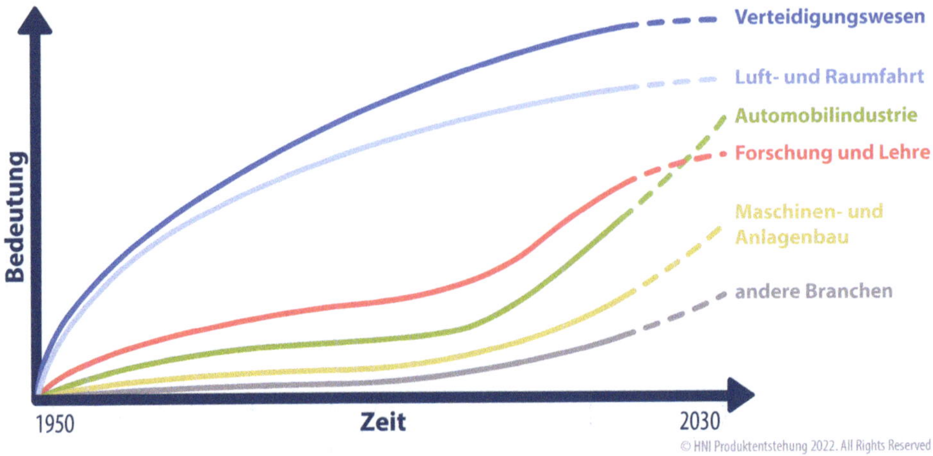

Abbildung 1-7 Bedeutungszuwachs von Systems Engineering in Industrie und Forschung seit 1950

an Sicherheit, Zuverlässigkeit und Nutzerzentrierung, u. a. getrieben durch den vermehrten Einsatz von Künstlicher Intelligenz. Mit den bisherigen Entwicklungs- und Projektmanagement-Methoden kommt es immer wieder zu Fehlschlägen hinsichtlich der wirtschaftlichen Konkurrenzfähigkeit solcher Systeme.

Systems Engineering kommt darüber hinaus in Branchen eine hohe Bedeutung zu, in denen dynamische Effekte und Rückkopplungen rechtzeitig erfasst und berücksichtigt werden müssen. Als Beispiel sei die Gesundheitsinfrastruktur genannt. Abbildung 1-7 zeigt den qualitativen Bedeutungszuwachs von Systems Engineering in unterschiedlichen Branchen im Laufe der vergangenen Jahrzehnte.

Während es im anglo-amerikanischen Raum etablierte Strukturen in Lehre und Forschung zur Ausbildung von Systems Engineers für die Industrie gibt, ist dies im deutschsprachigen Raum noch ein relativ junges Fachgebiet. Aufgrund der historisch gewachsenen, hohen Bedeutung von Konstruktionssystematik und Entwicklungsmethodiken im deutschsprachigen Raum fand Systems Engineering zunächst lediglich als ein Ansatz unter Vielen Erwähnung in universitären Lehrveranstaltungen. Inzwischen zeichnet sich jedoch ein Trend in Richtung dedizierter Systems Engineering Veranstaltungen und Studiengänge in den Curricula deutscher Universitäten ab.

Als Kompetenznachweis eines Systems Engineers dient typischerweise eine Zertifizierung des International Council on Systems Engineering (INCOSE) oder seines deutschen Ablegers, der Gesellschaft für Systems Engineering (GfSE). Vorteil der INCOSE-Zertifizierung ist ihre internationale Anerkennung, während eine Zertifizierung nach GfSE-Standard einen noch höheren Anspruch repräsentiert. Daher lassen sich GfSE-Zertifizierungen in INCOSE Zertifizierungen übertragen. Für Leserinnen und Leser, die sich zum zertifizierten Systems Engineer weiterbilden möchten, werden in Abbildung 1-8 die wichtigsten Kompetenzstufen dargestellt.

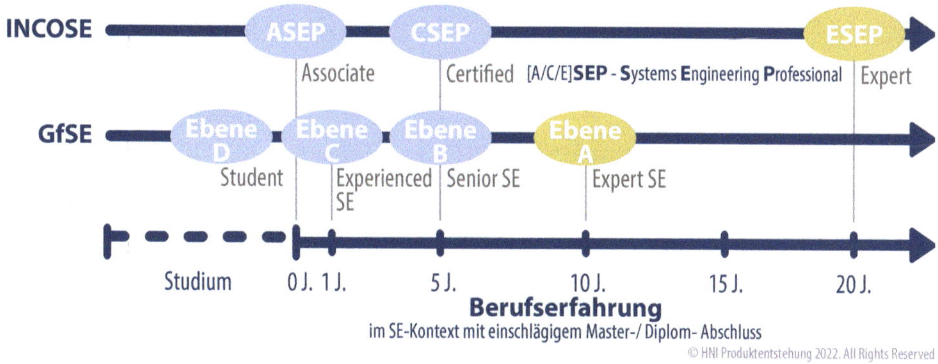

Abbildung 1-8 *Zertifizierungsstufen zum Systems Engineer, siehe INCOSE: https://www.incose.org/systems-engineering-certification GfSE: https://www.sezert.de/de/ (abgerufen am 25.10.2022)*

1.2 Was ist Systems Engineering? – Begriffsverständnis und Kernelemente

In Industrie und Forschung herrscht eine Bandbreite an Auslegungen und Schulen des Systems Engineering. Im Folgenden wird ein grundlegendes Verständnis von Systems Engineering geschaffen. Ausgehend von der Definition werden die Kernelemente von Systems Engineering vorgestellt.

Systems Engineering ist eine Entwicklungsmethodik zur Handhabung der wachsenden Komplexität multidisziplinärer technischer Systeme und zur Reduzierung von Risiken. Funktionelle Risiken entstehen u. a. durch die Unüberschaubarkeit der Wirkzusammenhänge, das Vordringen in Grenzgebiete der Belastbarkeit und die Einbeziehung von Künstlicher Intelligenz in die Systemfunktionalität. Sicherheit und Zuverlässigkeit sind notwendige Voraussetzungen dafür, dass wir uns in Fortbewegungsmitteln, Gebäudemanagement, Medizintechnik und anderen Anwendungsbereichen mechatronischen und cyber-physischen Systemen anvertrauen. Projektorganisatorische Risiken können durch Verfehlen von Nutzerbedürfnissen, Zeit- und Kostenüberschreitungen die Amortisationsdauer eines Entwicklungsprojekts verlängern oder den gesamten Projekterfolg gefährden.

Systems Engineering beruht auf systemischem Denken und umfasst eine Methodik für die Entwicklung komplexer technischer Systeme zur Erzielung eines disziplinübergreifenden Optimums innerhalb eines zuvor festgelegten Zeit- und Kostenrahmens (aufbauend auf (Gräßler, 2015)). Hierfür werden die Disziplinen modelltechnisch strukturiert und miteinander vernetzt (Gräßler, 2015; Abbildung 1-9). Systems Engineering ist ein ganzheitlicher Ansatz zur Entwicklung komplexer technischer Systeme. Übertragen in das Erleben einer Bergwelt stellt sich Systems Engineering als herausfordernde Gipfelbezwingung dar, bei der jederzeit die Gefahr eines Absturzes herrscht. Auf dem Weg zum Gipfel kommen die Kernelemente Systemdenken, Entwicklungsmethodik und Systems Engineer zur Anwendung (Abbildung 1-10).

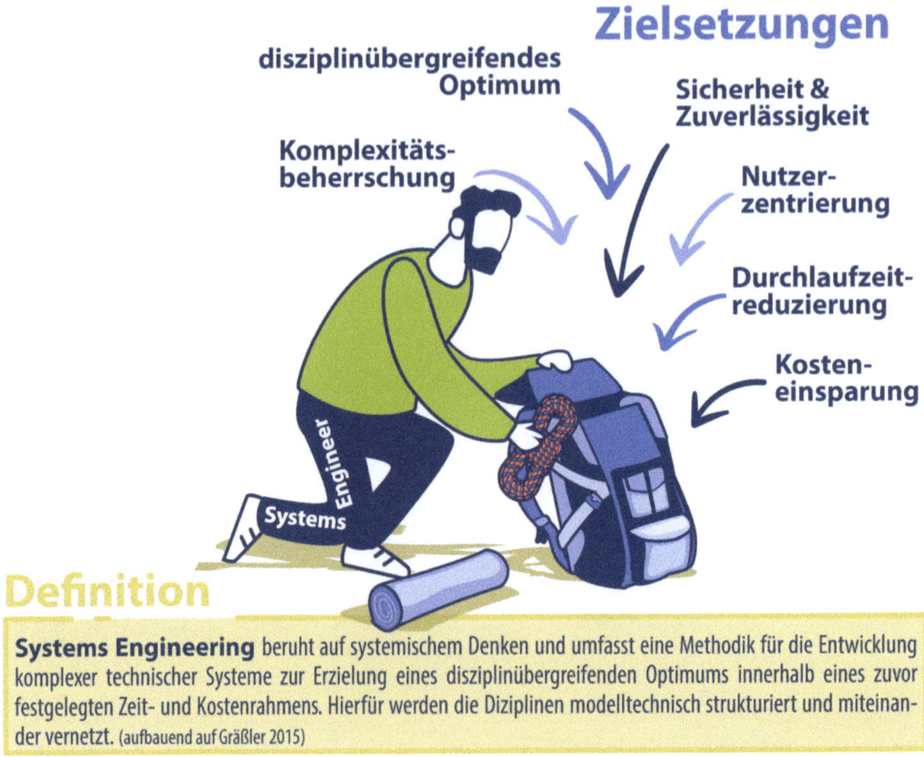

Abbildung 1-9 Zielsetzungen und Definition des Systems Engineering

Das **Systemdenken** ist eine auf Ganzheitlichkeit ausgerichtete Denkweise (engl. „mindset"). Diese Denkweise ist bei allen Überlegungen und Entscheidungen zugrunde zu legen. Zur Offenlegung von Wirkzusammenhängen zielt Systemdenken darauf ab, Denkmuster und Perspektiven aufzuweiten. Die Komplexität des Sachverhalts soll in Gänze erfasst und zielgerichtet für die Lösungsfindung handhabbar gemacht werden. Ähnlich einem Adler, der bei bester Sehschärfe in großer Flughöhe einen hervorragenden Überblick genießt, ermöglicht das Systemdenken das Herauslösen aus den täglichen dringlichen Aufgaben (das sog. „Tagesgeschäft") und das Hinwenden zu übergeordneten Zielsetzungen.

Die **Entwicklungsmethodik** strukturiert Aufgaben und lenkt das ganzheitliche Denken anhand eines übergeordneten Vorgehens. Eine Methodik umfasst zusammengehörige Modelle, Methoden und Hilfsmittel zur Lösung einer Aufgabenstellung (Laufenberg, 1996; Bochtler, 1996; Gräßler, 1999). Umfang und Ausprägung der Entwicklungsmethodik sind an die Bedarfe der jeweiligen Entwicklungsaufgabe anzupassen und helfen dabei, projektspezifische Leitplanken zu etablieren. In der Landschaftsabbildung entspricht die Entwicklungsmethodik einer topografischen Karte mit alternativen Wegen zum Gipfel und einem Symbol für das V-Modell. In der topografischen Karte können anhand von Höhenmetern,

Abbildung 1-10 Kernelemente des Systems Engineering

Gesteins- und Geländeformationen kritische Etappen wie ein Felsmassiv erkannt und Schritte festgelegt werden, wie diese bewältigt werden sollen (oranger Pfad). Das V-Modell hilft herauszufinden, in welcher Abhängigkeit Schritte zueinander stehen und angegangen werden sollen: ihre sachlogische Verknüpfung (Graessler und Hentze, 2020; Gräßler, 2018).

Die tatsächliche Umsetzung des Systems Engineering obliegt dem **Systems Engineer** (m/w/d) mit seinen Verantwortlichkeiten und Rollen. Zur besseren Lesbarkeit des Buchs und um den Facettenreichtum der Realität zu spiegeln, wird die Bezeichnung „Systems Engineer" nachfolgend zunächst als generisches Maskulinum verwendet, später dann bei Erläuterung der einzelnen Rollen in Kapitel 5 mal weiblich, mal männlich interpretiert. Abhängig vom individuellen Entwicklungsprojekt nimmt ein Systems Engineer unterschiedliche Rollen an (Gräßler et al., 2021; Gräßler et al., 2019). Im Unternehmen verfügbare Kompetenzen und die Projektgröße entscheiden darüber, auf wie viele Schultern die Rollen verteilt werden. Jede verteilte Systems Engineering-Rolle trägt dazu bei, Systems Engineering in die Anwendung zu bringen. In der Bergwelt findet sich der Systems Engineer als erfahrener, sportlich durchtrainierter Bergführer. Sein Rüstzeug, das er für den Aufstieg benötigt, trägt er in seinem Rucksack, der gerade so voll bepackt ist, dass sein Gewicht beim Aufstieg nicht behindert.

1.3 Historische Entwicklung und Schulen des Systems Engineering

Die Menschheit hat früh erkannt, dass ein systematisches und ganzheitliches Vorgehen einen wesentlichen Beitrag zur Bewältigung großer Herausforderungen leistet. Bereits beim Bau der Pyramiden haben die Ägypter die vielfältigen Aufgaben strukturiert, delegiert und systematisch umgesetzt. Auch im Hinblick auf Langlebigkeit wurden konkrete Maßnahmen entwickelt und umgesetzt, was der gute Zustand vieler Pyramiden noch heute, ca. 4500 Jahre später, eindrucksvoll belegt. Im Laufe der Zeit wurde das Wissen über geeignete Vorgehensweisen für technische Systeme weiterentwickelt. Erste Ansätze der klassischen Konstruktionssystematiken fokussierten auf mechanische Wirkprinzipien und entstanden mit Beginn der Industrialisierung im 19. Jahrhundert durch Redtenbacher, Reuleaux u.a. (Redtenbacher, 1852; Moll und Reuleaux, 1854). Wögerbauer lieferte 1943 eine umfassende Darstellung der „Technik des Konstruierens" (Wögerbauer, 1943). Erst mit Hilfe von Konstruktionssystematiken wurde das auf Begabung, Kreativität und Intuition beruhende Konstruieren mechanischer Systeme lehrbar (Gräßler, 2015). Es war der Verdienst der VDI-Richtlinie 2221 „Methodik zum Entwickeln und Konstruieren technischer Systeme und Produkte", dass aus regionalen Schulen ein allgemein anerkannter Stand der Technik abgeleitet wurde und zentrale Begriffe harmonisiert wurden (VDI 2221:1993). Trotz großer Erfolge in der Wissenschaft hinkt die industrielle Umsetzung der VDI 2221 jedoch bis heute hinterher (Gräßler et al., 2012). Die darin enthaltenen abstrakten und allgemeingültigen Lösungsansätze stehen im Widerspruch zu dem in der industriellen Praxis herrschenden Zeit- und Kostendruck.

Mit der VDI-Richtlinie 2206 „Entwicklungsmethodik für mechatronische Systeme" wurde im Jahr 2004 erstmals die Interdisziplinarität technischer Systeme in den Mittelpunkt einer Richtlinie zur Produktentwicklung gestellt (VDI 2206:2004). 2019 fand dies auch Eingang in die VDI 2221 (VDI 2221:2019). In der Neufassung der VDI/VDE 2206 „Entwicklung mechatronischer und cyberphysischer Systeme" aus dem Jahr 2021 wurde die Interdisziplinarität zusätzlich um CPS erweitert und es wurden Kernelemente des Systems Engineering verankert (VDI/VDE 2206:2021).

Parallel zu den Entwicklungsmethodiken im deutschsprachigen Raum setzte man in den U.S.A und später auch in Japan und Europa auf die Wertanalyse zur Festlegung von Arbeitsflüssen in der Produktentwicklung (DIN EN 12973:2020; VDI 2800:2010). In einer durch extreme Rohstoffknappheit geprägten Nachkriegszeit entwickelte der Ingenieur und Einkaufschef Miles beim amerikanischen Konzern General Electric 1947 die Wertanalyse, um knappe Ressourcen zu ersetzen (Miles, 1964). Er bemerkte aber schnell, dass dadurch zugleich Kosten eingespart werden konnten. Diese Grundidee fand schnell großes Interesse in der amerikanischen Industrie sowie in nationalen und internationalen Gremien zur Weiterentwicklung und Normung, z. B. „Society of American Value Engineering (SAVE)“ und „Zentrum Wertanalyse (VDI-ZWA)“ (Klein, 2010).

Die Ursprünge des Systems Engineering reichen in die 2. Hälfte des 20. Jahrhunderts zurück. Im Kalten Krieg von 1947 bis 1991 setzten die USA Systems Engineering ein, um das Space Shuttle zu entwickeln und sich damit die Vorherrschaft im Weltraum zu sichern (BKCASE Editorial Board, 2017). Das Space Shuttle war zu der Zeit das wohl komplexeste technische System der Welt. Aufgrund der geforderten hohen Fachexpertise mussten etliche Unternehmen eng miteinander zusammenarbeiten. Außerdem herrschte durch die angespannte politische Lage ein hoher Zeit- und Erfolgsdruck (Weilkiens, 2014). Die hohe Unsicherheit über die Gegebenheiten im Weltraum erschwerten die Entwicklung zusätzlich. Hinzu kam eine explizite Berücksichtigung der Wirtschaftlichkeit: Das Space Shuttle wurde auf Wiederverwendbarkeit ausgerichtet und hatte einen großen Laderaum für kommerzielle Zwecke (BKCASE Editorial Board, 2017). Auch wenn sich rückblickend die gewünschte Wirtschaftlichkeit nie einstellte, war dies doch ein Meilenstein auf dem Weg zum heutigen Systems Engineering Verständnis. Neben der Luft- und Raumfahrt verbreitet sich Systems Engineering derzeit in der Automobilindustrie sowie dem Maschinen- und Anlagenbau.

Unterstützt wurde diese Entwicklung durch wegweisende Publikationen wie „A Methodology of Systems Engineering“ von Arthur D. Hall aus dem Jahr 1962 ((Hall, 1962), Abbildung 1-11). Der nächste Meilenstein war die Veröffentlichung des „Systems Engineering Handbook V1.0“ von INCOSE im Jahr 1994. In dem Handbuch wurden diverse Ansätze, die es in dieser Zeit gab, konsolidiert und ein internationales Referenzwerk geschaffen. Seitdem folgten kontinuierlich Neuauflagen, die letzte im Jahr 2015 in der Version V4.0 (Walden et al., 2015). 2002 folgte die Veröffentlichung des ersten internationalen Standards für Systems Engineering. Die Norm ISO/IEC/IEEE 15288 (ISO/IEC 15288:2008) schuf erstmalig

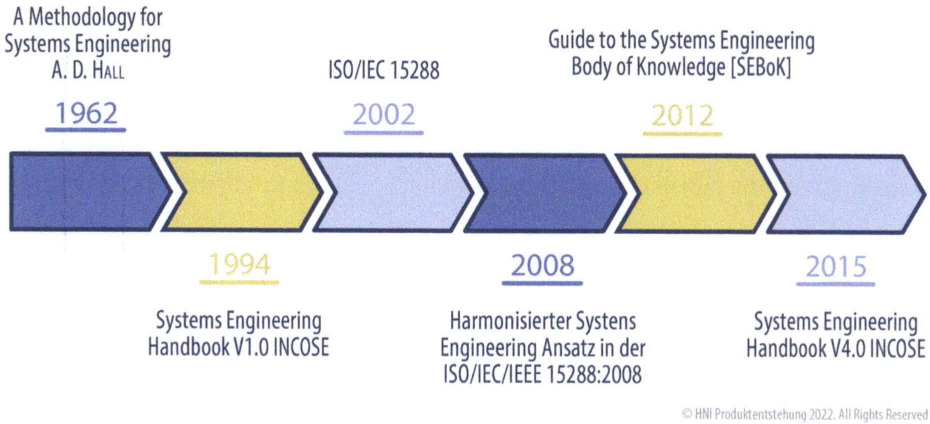

Abbildung 1-11 Meilensteine in der Publikations-Historie des Systems Engineering

ein einheitliches Verständnis von Systems Engineering und ermöglichte damit die Einbindung in Gesetze. Die Inhalte der Norm sind in weiten Teil deckungsgleich mit dem INCOSE Handbook. Im Jahr 2012 resultierte das Bestreben der Systems Engineering Community, eine einheitliche und aktuelle Abbildung des Wissens zu schaffen, in dem frei zugänglichen Systems Engineering Body of Knowledge (SEBoK) (BKCASE Editorial Board, 2017). Das SEBoK basiert überwiegend auf dem INCOSE Handbook, wird aber regelmäßig aktualisiert und bietet sich zur vertiefenden Studie an.

Systems Engineering ist von zentraler Bedeutung für die Systementwicklung. Da der Ansatz einem umfassenden generischen Anspruch folgt, gibt es unterschiedliche Verständnisse und Schulen des Systems Engineering. Im Kontext der technischen Systementwicklung ist der auf der ISO/IEC/IEEE 15288 beruhende INCOSE-Ansatz weltweit anerkannt (Walden et al., 2015). Da zudem die Aufgabeninhalte kompakt anhand von strukturierten Prozessbeschreibungen dargestellt werden, wird in diesem Buch der INCOSE-Ansatz als Referenz genutzt. Er erhebt den Anspruch, für Entwicklungsvorhaben aller Systemarten (technische Systeme, Dienstleistungen, Infrastrukturprojekte etc.) Gültigkeit zu haben und erfordert daher einen hohen Abstraktionsgrad.

Daneben haben sich drei branchenspezifische Referenzwerke etabliert, die die Aufmerksamkeit auf spezifische Anwendungsbereiche richten. Eines davon ist das NASA Systems Engineering Handbook (NASA, 2007). Dieser Ansatz aus der Luft- und Raumfahrt war Ausgangspunkt für den später entwickelten INCOSE-Ansatz. Er legt den Schwerpunkt auf Richtlinien und Normen der „National Aeronautics and Space Administration (NASA)“ und ist innerhalb der Luft- und Raumfahrt international relevant. Ein anderer Ansatz wurde vom U.S. Department of Transportation (DoT) erarbeitet. Mit dem DoT-Ansatz werden Infrastrukturprojekte branchenspezifisch unterstützt. Des Weiteren ist der Ansatz des U.S. Department of Defense (DoD) zu erwähnen. Neben Aspekten der Eigenentwicklung wird hier der Beschaffung von technischen Systemen große Bedeutung beigemessen. Aufgrund der historischen Entwicklung überwiegen angloamerikanische Ansätze bei den Systems Engineering Referenzwerken. Deutschsprachigen Werken fehlt bislang die breitflächige internationale Aufmerksamkeit (Haberfellner et al., 2018; Züst 2004). In den Fachgebieten Software Systems Engineering und Electric Systems Engineering gibt es darüber hinaus weitere Schulen des Systems Engineering.

1.4 Systems Engineering in diesem Fachbuch

In diesem Unterkapitel wird das Konzept des vorliegenden Buchs vorgestellt. Neben dem Adressatenkreis wird aufgezeigt, welchen Nutzen Sie davon haben, die weiteren Kapitel zu lesen und auf welche Systeme Sie das Wissen anwenden können. Abschließend wird der Aufbau des Buchs vorgestellt und das Zusammenspiel der Inhalte verdeutlicht.

Studieren sollten dieses Buch Personen, die an der Entwicklung technischer Systeme beteiligt sind oder es zukünftig sein werden. Dies gilt unabhängig davon, ob bereits Erfahrungen im Bereich Systems Engineering gesammelt wurden. Angesprochen werden erfahrene Entwickler und Führungskräfte, ebenso wie Berufseinsteiger und Studierende. Auch Wissenschaftler werden in diesem Buch eine neue Perspektive auf Systems Engineering kennenlernen, die die industrielle Anwendbarkeit des Ansatzes ins Zentrum stellt. Um die erläuterten Wirkzusammenhänge einordnen zu können, wird technisches Verständnis vorausgesetzt. Wer sich dieser Zielgruppe zugehörig fühlt, wird in diesem Buch das Rüstzeug finden, um Systems Engineering in der Praxis anwenden zu können.

Das **Ziel dieses Buches** ist es, zur Anwendung von Systems Engineering zu befähigen, indem das vielschichtige Themenfeld übersichtlich, verständlich und anwendungsnah vermittelt wird. Ein erfahrungsbasiertes Lernen nach dem Prinzip „Versuch und Irrtum" ist zwar unerlässlich. Der Kompetenzaufbau lässt sich aber durch das im vorliegenden Buch vermittelte Wissen beschleunigen. Bisher gab es weder im englisch-, noch im deutschsprachigen Raum Literatur, die dies zufriedenstellend, dem aktuellem Forschungsstand entsprechend, ermöglicht. In der akademischen Lehre variieren Lehrinhalte und Verständnis von Systems Engineering so stark, dass nicht immer die für die Praxis erforderliche Qualifikation bei den Studierenden erreicht wird. Mit dem vorliegenden Buch werden daher folgende zwei Schwerpunktziele verfolgt:

1. Wissenschaftlich fundierte und kompakte Vermittlung des Systems Engineering-Ansatzes, aufbauend auf dem INCOSE-Standard (Walden et al., 2015) und der zugrundeliegenden Norm ISO/IEC/IEEE 15288:2015 (ISO/IEC 15288:2008)
2. Unmittelbare Übertragbarkeit des Wissens in die praktische Anwendung

Aufgrund dieser Zielsetzungen wird Systems Engineering nicht wie üblich abstrakt, sondern vor dem Hintergrund einer konkreten Systemkategorie erläutert. Mechatronische und cyber-physische Systeme eignen sich dafür besonders, da ihre Eigenschaften (technisch, interdisziplinär und komplex) die Nutzenpotenziale von Systems Engineering zur Entfaltung bringen. Zudem erleben wir gerade einen Bedeutungszuwachs von Vernetzung und Digitalisierung (Graessler et al., 2020; Gräßler und Pöhler 2020, 2017; Gräßler et al., 2017; Gräßler und Yang, 2016).

Systems Engineering ist ein weitreichendes Themenfeld. Im Sinne einer kompakten Wissensvermittlung werden die zentralen Themen erörtert und ein grundlegendes Verständnis des Gesamtansatzes geschaffen. Für eine Vertiefung spezifischer Aspekte wird auf geeignete Literatur verwiesen. Dieses Buch vermittelt Ihnen das Rüstzeug zur erfolgreichen Anwendung von Systems Engineering, indem:

... Sie verstehen, was Systems Engineering und dessen Kernelemente sind.

... Sie erkennen, welche Befähiger (engl. „enabler") für die industrielle Umsetzung dienlich sind.

... Sie mit Hilfe von Systemdenken ganzheitliche Entscheidungen treffen lernen.

... Sie die für die Entwicklung eines Systems erforderlichen Prozesse kennen und deren sachlogischen Zusammenhang verstehen.

... Sie als Systems Engineer handeln und den Systems Engineering Ansatz in Ihren Praxisalltag transferieren.

... Sie den Einführungsprozess von Systems Engineering erfolgreich gestalten.

Als Ausgangspunkt wurden in diesem Kapitel Motivation, Historie und wachsende Bedeutung des Systems Engineering aufgezeigt. Außerdem wurde Systems Engineering definiert und der Ansatz erläutert. Im folgenden Kapitel 2 werden die Voraussetzungen für eine industrielle Umsetzung dargestellt. Hierzu zählen die drei Befähiger Tailoring, Methoden und Modellbildung. Da die Modellbildung in der Industrie oftmals über die pragmatische Zwischenstufe von Wirkketten erfolgt, werden die Grundlagen hierfür ebenfalls beschrieben.

In den Kapiteln 3-5 werden die Kernelemente des Systems Engineering erläutert: Systemdenken, Entwicklungsmethodik sowie Rollen und Verantwortlichkeiten des Systems Engineers. Systemintegrität und lebenszyklusgerechte Entwicklung sind wichtige Stoßrichtungen des „Systemdenkens" (Kapitel 3). Die Entwicklungsmethodik umfasst eine detaillierte Beschreibung der Entwicklungsprozesse sowie ihre sachlogische Verknüpfung im neuen V-Modell der VDI/VDE 2206 (Kapitel 4). Die Summe der Prozesse deckt alle wesentlichen Entwicklungsaufgaben ab, die für die Anwendung von Systems Engineering von Bedeutung sind. Die Auswahl und Durchführung der Prozesse ist projektspezifisch zu gestalten, dafür bietet das V-Modell eine Struktur. Das V-Modell bringt die Entwicklungsaufgaben in einen sachlogischen Zusammenhang, so dass ihr Wechselspiel verständlich wird und unterschiedliche Formen der Projektorganisation ermöglicht werden. Die schlussendliche Umsetzung des Systems Engineering obliegt dem Systems Engineer mit all seinen Rollen und Verantwortlichkeiten. Daher widmet sich Kapitel 5 gänzlich der Rolle der Anwenderin bzw. des Anwenders.

Im abschließenden Kapitel 6 werden die Erfolgsfaktoren für die Einführung von Systems Engineering im Unternehmen vermittelt. Hiermit wird es der Unternehmensleitung, dem mittleren Management und den zukünftigen Systems Engineers ermöglicht, Systems Engineering im eigenen Unternehmen erfolgreich einzuführen. In der unten und in der Titelei abgebildeten Wanderkarte wird das Konzept und der Aufbau dieses Buchs dargestellt. Im Verlauf des Buchs werden die erläuterten Inhalte immer wieder in dieses Gesamtbild eingeordnet.

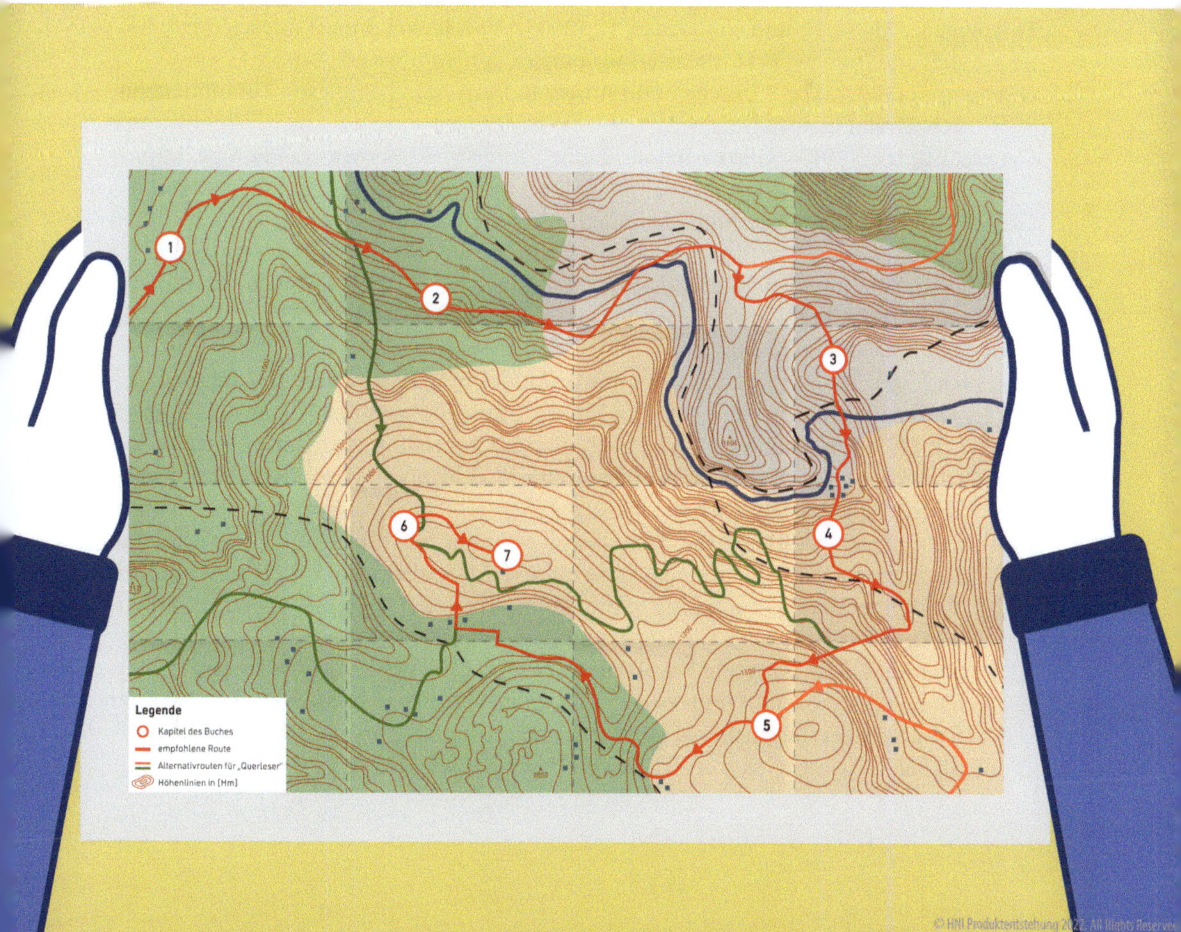

Literatur

Bender, B. und Gericke, K. (Hrsg.). (2021). Pahl/Beitz Konstruktionslehre (9. Aufl.). Springer Berlin Heidelberg. https://doi.org/10.1007/978-3-662-57303-7

Bliss, C. (2000). Management von Komplexität: Ein integrierter, systemtheoretischer Ansatz zur Komplexitätsreduktion. Unternehmensführung und Marketing: Bd. 35. Gabler Verlag. https://doi.org/10.1007/978-3-663-10720-0

Bochtler, W. (1996). Modellbasierte Methodik für eine integrierte Konstruktion und Arbeitsplanung [Dissertation]. Rheinisch-Westfälische Technische Hochschuhle Aachen, Aachen.

Cruz Sanchez, F. A., Boudaoud, H., Hoppe, S. und Camargo, M. (2017). Polymer recycling in an open-source additive manufacturing context: Mechanical issues. Additive Manufacturing, 17, 87–105. https://doi.org/10.1016/j.addma.2017.05.013

DAU. (2013). Defense Acquisition Guidebook (DAG). https://www.dau.edu/tools/dag

DIN EN 12973:2020. Value Management. DIN EN. Berlin. Beuth Verlag GmbH.

Elm, J. P. und Goldenson, D. (November 2012). The Business Case for Systems Engineering Study: Results of the Systems Engineering Effectiveness Survey (The Business Case for Systems Engineering). Carnegie Mellon University. https://resources.sei.cmu.edu/library/asset-view.cfm?assetid=34061

Eversheim, W. und Schulten, I. (1999). Optimal Degree of Parallelism and Integration in Design and Process Planning. In International Design Seminar „Integration of Process Knowledge into Design Support Systems", Enschede, Netherlands.

Forsberg, K., Mooz, H. und Cotterman, H. (2005). Visualizing project management: Models and frameworks for mastering complex systems (3rd ed., Bd. 5). J. Wiley.

Gandolfi, A. (2001). Von Menschen und Ameisen: Denken in komplexen Zusammenhängen. Orell Füssli.

General Electric. (2013). GEnx Aircraft Engine - Industrial Internet - GE Europe. https://www.youtube.com/watch?v=2Jqhld45iko

Gomez, P. (1981). Modelle und Methoden des systemorientierten Managements. Paul Haupt.

Graessler, I., Bettenhausen, K. D., Bilgic, A. M. und Dirzus, D. (2020). Which future do we want? It's up to us! – 4 future scenarios for automation 2030. at - Automatisierungstechnik, 68(6), 500–507. https://doi.org/10.1515/auto-2020-0057

Graessler, I. und Hentze, J. (2020). The new V-Model of VDI 2206 and its validation. at - Automatisierungstechnik, 68(5), 312–324. https://doi.org/10.1515/auto-2020-0015

Gräßler, I. (1999). Informations- und zeitbasiertes Controlling einer integrierten Konstruktion und Arbeitsplanung [Dissertation]. Rheinisch-Westfälische Technische Hochschule Aachen, Aachen.

Gräßler, I. (2002). Identifying the Best Overall Solution by Team Based Evaluation and Decision Tactics in Conceptual Design. In M. M. Andreasen, D. Marjanovic und H. Birkhofer (Hrsg.), Proceeding of the 7th International Design Conference, Design 2002, May 14-17, 2002, Cavtat - Dubrovnik - Croatia (S. 635–640). Faculty of Mechanical Engineering and Naval Architecture, University of Zagreb; Design Society.

Gräßler, I. (2003). Impacts of Information Management on Customized Vehicles and After Sales Services. International Journal of Computer Integrated Manufacturing, 16(7-8), 566–570. https://doi.org/10.1080/0951192031000115714

Gräßler, I. (2004). Kundenindividuelle Massenproduktion: Entwicklung, Vorbereitung der Herstellung, Veränderungsmanagement. Springer Verlag. https://doi.org/10.1007/978-3-642-18681-3

Gräßler, I. (2015). Umsetzungsorientierte Synthese mechatronischer Referenzmodelle: Implementation-oriented synthesis of mechatronic reference models. In Konferenzband der VDI Mechatronik: Fachtagung Mechatronik 2015, Dortmund.

Gräßler, I. (2017). A new V-Model for interdisciplinary product engineering. Engineering for a changing world : 59th IWK, Ilmenau Scientific Colloquium, Technische Universität Ilmenau, September 11-15, 2017 : proceedings. http://nbn-resolving.de/urn:nbn:de:gbv:ilm1-2017iwk-063:6

Gräßler, I. (2018). Competitive Engineering in the Age of Industry 4.0 and Beyond. In TMCE, Las Palmas de Gran Canaria.

Gräßler, I., Bodden, E., Pottebaum, J., Geismann, J. und Roesmann, D. (2020). Security-Oriented Fault-Tolerance in Systems Engineering: A Conceptual Threat Modelling Approach for Cyber-Physical Production Systems. In A. Bartoszewicz, J. Kabziński und J. Kacprzyk (Hrsg.), Advances in Intelligent Systems and Computing. Advanced, Contemporary Control (Bd. 1196, S. 1458–1469). Springer International Publishing. https://doi.org/10.1007/978-3-030-50936-1_121

Gräßler, I., Haas, V. und Suchowerskyj, W. (2012). Innovation Based on Applying Design Methodology. In I. Horváth, Rusák Zoltán, A. Albers und M. Behrendt (Vorsitz), International Symposium on Tools and Methods of Competitive Engineering.

Gräßler, I. und Hesse, P. (2021). Digitaler Zwilling zur Gestaltung der Prozesse im End-of-Life. Produktdaten für das Recycling einer Produktinstanz. In H. Biedermann, W. Posch und S. Vorbach (Hrsg.), Digitalisierung im Kontext von Nachhaltigkeit und Klimawandel (S. 135–148). Rainer Hampp Verlag. https://doi.org/10.5771/9783957102966-135

Gräßler, I., Oleff, C. und Hentze, J. (2019). Role Model for Systems Engineering Application. In Design Society (Vorsitz), International Conference on Engineering Design 2019, Delft.

Gräßler, I. und Pöhler, A. (2017). Intelligent devices in a decentralized production system concept. In 11th CIRP Conference on Intelligent Computation in Manufacturing Engineering (ICME). Symposium im Rahmen der Tagung von Centre for International Research in Production (CIRP), Ischia.

Gräßler, I., Pöhler, A. und Hentze, J. (2017). Decoupling of Product and Production Development in Flexible Production Environments. In E. Shehab, T. Tomiyama, H. Lockett, K. Salonitis, R. Roy und A. Tiwari (Hrsg.), Proceedings of 27th CIRP Design Conference (Vol. 60, S. 548–553). Elsevier Procedia. https://doi.org/10.1016/j.procir.2017.01.040

Gräßler, I. und Pöhler, A. (2019). Simulation von Cyber-Physischen Produktionssystemen in einer Forschungsinfrastruktur. In T. Bertram, B. Corves, I. Gräßler und K. Janschek (Vorsitz), Fachtagung Mechatronik 2019, Paderborn.

Gräßler, I. und Pöhler, A. (2020). Produktentstehung im Zeitalter von Industrie 4.0. In G. W. Maier, G. Engels und E. Steffen (Hrsg.), Handbuch Gestaltung digitaler und vernetzter Arbeitswelten (S. 383–403). Springer Berlin Heidelberg. https://doi.org/10.1007/978-3-662-52979-9_23

Gräßler, I. und Pottebaum, J. (2021). Generic Product Lifecycle Model: A Holistic and

Adaptable Approach for Multi-Disciplinary Product–Service Systems. Applied Sciences, 11(10), 4516. https://doi.org/10.3390/app11104516

Gräßler, I. und Pottebaum, J. (2022). From Agile Strategic Foresight to Sustainable Mechatronic and Cyber-Physical Systems in Circular Economies. In D. Krause und E. Heyden (Hrsg.), Design Methodology for Future Products (S. 3–26). Springer International Publishing. https://doi.org/10.1007/978-3-030-78368-6_1

Gräßler, I., Wiechel, D. und Pottebaum, J. (2021). Role model of model-based systems engineering application. IOP Conference Series: Materials Science and Engineering, 1097(1), 12003. https://doi.org/10.1088/1757-899X/1097/1/012003

Gräßler, I. und Yang, X. (2016). Interdisciplinary Development of Production Systems Using Systems Engineering. Procedia CIRP, 50, 653–658. https://doi.org/10.1016/j.procir.2016.05.008

Haberfellner, R., Weck, O. de, Fricke, E. und Vössner, S. (2018). Systems Engineering: Grundlagen und Anwendung (14. überarbeitete Auflage). Orell Füssli Verlag.

Hall, A. D. (1962). A methodology for systems engineering (Bd. 24). van Nostrand.

Henrichfreise, H., Oedekoven, S. und Pähle, M. (1999). An approach to the development of an optimum manipulator as a mechatronic system. In J. Gausemeier, M. Flath und B. Riepe (Vorsitz), Heinz Nixdorf Symposium, Paderborn.

Hitchins, D. K. (2007). Systems Engineering: A 21st century systems methodology. Wiley series in systems engineering and management. John Wiley und Sons, Ltd. https://onlinelibrary.wiley.com/doi/book/10.1002/9780470518762 https://doi.org/10.1002/9780470518762

Huth, T. und Vietor, T. (2020). Systems Engineering in der Produktentwicklung: Verständnis, Theorie und Praxis aus ingenieurswissenschaftlicher Sicht. Gruppe. Interaktion. Organisation. Zeitschrift für Angewandte Organisationspsychologie (GIO), 51(1), 125–130. https://doi.org/10.1007/s11612-020-00505-1

ISO/IEC 15288:2008. Systems and software engineering — System life cycle processes. International Organization for Standadization. Geneva, Switzerland. International Organization for Standardization.

ISO/IEC/IEEE 15288:2015. System- und Software-Engineering - System-Lebenszyklus-Prozesse. ISO/IEC/IEEE.

Klein, B. (2010). Wertanalyse-Praxis für Konstrukteure: Ein effizientes Werkzeug in der Produktentwicklung. expert-Verl.

Laufenberg, L. (1996). Methodik zur integrierten Projektgestaltung für die situative Umsetzung des Simultaneous Engineering [Dissertation]. Rheinisch-Westfälische Technische Hochschule Aachen, Aachen.

Lindemann, U. (2009). Methodische Entwicklung technischer Produkte: Methoden flexibel und situationsgerecht anwenden (3. Aufl.). VDI-Buch. Springer.

Marcus, J. (2019). US removes Turkey from F-35 fighter jet programme. https://www.bbc.com/news/world-us-canada-49023115

Meerkamm, H. (1994). Design for X: A Core Area of Design Methodology. Journal of Engineering Design, 5(2), 145–163. https://doi.org/10.1080/09544829408907881

Miles, L. D. (1964). Value Engineering (3. Aufl.). Springer.

Moll, C. L. und Reuleaux, F. (1854). Konstruktionslehre für den Maschinenbau. Vieweg.

NASA. (2007). NASA Systems Engineering Handbook (rev1). United States Government Printing Office.

Probst, G. J. B. und Gomez, P. (1997). Vernetztes Denken: Die Methodik des vernetzten Denkens zur Lösung komplexer Probleme. In D. Hahn und B. Taylor (Hrsg.), Strategische Unternehmungsplanung - Strategische Unternehmungsführung (7. Aufl., S. 934–952). Physica-Verlag.

Produktion.de. (2017). Das teuerste Rüstungsprojekt der Welt: Die F-35 Lightning. https://www.produktion.de/bildergalerien/das-teuerste-ruestungsprojekt-der-welt-die-f-35-lightning-101.html

Redtenbacher, F. (1852). Prinzipien der Mechanik und des Maschinenbaus. Bassermann.

Schuh, G. und Schwenk, U. (2001). Produktkomplexität managen: Strategien - Methoden - Tools. Hanser Verlag.

SEBoK Editorial Board. (2022). Guide to the Systems Engineering Body of Knowledge (SEBoK): v2.6. The Trustees of the Stevens Institute of Technology.

Stark, R., Thoben, K.-D., Gerhard, D., Hick, H., Kirchner, E., Anderl, R., Wartzack, S., Krause, F.-L., Grässler, I., Pottebaum, J., Schleich, B., Stelzer, R., Hick, H. u. K., Klein, P. u. K., Saske, B. u. K., Czwick, C., Gogineni, S., Klimmeck, L., Bajzek, M., . . . Göckel, N. (2020). WiGeP Positionspapier - Digitaler Zwilling. http://www.wigep.de/fileadmin/Positions-_und_Impulspapiere/Positionspapier_Digitaler_Zwilling.pdf

Stüttgen, M. (1999). Strategien der Komplexitätsbewältigung in Unternehmen: Ein transdisziplinärer Bezugsrahmen [Dissertation, Universität St. Gallen, Bern, Stuttgart, Wien]. GBV Gemeinsamer Bibliotheksverbund.

Vajna, S. (Hrsg.). (2020). Integrated Design Engineering: Ein interdisziplinäres Modell für die ganzheitliche Produktentwicklung. Springer Vieweg.

VDI 2221:1993. Methodik zum Entwickeln und Konstruieren technischer Systeme und Produkte. VDI. Düsseldorf. Beuth Verlag GmbH.

VDI 2206:2004. Entwicklungsmethodik für mechatronische Systeme. VDI. Düsseldorf. Beuth Verlag GmbH.

VDI 2800:2010. Wertanalyse. VDI. Düsseldorf. Beuth Verlag GmbH.

VDI 2221:2018. Entwicklung technischer Produkte und Systeme - Modell der Produktentwicklung. VDI. Düsseldorf. Beuth Verlag GmbH.

VDI/VDE 2206:2021. Entwicklung mechatronischer und cyber-physischer Systeme. VDI/VDE. Düsseldorf. Beuth Verlag GmbH.

Velte, C. J. und Steinhilper, R. (2016). Complexity in a circular economy: A need for rethinking complexity management strategies. In S. I. Ao, L. Gelman, D. Hukins und A. M. Korsunsky (Hrsg.), Proceedings of the World Congress on Engineering, London, UK (Vol. 29). Newswood Limited.

Walden, D. D., Roedler, G. J., Forsberg, K., Hamelin, R. D. und Shortell, T. M. (2015). Systems engineering handbook: A guide for system life cycle processes and activities (4. Aufl.). Wiley.

Weilkiens, T. (2014). Systems Engineering mit SysML/UML: Modellierung, Analyse, Design (3. Aufl.). dpunkt.

Wögerbauer, H. (1943). Die Technik des Konstruierens. R. Oldenbourg.

Züst, R. (2004). Einstieg ins Systems Engineering: Optimale, nachhaltige Lösungen entwickeln und umsetzen (3., überarb. Aufl). Verl. Industrielle Organisation.

2 Voraussetzungen für die industrielle Umsetzung

Systems Engineering ist für Anwender oftmals schwer greifbar und es fällt ihnen schwer, einen ersten Ansatz zur industriellen Umsetzung zu finden. Ein Zipfel am Ende des Taschentuchs sind die drei Befähiger (engl.: „enabler“) Tailoring, Methoden und Modellbildung. Ausgehend von den industriellen Erfordernissen (Kapitel 2.1) greift der erste Befähiger „Tailoring“ das individuelle Maßschneidern von Systems Engineering auf (Kapitel 2.2). Der zweite Befähiger „Methoden“ beinhaltet bewährte Vorgehensmuster zur Problemlösung (Kapitel 2.3). Der dritte Befähiger „Modellbildung“ umfasst die Beherrschung von Systemkomplexität durch Erstellung und Analyse von Modellen entlang des gesamten Systemlebenszyklus (Kapitel 2.4). Ergänzend wird in Kapitel 2.5 die Modellierung und Analyse von Wirkketten behandelt, die einen pragmatischen und zertifizierungskonformen Direkteinstieg in die Modellbildung bietet. Die Wirkkettenanalyse stellt einen wichtigen Schritt auf dem Weg zur industriellen Umsetzung von Systems Engineering dar. Die Befähiger ermöglichen es der Leserin und dem Leser, die nachfolgenden Kapitelinhalte anwendungsorientiert zu reflektieren und parallel zur Buchlektüre bereits erste Schritte in der Praxis zu unternehmen.

Voraussetzungen für die industrielle Umsetzung

Tailoring

Methoden

2

2.1 Industrielle Erfordernisse und Befähiger

Für die industrielle Umsetzung von Systems Engineering ist neben Fachexpertise und Entwicklungserfahrung ein organisationaler Veränderungsprozess erforderlich. Konkret sehen sich industrielle Anwender typischerweise den in Abbildung 2-1 zusammengefassten Herausforderungen gegenübergestellt. Die Aneignung von **Systems Engineering Expertise** stellt für betroffene Entwickler einen hohen Einarbeitungsaufwand mit nachfolgendem, kontinuierlichen Lernprozess dar. Systems Engineering ist aufgrund der Abstraktion für Anwender oftmals schwer greifbar und es fällt schwer, einen ersten Ansatz zur industriellen Umsetzung zu finden. Alleine das zugrunde liegende V-Modell stellt entgegen landläufiger Meinung kein Ablaufmodell im zeitlichen Sinne dar, sondern einen sachlogischen Zusammenhang zwischen den Entwicklungsaktivitäten. Der zeitliche Ablauf muss erst noch unter Berücksichtigung von Projektgröße, Neuheitsgrad, Risiken, Projektorganisationsform und weiteren Aspekten aus dem V-Modell abgeleitet werden. Der Kompetenzaufbau ist nicht nur individuell für die betroffenen Entwickler zu leisten, sondern auch organisational für das Unternehmen sowie vorgelagert in den universitären Strukturen. Systems Engineering wird in vielen Branchen und Unternehmen gerade erst eingeführt. Bis eine breite Kompetenzbasis geschaffen wurde, werden noch einige Jahre vergehen. Die Gefahr eines unzureichenden Verständnisses von Systems Engineering besteht darin, dass Menschen auf zu hohe Anforderungen oftmals mit Simplifizierungen reagieren.

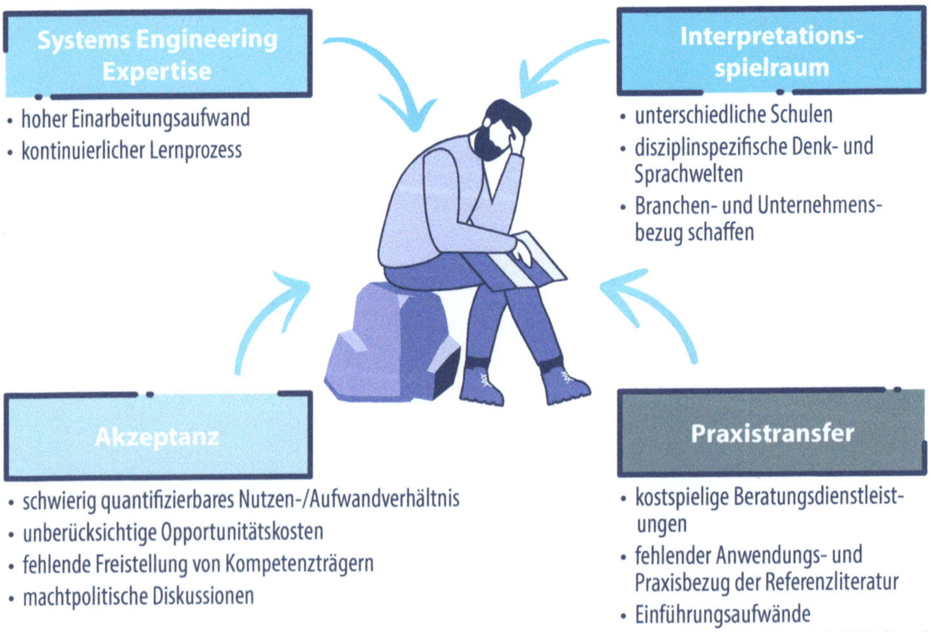

Abbildung 2-1 Herausforderungen einer industriellen Umsetzung von Systems Engineering

I. Gräßler und C. Oleff, *Systems Engineering*,
https://doi.org/10.1007/978-3-662-64517-8_2

Neben der geforderten Expertise bietet der Systems Engineering-Ansatz einen großen **Interpretationsspielraum**, der ein gemeinsames Verständnis erschwert. Trotz Normung und Verbreitungsgrad des INCOSE-Ansatzes gibt es ein Nebeneinander unterschiedlicher Schulen des Systems Engineering. Disziplinspezifische Denk- und Sprachwelten führen oftmals zu Missverständnissen zwischen den beteiligten Entwicklern und stellen eine ernst zu nehmende Fehlerquelle dar. Eine Möglichkeit zur Überbrückung bestehender Diskrepanzen bietet das Spiegeln an den Systems Engineering-Kernelementen. Denn die drei Kernelemente Systemdenken, Entwicklungsmethodik und Systems Engineer stellen den größten gemeinsamen Nenner aller Systems Engineering-Ansätze dar. Zum gemeinsamen Verständnis ist es außerdem entscheidend, Systems Engineering für die eigene Branche zu konkretisieren und an das eigene Unternehmen anzupassen.

Eine weitere Herausforderung stellt der **Praxistransfer** dar. Vielfach gelingt der Aufbau von Systems Engineering Kompetenzen und die Integration in den Anwendungskontext nur durch die Inanspruchnahme kostspieliger Beratungsdienstleistungen. Zertifizierungen wie beispielsweise nach INCOSE (vgl. Kapitel 1.1) sind auf Theorie und Wissen ausgelegt. Einschlägiger Literatur fehlt der durchgängige Bezug zur industriellen Anwendung. Stattdessen wird das Augenmerk auf eine möglichst ganzheitliche und abstrakte Darlegung des Themenkomplexes gelegt. Ziel solcher Abhandlungen ist es, die Allgemeingültigkeit der Aussagen unabhängig vom Einzelfall zu gewährleisten. Beispielsweise soll sowohl die Entwicklung eines Flugzeugs als auch die Entwicklung eines Temperatursensors oder sogar einer Gesundheitsdienstleistung abgedeckt werden. Aus diesem Grund erfordert es erhebliche Transferkompetenz und Aufwand, die generischen Erläuterungen nutzenstiftend auf das eigene Entwicklungsvorhaben zu übertragen. Praktiker erleben diesen Abstraktionsprozess als Umweg bei der Lösung Ihrer praktischen Problemstellungen. Darüber hinaus bedeutet die Einführung von Systems Engineering eine organisationale Veränderung (engl.: „change") und verändert Kommunikation, Informationsaustausch und Zusammenarbeit zwischen den an der Entwicklung beteiligten Abteilungen. Da eine gelungene Einführung von Systems Engineering das Schlüsselelement für den Praxistransfer darstellt, wird dieses Themenfeld nochmals eigens in Kapitel 6 vertieft.

In der Praxis leidet die **Akzeptanz** des Systems Engineering-Ansatzes vielfach an dem schwierig quantifizierbarem Verhältnis von Nutzen zu Aufwand. Ähnlich der Einführung von Computer Aided Design (CAD) vor vielen Jahrzehnten sind die Einführungsaufwände in den Entwicklungsprojekten unmittelbar erlebbar, während sich der Nutzen nur zeitversetzt einstellen wird. Teilweise ernten erst nachfolgende Führungskräfte die Früchte der Bemühungen ihrer Vorgänger. Unternehmen müssen lernen, im Sinne von Opportunitätskosten zu denken und den Einführungsaufwänden den Preis der entgangenen Chancen gegenüberzustellen, wenn Systems Engineering nicht eingeführt werden würde. Dies muss zudem in Anreizsystemen zur Zielerreichung berücksichtigt werden, so dass eine

Führungskraft auf Basis gemessener Frühwarnindikatoren bzw. Treibergrößen die Erfolge ihrer Anstrengungen selbst erntet. Vielfach stellt sich der Nutzen von Systems Engineering erst abteilungsübergreifend ein. So verlieren insbesondere Konstruktionsabteilungen oftmals an Macht, Einfluss und Mitarbeiteranzahl bei der Umstellung auf Systems Engineering, während abteilungsübergreifend Funktions-, Kosten- und Zeitvorteile durch Erzielung eines disziplinübergreifenden Optimums erschlossen werden.

Erste Angriffspunkte zur Überwindung der dargestellten Herausforderungen stellen die in Abbildung 2-2 dargestellten Befähiger (engl.: „enabler") dar. Sie sind ein Zipfel am Ende des Taschentuchs und versetzen Systems Engineers in die Lage, die Kernelemente des Systems Engineering anzuwenden. Zu den Befähigern gehören das bedarfsorientierte Anpassen des Systems Engineering Ansatzes an den Anwendungsfall (Tailoring), die systematische Lösung einzelner Problemstellungen mit Methoden und die Handhabung der Komplexität anhand von Modellbildung. Beispielsweise ermöglicht die bedarfsgerechte Anpassung (Tailoring), den Umfang des methodischen Vorgehens auf das richtige Maß zu reduzieren. Methoden ermöglichen die systematische Lösung spezifischer Aufgaben-

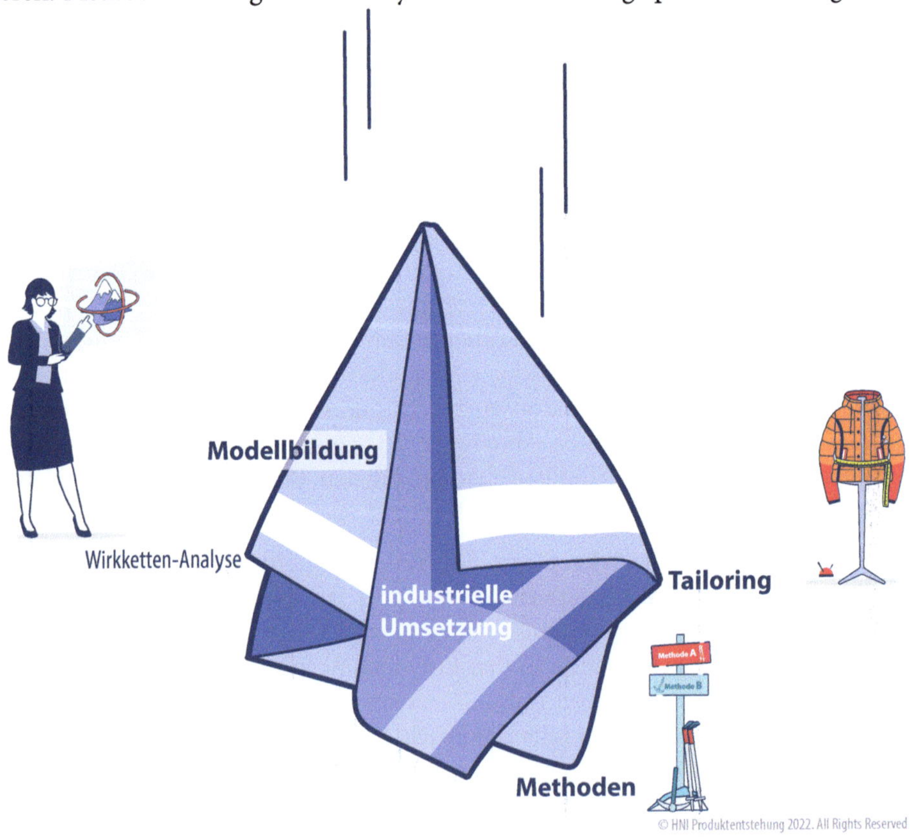

Abbildung 2-2 Befähiger des Systems Engineering

stellungen anhand bewährter Lösungsmuster. Die Modellbildung ebnet den Weg zur ganzheitlichen Erfassung und Analyse der Systemelemente und ihrer Wechselwirkungen. Für die jeweilige Entscheidung relevante Informationen werden anhand von Systemsichten bedarfsgerecht zusammengestellt. Wirkketten bieten einen pragmatischen und zertifizierungskonformen Direkteinstieg in die Modellbildung.

2.2 Befähiger Tailoring - Schlüssel zum Erfolg

Tailoring ist ein Befähiger, ohne den eine Anwendung von Systems Engineering undenkbar wäre. Tailoring beschreibt die systematische Anpassung des Systems Engineering Ansatzes an den jeweiligen Anwendungsfall. Systems Engineering Praktiken werden auf den Teil reduziert, der einen signifikanten Mehrwert für das Unternehmen, den Bereich bzw. das Projekt bietet. Basis dafür ist die Analyse spezifischer Risiken und die daraus abgeleitete Schwerpunktlegung. Das übergeordnete Ziel des Tailorings ist ein optimales Nutzen-Aufwand-Verhältnis: Es soll genau so viel Aufwand betrieben werden, dass bei einem minimalen Risiko von Zeit- und Kostenüberschreitungen alle Systemfunktionen wunschgemäß realisiert werden. Dabei sind die Risiken in den frühen Phasen der Produktentwicklung vielfach unbekannt (Jantzer, 2019). Systems Engineering Praktiken helfen, unbekannte Risiken zu Tage zu befördern und zu berücksichtigen.

INCOSE definiert Tailoring als „die Anpassung aller Systems Engineering Prozesse auf die individuellen Rahmenbedingungen und Einflussfaktoren" (Walden et al., 2015). In dem vorliegenden Buch wird Tailoring umfassender verstanden und bezieht sich nicht nur auf Prozesse, sondern vielmehr auch auf Modelle, Methoden, Hilfsmittel, Ablaufpläne und Rollen. Damit werden die Besonderheiten des jeweiligen Anwendungszusammenhangs umfassend berücksichtigt. Denn für die Entwicklung eines Flugzeugs sind beispielsweise höhere Sicherheitsstandards zu erfüllen als für einen Temperatursensor.

2.2.1 Das richtige Maß finden

Das richtige Maß an Systems Engineering Praktiken entsteht durch Abwägen und Ausbalancieren von funktionellen und projektorganisatorischen Risiken einerseits und dem Aufwand zur Anwendung von Systems Engineering andererseits (Abbildung 2-3). Jede Methodenanwendung, Modellierung oder Absicherung ist mit Aufwand verbunden. Der hierdurch erzeugte Mehrwert muss sich in Form einer höheren Ersttrefferquote, Qualitätssteigerung, Entwicklungsbeschleunigung oder Risikoreduzierung in der Systementwicklung auszahlen. Risiken sind untrennbar mit einem hohen Neuheitsgrad verbunden. So zeigt sich erst einige Zeit nach Abschluss der Produktentwicklung, ob eine Erfindung vom Markt angenom-

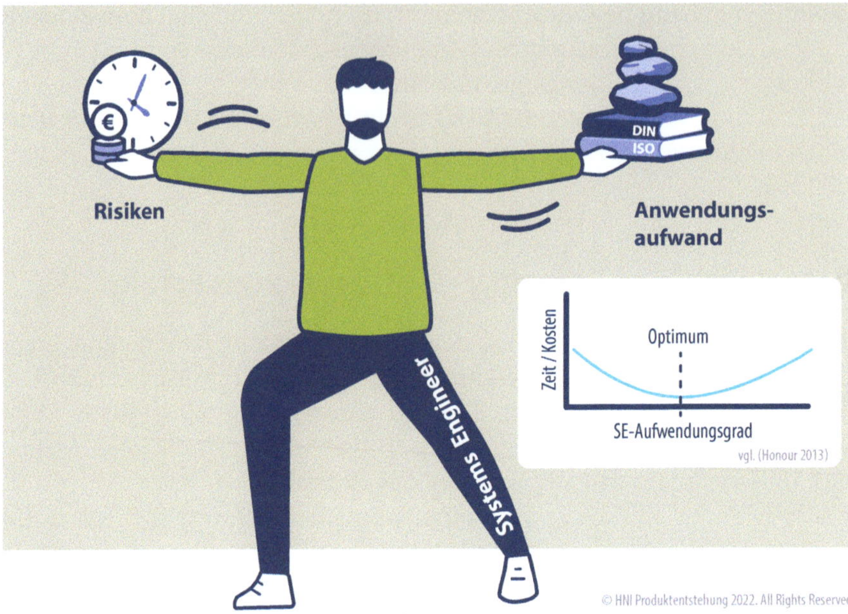

Abbildung 2-3 Ausbalancieren von Risiken und Anwendungsaufwand (aufbauend auf (Honour 2013))

men wird und zu einer Innovation wird. Auf dem Weg dahin sind neu platzierte Wettbewerbsprodukte, veränderte wirtschaftliche Prämissen und unerwartete technische Risiken zu überwinden (Jantzer, 2019).

Bei einem zu hohen Grad an Systems Engineering Praktiken liefern die Methoden keinen zusätzlichen Wertbeitrag mehr, sondern werden nur noch ihrer selbst willen angewendet und hemmen den Entwicklungsfortschritt. Ein zu geringer Grad an Systems Engineering Praktiken hingegen erhöht das Risiko von Projektfehlschlägen aufgrund verfehlter Systemfunktionen, Zeit- und Kostenüberschreitungen. Beispielsweise kann eine unzureichende initiale Anforderungserhebung zu zeit- und kostspieligen Korrekturen in späten Entwicklungsphasen führen (Schmitt und Pfeifer, 2015). Umgekehrt kann auch zu viel Aufwand in die Anforderungserhebung gesteckt werden, wenn von vorneherein klar ist, dass mit großen Anforderungsänderungen zu rechnen ist.

Dementsprechend gibt es für jeden individuellen Anwendungsfall einen optimalen Betriebspunkt, bei dem das ideale Maß an Systems Engineering erreicht wird. Dies wird durch eine Studie von HONOUR mit 48 Entwicklungsprojekten belegt, bei der die Einhaltung von Zeit- und Kostenrestriktionen in Abhängigkeit vom Systems Engineering Aufwand ausgewertet wurde (Honour, 2013). Demnach nimmt die Einhaltung der Zeit- und Kostenrestriktionen einen parabelförmigen Verlauf an und es resultiert ein optimaler Systems Engineering Aufwand (vgl. Diagramm in Abbildung 2-3).

2.2.2 Tailoring Stufen

Die Auswahl und Anpassung von Entwicklungspraktiken an individuelle Rahmenbedingungen erfolgt bereits seit langem im Zuge anderer Zielsetzungen, wie beispielsweise dem Simultaneous Engineering (Eversheim et al., 1998; Eversheim und Schulten, 1999; Gräßler, 2000) oder dem Komplexitätsmanagement (Gräßler, 2004a, 2011). Eine in der Industrie weit verbreitete Form, Rahmenbedingungen des eigenen Unternehmens auszudrücken, ist die Beschreibung der eigenen Abläufe anhand eines Produktentstehungsprozesses (PEP). Neben einer solchen bewussten Anpassung an die Unternehmensbelange verbessern wir Menschen regelmäßig intuitiv und zumeist unbemerkt die uns gesetzten Vorgaben. Ein anschauliches Beispiel sind Tretpfade in öffentlichen Parks, mit denen die vom Landschaftsarchitekten angelegten Fußwege abgekürzt werden. Betriebswirtschaftlich lassen sich solche Lernkurven in Form von Rationalisierungseffekten beim Hochlauf der Serienproduktion neuer Produkte quantifizieren: Eine typische Verhandlungsgröße zwischen Zulieferer und Hersteller sind jährliche Kosteneinsparungen in der Höhe von 3% bei hohen Abnahmemengen.

Der Unterschied des Tailorings gegenüber früheren Ansätzen ist, dass beim Systems Engineering der Anpassungsprozess in das Zentrum der Aufmerksamkeit gerückt wird und sich über drei Stufen erstreckt. Daher hat sich die Bezeichnung „Tailoring" im Systems Engineering als Fachbegriff etabliert. Die drei Stufen umfassen die Unternehmensebene, die Bereichsebene und die Projektebene. Auf jeder dieser Ebenen werden die relevanten Systems Engineering Praktiken ausgewählt, ergänzt und konkretisiert. Wie Abbildung 2-4 veranschaulicht, entsprechen die Stufen dem Kauf einer wetterfesten Jacke in unterschiedlichen Passformen: Eine Jacke „von der Stange" (links im Bild) erfüllt ihren Zweck, ist aber nicht sehr komfortabel. Je nach Körpergröße spannt sie an manchen Stellen und bietet an anderen Stellen eine unnötige Stofffülle. Die Kernfunktionen wärmeisolierend, winddicht, wasserfest und atmungsaktiv werden mit der Konfektionsware aber gewährleistet. Im zweiten Schritt (Bildmitte) wird mit Schnittmodifikationen wie „kurze Rückenpartie" oder „loose fit" eine bedarfsgerechte Passform angeboten. Im dritten Schritt (rechts im Bild) wird mit einer Taillierung die Passform figurbetont individualisiert und erfüllt neben den Kern- und Leistungsanforderungen zusätzliche Begeisterungsmerkmale wie ein modisches Erscheinungsbild (vgl. (Noriaki Kano et al., 1984)).

Auf Unternehmens- und Bereichsebene erfolgt das Tailoring einmalig durch einen Lead Systems Engineer bzw. in großen Unternehmen durch eine zentrale Methodenabteilung. Aufgrund der gesetzlichen Bestimmungen zur Produkthaftung liegt hier auch die Verantwortung für die Anwendung des aktuellen Stands der Technik. Daher haben zentrale Methodenabteilungen die Befugnis und die Pflicht zu standardisieren, die Standards aktuell zu halten sowie die Einhaltung der Standards sicherzustellen und berichten in dieser Rolle direkt an die Geschäftsführung.

Abbildung 2-4 Stufen des Tailorings

Auf der ersten Tailoring-Stufe, der **Unternehmensebene**, wird ausgehend vom Stand der Wissenschaft ein unternehmensspezifischer Systems Engineering Ansatz ausgearbeitet und in der Organisation verankert. Dieser beinhaltet eine gezielte Auswahl an Modellen, Methoden, Hilfsmitteln, Ablaufdiagrammen und Rollenmodellen. In diesem Zuge wird beispielsweise eine passende Systems Engineering Schule zugrunde gelegt, branchenspezifische Normen und Standards integriert und die Entwicklungsumgebung des Unternehmens an die Anwendung von Systems Engineering angepasst. Aus der Vielzahl an verfügbaren Praktiken werden die für das Unternehmen geeigneten ausgewählt. Dabei ist zu berücksichtigen, dass nicht etwa eine Festlegung der Gesamtheit aller wünschenswerten Systems Engineering Praktiken dem Entwicklungsfortschritt dienlich wäre. Dies würde beispielsweise in eine derart umfangreiche Methodensammlung münden, dass die Entwicklerinnen und Entwickler nur zum Teil mit den Einzelmethoden vertraut wären. Stattdessen ist es förderlich, sich bei der Auswahl auf das Notwendige zu beschränken, dieses dann aber vollumfänglich in die Anwendung zu bringen. Auswahlkriterien sind u. a. branchenspezifische Besonderheiten und Zertifizierungsstandards, Anforderungen und Dynamik der Absatzmärkte sowie der Verbreitungsgrad im Unternehmen.

Aus Unternehmenssicht ist zudem die Verankerung eines übergeordneten Organisationskonzepts relevant: welche SE-Rollen werden auf welche Führungsebenen heruntergebrochen? Welche Befugnisse erhalten Systemverantwortliche? Welche Kompetenzen müssen aufgebaut werden? Wie verlaufen die Berichtswege? Als Voraussetzung für die Modellierung muss u. a. entschieden werden: Welche

Standards der Systemmodellierung sollen zur Anwendung kommen? Welches PLM-System und welche Modellierungstools kommen zum Einsatz? Mit welchen Entwicklungsprojekten soll gestartet werden? Für welche Systeme sollen in Vorbereitung auf die Systemmodellierung Wirkketten modelliert werden? Hinsichtlich der gesetzlichen Regelungen zur Produkthaftung muss festgelegt werden: Welche zentralen Vorgaben sind für alle verpflichtend? Was darf durch die Bereiche und/ oder Projekte individuell ausgeprägt werden? Welche Dokumentationspflichten bestehen? Die Beantwortung dieser Fragen fällt durchaus auch gestaffelt nach Neuheitsgrad und Größe der betrachteten Entwicklungsprojekte aus: Handelt es sich um ein Plattformentwicklungsprojekt? Ein Serienentwicklungsprojekt? Oder ein Applikationsprojekt? Entsprechend den jeweiligen unternehmensspezifischen Randbedingungen entsteht auf der ersten Tailoring-Stufe eine Schablone für das bereichs- und projektbezogene Tailoring.

Zur Verankerung der unternehmensspezifischen Praktiken kommen Vorgaben wie Zentralanweisungen, Qualitätssicherungsvorschriften aber auch Empfehlungen im Sinne von Best Practices zur Anwendung. Für die Dokumentation des unternehmensspezifischen Systems Engineering Ansatzes bietet sich ein Produktentstehungssystem an (Gräßler, 2004b; Gräßler und Pottebaum, 2021, 2022). Kommunikationskonzepte, Weiterbildungsveranstaltungen bis hin zu train-the-trainer-Konzepten sind hilfreich für die Internalisierung ((Gräßler, 2001, 2004c); vgl. auch Kapitel 6). Die Etablierung der Standards in der täglichen Praxis lässt sich mit der Erhebung von Kennzahlen, Reifegradmodellen und Self-Assessments überprüfen.

Wie umfangreich im zweiten Schritt der Anpassungsprozess auf **Bereichsebene** ausfällt, hängt von der Heterogenität der Geschäfts- und Produktbereiche, den damit einhergehenden branchenspezifischen Normen und Standards sowie der Größe des Unternehmens ab. Bei geringen Unterschieden der Bereiche untereinander und überschaubarer Unternehmensgröße sind von Unternehmens- zu Bereichsebene nur geringfügige Anpassungen erforderlich. Bei hoher Diversität und stark unterschiedlichen Geschäftsfeldern können jedoch verschiedene Herangehensweisen gefordert sein. Wie auf Unternehmensebene, erfolgt auch das Tailoring auf Bereichsebene einmalig. Kommt es jedoch zum Verkauf oder Erwerb von Geschäftsfeldern, muss der bereichsspezifische Systems Engineering Ansatz geprüft und ggf. angepasst werden.

Konkrete Festlegungen für sein Entwicklungsprojekt trifft der verantwortliche Systems Engineer im dritten Schritt, dem Tailoring auf **Projektebene**. Dies erfolgt vor Projektstart im Zuge der Projektstruktur- und –ablaufplanung. Auf Projektebene wird beispielsweise festgelegt, welche Systems Engineering Prozesse in welchem Umfang und zu welchem Zeitpunkt angewandt werden. Dokumentationspflichten werden vereinbart und Ressourcen werden entsprechend ihrer Kompetenzen und Verfügbarkeit zugeordnet. Auch die Festlegung der Modellierungsintensität und die Auswahl geeigneter Methoden sind Bestandteile des projektspezifischen Tailoring. Sämtliche Besonderheiten des Projekts, wie Neuheitsgrad, Risiken, Kunde und Entwicklungsumfang werden berücksichtigt, so dass eine passgenaue Anwendung des Systems Engineering und somit eine bestmögliche Näherung an den optimalen Systems Engineering Betriebspunkt erfolgt (vgl. Abbildung 2-3). Ergänzend muss sich jeder Beteiligte während der Projektbearbeitung stets selbst hinterfragen, in welcher Tiefe ein Modell modelliert, eine Methode angewendet oder ein Hilfsmittel genutzt werden soll. Für die Schaffung des dafür erforderlichen Verständnisses und Bewusstseins ist der Systems Engineer erforderlich. Denn der Nutzen für manche Systems Engineering Praktiken, wie Dokumentation oder präventives Qualitätsmanagement, wird häufig erst beim Blick über den Tellerrand ersichtlich. Die Kunst liegt darin, dem Entwicklungsteam trotz klarer Vorgaben gleichzeitig die Freiheit zu geben, seine täglichen Aufgaben in sinnvoller Ausprägung zu leben. Der ideale Systems Engineering Zuschnitt kann nur realisiert werden, wenn alle Beteiligten sensibilisiert sind und das Tailoring verinnerlicht haben.

Neben dem hier beschriebenen bewussten Tailoring in drei Stufen erfolgt eine regelmäßige kontinuierliche Rückführung von Erfahrungswissen in die Vorgaben. Es ist hilfreich, wenn dies von der Führung bewusst gefördert und in immer wieder neu aktualisierten Standards eingepflegt wird, damit die kleinen kontinuierlichen Verbesserungsschritte nicht als Erfahrungswissen bei Einzelnen verbleiben, sondern dem gesamten Prozess und damit Allen zu Gute kommen. Hierzu kann beispielsweise der Vorgehenslogik „Plan-Do-Check-Act" (Deming, 1982; Imai, 1994) gefolgt werden. So wird der unternehmensspezifische Systems Engineering Ansatz kontinuierlich verbessert.

2.2.3 Tailoring Aktivitäten

Die Durchführung des Tailorings gliedert sich in fünf Aktivitäten:

1. Analyse der Systems Engineering Praktiken: Was ist zu tailorn und wie?
2. Auswertung der Rahmenbedingungen und Standards:
   Welche Vorgaben sind einzuhalten?
3. Einbeziehung relevanter Stakeholderbedürfnisse:
   Worauf wird Wert gelegt und was wird zur Bedürfnisbefriedigung benötigt?
4. Treffen der Tailoring-Entscheidung:
   Welchen Zuschnitt wollen wir vornehmen?
5. Ganzheitliche Dokumentation und Umsetzung der Tailoring-Entscheidung:
   Wie sieht das Vorgehen nach dem Zuschnitt konkret aus? Wie wird die Einhaltung der Vorgaben sichergestellt?

Die ersten drei Aktivitäten stehen eng miteinander in Verbindung und beeinflussen sich gegenseitig. Sie bilden demnach keine konsekutive Abfolge, sondern einen iterativen Prozess (Abbildung 2-5). Die Analyse der Systems Engineering Praktiken (Aktivität 1) zielt darauf ab, die betrachtete Praktik hinsichtlich Modell, Methode, Hilfsmittel, Ablaufdiagramm, Rolle und Verantwortlichkeiten zu verstehen. Darauf aufbauend sind Einfluss- und Anpassungsmöglichkeiten, also die „Stellschrauben", ausfindig zu machen, anhand derer die Praktik auf die individuellen Bedarfe abgestimmt werden kann. Die Auswertung der Rahmenbedingungen und Standards (Aktivität 2) bezweckt, sich einen Überblick über einschlägige Vorgaben und Empfehlungen zu verschaffen und bei der Entscheidungsfindung zu berücksichtigen. Durch die Einbeziehung der Stakeholderbedürfnisse (Aktivität 3) werden weitere Einflussfaktoren ausfindig gemacht. Dafür werden die Stakeholder ermittelt und entsprechend ihrer Bedeutung gewichtet. Durch Berücksichtigung ihrer Interessen und Bedürfnisse werden die Einflussfaktoren vervollständigt. Bei Bedarf werden die Stakeholder auch unmittelbar in den Anpassungsprozess einbezogen. Die Aktivitäten werden iterativ umgesetzt, da beispielsweise auch aufgrund der Stakeholderbedürfnisse die Einbeziehung weiterer Normen und Standards erforderlich werden kann. Bei allen drei Aktivitäten ist der gesamte Systemlebenszyklus zu berücksichtigen.

Das Ergebnis ist eine Entscheidungsgrundlage für die Tailoring-Entscheidung (Aktivität 4). Hiermit ist bekannt, welche Einflussmöglichkeiten es bei der Anpassung gibt, welche Rahmenbedingungen und Standards eingehalten werden müssen und wie sich das Tailoring auf die Befriedigung der Stakeholderbedürfnisse auswirken wird. Mit der Tailoring-Entscheidung wird festgelegt, ob eine Anpassung erfolgt und wie diese geartet ist. Im Kern wird dafür der voraussichtliche Umsetzungsaufwand gegenüber dem zu erwartenden Nutzen abgewogen. Abschließend erfolgt die ganzheitliche Dokumentation und Umsetzung der Tailoring-Entschei-

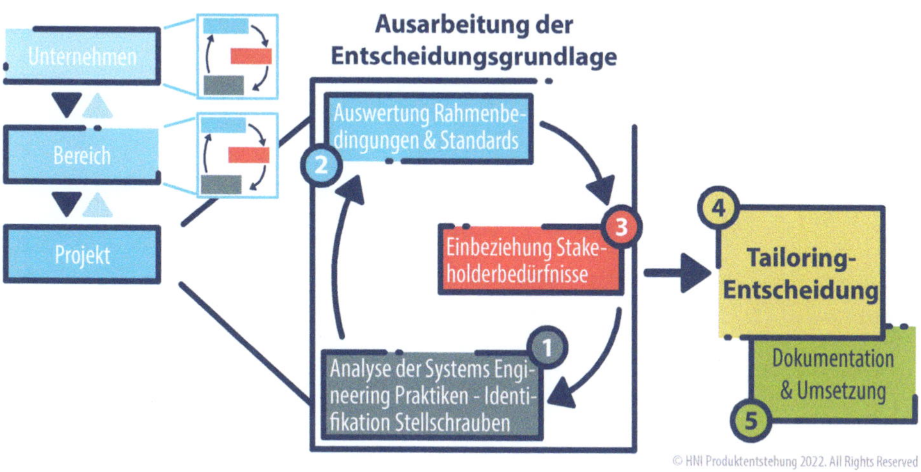

Abbildung 2-5 Durchführung des Tailorings

dung (Aktivität 5). Die Umsetzung umfasst nicht nur den unmittelbaren Betrachtungsbereich, sondern auch alle davon abhängigen Prozesse, Modelle, Methoden, Hilfsmittel, Ablaufpläne und Rollen. Auf diese Weise wird die Durchgängigkeit des Ansatzes gewährleistet. In der Dokumentation der Tailoring Entscheidung wird nachgehalten, welche Informationsgrundlage zu welchem Zeitpunkt vorlag, was die Gründe für die Entscheidung waren und wie diese umgesetzt wurde. Zum einen dient die Dokumentation der Absicherung bei später auftretenden Problemen, denn die Abweichung von Vorgaben birgt immer gewisse Risiken. Zum anderen erleichtert sie auch die Überprüfung und Korrektur einer Entscheidung, wenn sich während des Entwicklungsverlaufs die Ausgangslage verändern sollte. Gute Umsetzungsbeispiele werden dokumentiert und eingepflegt, um langfristig den Tailoring-Aufwand zu reduzieren. So nähert man sich verlässlich an das optimale Maß an Systems Engineering an.

Die Tailoring Aktivitäten werden auf allen drei Stufen angewendet: auf Unternehmensebene, Bereichs- und Projektebene. Abhängig von der Tragweite der Entscheidung variiert der Grad der formalen Anwendung, denn auch die Tailoring Aktivitäten an sich sollen nicht zu viel Aufwand erzeugen. Während Tailoring auf Unternehmensebene in vielen Fällen umfangreich und systematisch sowie unter Einbeziehung etlicher Stakeholder erfolgt, ist das Tailoring auf Projektebene in der Regel überschaubar, basiert auf Erfahrungswissen und liegt in der Verantwortung des verantwortlichen Systems Engineers. Alltägliche Tailoring Abwägungen erfolgen in der Regel unbewusst und intuitiv. Damit dies in der Praxis gelingt, ist die Tailoring-Kompetenz des Projektteams von großer Bedeutung.

2.2.4 Tailoring in der Praxis

Die Umsetzung von Tailoring in der industriellen Praxis ist vom spezifischen Anwendungsfall abhängig. Dabei unterstützen folgende Überlegungen:

Unternehmensebene:

- Welchen Systems Engineering Ansatz möchten wir zugrunde legen? (z. B. INCOSE oder NASA; vgl. Kapitel 1.2)
- Welche externen Standards sind in das Vorgehensmodell zu integrieren? (z. B. Gesetze oder branchenspezifische Regularien)
- An welche Rahmenbedingungen des Unternehmens müssen wir den Ansatz anpassen? (z. B. Geschäftsprozesse oder Organigramme)
- Welche Besonderheiten unserer Branche sollen berücksichtigt werden? (z. B. typische Vertragsmodalitäten oder Projektlaufzeiten)

Bereichsebene:

- Welche Systems Engineering Prozesse bieten einen Mehrwert für dieses Projekt? (z. B. Definition von Stakeholderanforderungen oder Außerbetriebnahme; vgl. Kapitel 4.1)
- Welche Ressourcen stehen uns zur Verfügung und welche Abteilungen sind am Projekt beteiligt? (z. B. finanzielle oder personelle Ressourcen und spezifische Fachabteilungen wie Schaltplan-Entwicklung oder Produktdesign)
- Welche Methoden haben sich bewährt und bieten auch für dieses Projekt einen Mehrwert? (z. B. Szenario-Technik oder Produkt-FMEA)
- Wie tief soll modelliert werden? (z. B. rudimentäre Modellierung zur Unterstützung der Kommunikation im Rahmen der Anforderungsdefinition oder detaillierte Modellierung für die Simulation des Systemverhaltens im Rahmen der Verifikation)
- Welche „good practices"/ „lessons learned" aus abgeschlossenen Projekten sollen berücksichtigt werden?

Projektebene:

- Welche Prozesse sind für diesen Projekttyp (z. B. Plattform-, Serien- oder Applikationsprojekt) bedeutsam?
- Müssen wir den für unseren Bereich gültigen Systems Engineering Ansatz anreichern? (z. B. für besondere Zertifizierungsanforderungen)
- Welche Ressourcen sind diesem Projekt zugewiesen?
- Welche Methoden passen zu dem Projekt?

Eine Gefahr bei der Umsetzung des Tailorings in der industriellen Praxis ist die unreflektierte Übernahme eines Systems Engineering Ansatzes, der sich an anderer Stelle bewährt hat. Hintergrund ist vielfach, dass Tailoring-Aufwand eingespart werden soll. Da der Systems Engineering Ansatz bei einer „blinden Übernahme" nicht maßgeschneidert wird, entsteht ein suboptimales Nutzen-Aufwand Verhältnis. Dies führt früher oder später zum Misserfolg der Systems Engineering Einführung.

Des Weiteren gibt es in der Praxis Tendenzen, Systems Engineering Praktiken im Übermaß anwenden zu wollen, um das persönliche Risiko zu minimieren. Dies widerspricht dem Kern des Tailorings und führt zu einer Bürokratisierung der Systementwicklung. Stattdessen ist der Verzicht auf unnötige Systems Engineering Praktiken mit Hilfe einer angemessenen Dokumentation zu legitimieren. Die Entscheidungsfindung für oder gegen ausgewählte Systems Engineering Praktiken muss im Zentrum der Prüfung stehen und nicht das unreflektierte Einhalten von Vorgaben.

In der Praxis des Tailorings besonders bedeutsam sind das Vorgehensmodell und die Stakeholder. Das Vorgehensmodell ist zentraler Bezugspunkt für die Systems Engineering Prozesse und muss daher in jedem Fall mit den Projektbedarfen abgeglichen werden. Gleiches gilt für die Identifikation der relevanten Stakeholder. Die Stakeholder und deren Bedürfnisse bilden die Bewertungsgrundlage des Projekterfolgs. Jedes Projekt verfolgt spezifische Ziele, daher sind auch für jedes Projekt die Stakeholder neu zu identifizieren und in die Überlegungen einzubeziehen. Für den Erfolg ist ein hohes Bewusstsein für die Bedeutung und den Nutzen des Tailorings erforderlich. Nur durch eine ausgereifte und mit Bedacht umgesetzte Anpassung des Systems Engineering Ansatzes können die Potenziale des Systems Engineering ausgeschöpft werden und die Anwendung von Systems Engineering in der Praxis gelingen.

2.3 Befähiger Methoden – bewährte Lösungsmuster

Methoden spielen im Systems Engineering eine zentrale Rolle. Sie unterstützen Anwender bei der Lösung unterschiedlichster Aufgabenstellungen, indem bewährte Lösungsmuster zur Verfügung gestellt werden. Der Begriff Methode wird im allgemeinen Sprachgebrauch unterschiedlich verwendet. In diesem Fachbuch wird unter einer Methode ein planmäßiges Verfahren verstanden, dass den Anwender zur Lösung einer praktischen oder theoretischen Aufgabe befähigt (Brockhaus, 2022). Eine Methode hat demnach ein klares Ziel: Die Lösung einer definierten Aufgabenstellung. Verantwortlich für die Anwendung von Methoden sind der Systems Engineer sowie alle am Projekt beteiligten Personen.

Die Lösung wird realisiert, indem ein fest vorgegebenes Verfahren bzw. Vorgehen umgesetzt wird. Ein verbreitetes Beispiel für eine Methode ist die Fehlermöglichkeits- und -einflussanalyse (FMEA) (Franke, 1989). Der Anwender setzt ein fest vorgegebenes Verfahren mit dem Ziel ein, potenzielle System- bzw. Prozessfehler im Voraus zu erkennen. Zunächst werden erfahrungsbasiert infrage kommende Fehler gesammelt und hinsichtlich Ursache, Art und Folgen charakterisiert. Anschließend wird jeder Fehler anhand der Kriterien Bedeutung, Auftretenswahrscheinlichkeit und Entdeckungswahrscheinlichkeit bewertet. Daraus wird eine Risikoprioritätszahl berechnet. Abschließend werden die potenziellen Fehler in eine Rangfolge gebracht. Darauf aufbauend werden Abstell- und Risikosteuerungsmaßnahmen festgelegt (McDermott et al., 2009). Die FMEA-Methode hilft dem Anwender, anhand einer vorgegebenen Abfolge an Schritten die Aufgabe zu lösen, potenzielle Fehler noch vor ihrem Auftreten zu entdecken und abzustellen. Die Art und Weise der Durchführung kann dabei durchaus variieren. Eine FMEA kann beispielsweise in Einzelarbeit durch Ausfüllen eines Formulars entstehen oder in professionell moderierter Teamarbeit (Werdich, 2012). Aussagekraft und Wirksamkeit des Ergebnisses werden erhöht, wenn ein zertifizierter

FMEA-Moderator in einem interdisziplinären Workshop durch die FMEA führt (Werdich, 2012). Gleichzeitig erhöht dies den Aufwand, da das gesamte Projektteam für einige Stunden in einem solchen Workshop gebunden wird und der FMEA-Moderator über die erforderliche Methodenexpertise verfügen muss.

Im industriellen Alltag werden manchmal fälschlicherweise die Begriffe „Methode" und „Methodik" gleichgesetzt. Die Begriffe unterscheiden sich wie folgt: Während eine Methode ein festes, in sich abgegrenztes, planmäßiges Verfahren zur Aufgabenerfüllung darstellt, ist die Methodik eine Sammlung zusammengehöriger Modelle, Methoden und Hilfsmittel zur Lösung einer Aufgabenstellung (Bochtler, 1996; Gräßler, 2000; Laufenberg). Vereinfacht gesprochen, ist eine Methodik der Werkzeugkasten und eine Methode eines der Werkzeuge. Ein einzelnes Werkzeug hat einen bestimmten Nutzen und wird für ausgewählte Tätigkeiten eingesetzt. Der Werkzeugkasten hingegen kann zur Lösung einer großen Bandbreite an Aufgaben genutzt werden.

2.3.1 Nutzen von Methoden

Der Hauptnutzen einer Methode liegt darin, den Anwender durch bewährte Lösungsmuster und ein zielführendes Vorgehen zur Erfüllung einer Aufgabe zu befähigen. Ohne Methoden hängt es von den persönlichen Kompetenzen und der Arbeitsweise Einzelner ab, ob eine Aufgabe zufriedenstellend erfüllt wird. Mit Methoden wird unabhängig vom Einzelnen die Machbarkeit der Aufgabe erleichtert sowie die Qualität und der Nutzen der Lösung sichergestellt. Die Methode gibt beispielsweise vor, an welchen Stellen bestimmte Stakeholder einbezogen werden, wie sie einbezogen werden, welche Informationen daraus gewonnen werden und wie diese Informationen zur Erfüllung der Aufgabe eingesetzt werden. Dadurch steigt die Wahrscheinlichkeit, dass die Aufgabe zufriedenstellend gelöst wird. Neben den Befähigern „Tailoring" und „Modellbildung" erleichtern insbesondere Methoden es dem Anwender, die Systemkomplexität zu beherrschen, da die Probleme strukturiert und systematisch abgearbeitet werden. Damit wird die Gefahr reduziert, wichtige Einflussfaktoren zu übersehen.

Methoden dienen zudem der Effektivitäts- und Effizienzsteigerung: Man möchte die richtigen Schwerpunkte legen und diese mit vertretbarem Aufwand behandeln. Es ist vom Anwendungsfall abhängig, wie strikt die Methoden-Vorgaben einzuhalten sind. Für rechtlich geforderte Normen und Standards ist eine strikte Einhaltung vorgegebener Methoden erforderlich. Solche Methoden müssen zertifizierungsgerecht angewendet und dokumentiert werden, damit ihre korrekte Anwendung jederzeit nachgewiesen werden kann.

2.3.2 Auswahl von Methoden

Angewandt werden Methoden in allen Bereichen eines Unternehmens: Methoden unterstützen das Projektmanagement und die Personalplanung ebenso wie den Einkauf, die Entwicklung und das Qualitätsmanagement. Aufgabe des Systems Engineers ist es, die Methodenanwendung in Entwicklungsprojekten zu fördern. Er sorgt für Auswahl und Anwendung von Methoden. Das ist ein wesentlicher Schritt zur erfolgreichen Entwicklung mechatronischer und cyber-physischer Systeme, da hiermit das Risiko von Fehlschlägen von Grund auf reduziert wird.

In der Literatur wird eine Vielzahl von Methoden entlang des Produktlebenszyklus beschrieben. Diese variieren in Intention und Zielsetzung (Wenzel, 2003). Grundlegende Ziele sind die Informationsbeschaffung, die Informationsverarbeitung und die Entscheidungsfindung. In Abbildung 2-6 wird eine Übersicht über einige im Systems Engineering etablierte Methoden gegeben. Diese ist nicht vollständig, da Methoden in der Systementwicklung ein dynamisches Forschungsfeld sind und abhängig vom industriellen Kontext variieren. Die Übersicht dient daher lediglich als erster Anhaltspunkt für die Methodenauswahl. Die Mehrzahl der dargestellten Methoden ist nicht spezifisch für Systems Engineering. Methoden wie beispielsweise FMEA oder QFD werden in mannigfaltigen Kontexten angewandt. Entscheidend für ihre Nennung in Abbildung 2-6 ist lediglich, dass die Methode bei der Lösung von Systems Engineering Aufgaben nützlich sein kann.

Welche Methoden etabliert und geeignet sind, ist in regelmäßigen zeitlichen Abständen zu prüfen. In der Literatur beschriebene, generische Methoden müssen in den Unternehmen noch an die Branche und Unternehmenskultur angepasst und um sog. „good practices" ergänzt werden. Neben technischen und organisatorischen Anpassungen wird auch das im Unternehmen herrschende Begriffsverständnis eingepflegt. Es ist Aufgabe des Systems Engineers, die Methoden an den Anwendungsfall anzupassen. Grundlage der Anpassung ist neben den technischen und organisatorischen Randbedingungen die Prämisse des Tailoring, einen größtmöglichen Mehrwert bei minimalem Anwendungsaufwand zu erreichen (vgl. Kapitel 2.2.1). So kommt z. B. eine QFD in der Systementwicklung typischerweise nicht vollumfänglich, sondern lediglich in Ausschnitten zur Anwendung, d. h. für neue und risikoreiche Systemanforderungen bzw. Systemelemente.

Entsprechend des Tailoring-Ansatzes erfolgt die Vorauswahl geeigneter Methoden auf Unternehmens- und Bereichsebene (Abbildung 2-7). Dafür bieten sich die fünf Aktivitäten des Tailorings an (vgl. Kapitel 2.2.3). Als Entscheidungsgrundlage dienen typische Aufgabenstellungen, Einflussfaktoren und Stakeholder sowie die verfügbaren Methoden. Methoden, bei denen der Nutzen den voraussichtlichen Anwendungsaufwand übersteigt, werden in das unternehmens- bzw. bereichsspezifische Methodenset aufgenommen. Die Vorauswahl auf Unternehmensebene basiert auf den Besonderheiten der Branche sowie den Erfordernissen und Kom-

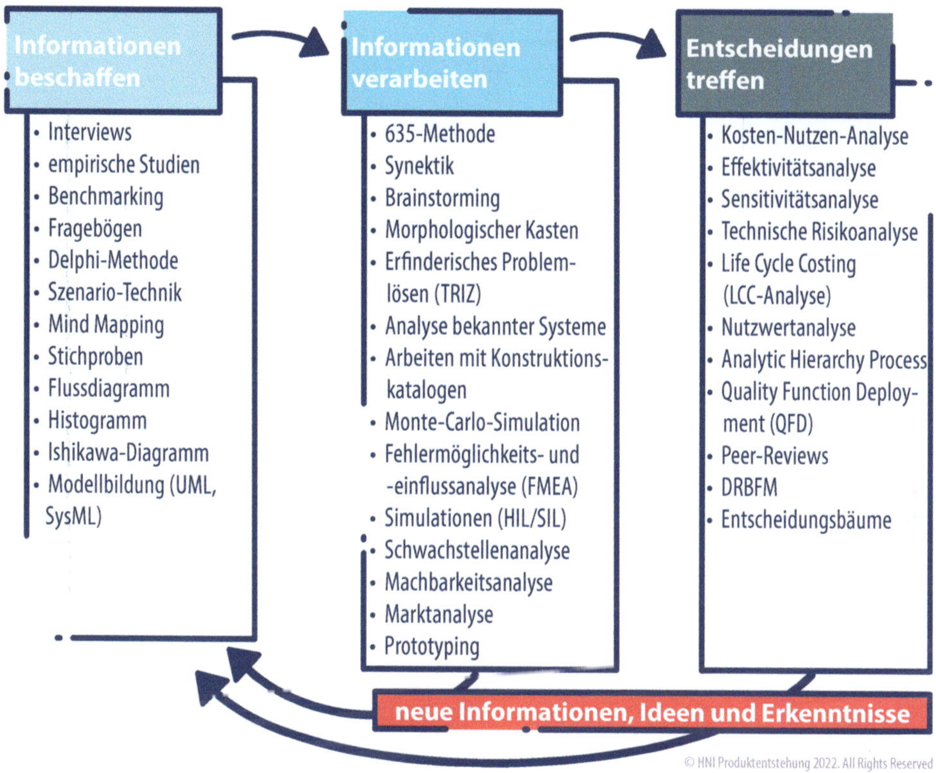

Abbildung 2-6 Methodenübersicht (aufbauend auf (Haberfellner et al., 2018))

petenzen des Unternehmens. Je nach Unternehmensgröße und Diversität von Regionen, Geschäfts- bzw. Produktbereichen erfolgen weitere Entscheidungen auf Bereichsebene. Ausgewählte Methoden werden in den unternehmens- bzw. bereichsspezifischen Systems Engineering Ansatz integriert. Ergänzend werden deren Anwendungszeitpunkte, Verantwortliche, Eingangs- und Ausgangsinformationen festgelegt und in dem Produktentstehungsprozess verankert. Darüber hinaus empfiehlt es sich zu regeln, welche Methoden bei welchem Innovationsgrad, Risiko, Projektgröße, Technologie, Sicherheitsrelevanz etc. zum Einsatz kommen. Zumindest sollte zwischen Projektkategorien wie z. B. Plattformentwicklungsprojekt, Serienentwicklungsprojekt und Applikationsprojekt unterschieden werden.

Auf Basis der Vorauswahl geeigneter Methoden wird der Weiterbildungsbedarf im Unternehmen und Bereich erhoben. Zur Schließung von Kompetenzlücken kommen unterschiedliche Weiterbildungskonzepte zur Anwendung. Für hohen und regelmäßigen Schulungsbedarf in großen Unternehmen eignet sich eine eigene Weiterbildungsakademie. Als Trainer können sowohl externe Wissensträger und Experten als auch interne Know-How-Träger auftreten. Bei internen Trainern ist auf eine hinreichende kapazitive Freistellung für diesen Zweck zu achten. Bei

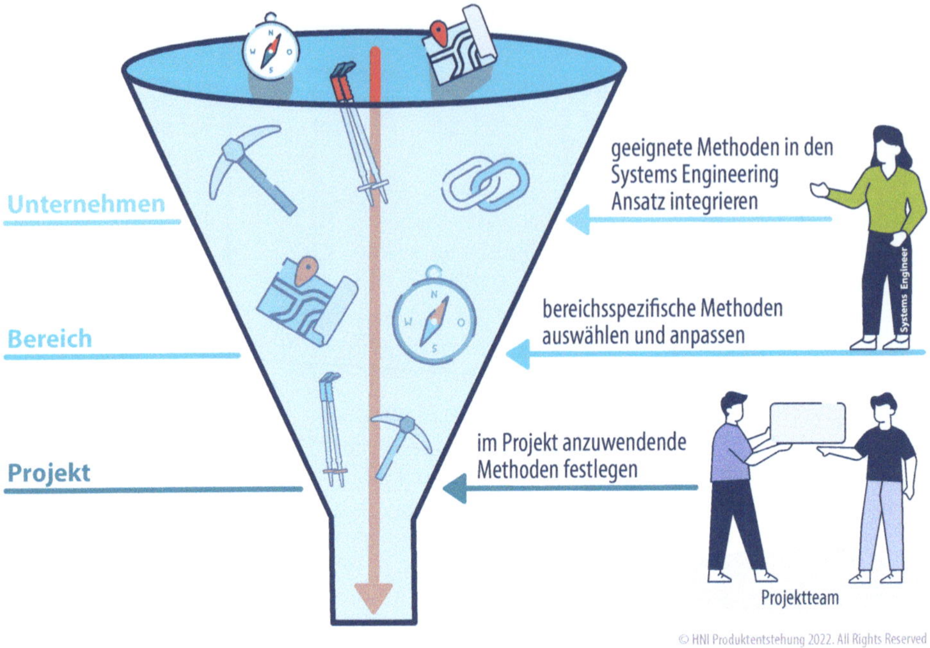

Abbildung 2-7 Methodenauswahl und -anpassung entlang der Tailoring-Stufen

einmaligem und sporadischem Schulungsbedarf in kleinen und mittleren Unternehmen hingegen kann die erforderliche Methodenexpertise auch innerhalb eines Systems Engineering Einführungsprojekts (vgl. Kapitel 6) vermittelt werden. Neben externen Trainern können auch unternehmensinterne Train-the-trainer Konzepte genutzt werden. Dabei werden ein oder mehrere Kompetenzträger je Bereich ausgebildet, die ihrerseits bedarfsbezogen die Projektgruppen in ihrem Bereich trainieren.

Die im jeweiligen Projekt anzuwendenden Methoden werden vom verantwortlichen Systems Engineer aus dem bereichsspezifischen Methodenset ausgewählt und festgelegt (Tailoring auf Projektebene in Abbildung 2-7). Neben den Vorgaben des Bereichs bilden Führungsstil und Arbeitsweise des Projektteams sowie Erfahrungswerte z. B. in Form von „lessons learned“ oder „good practices“ die Basis. Methoden dürfen keinesfalls ihrer selbst willen angewendet werden. Aufgrund positiver Erfahrungen an anderer Stelle oder aufgrund eines individuellen Absicherungsbedürfnisses der Beteiligten kann dies schnell passieren. Entscheidungskriterium für den Methodeneinsatz muss stets der inhaltliche Fortschritt im Projekt bleiben. Trotz bzw. gerade durch Anwendung von Methoden muss noch hinreichend Zeit für die eigentliche Ausführung der Systementwicklung bleiben. Zusätzlich zu den bei Projektbeginn vorgegebenen Methoden können während des Projektbearbeitung weitere Methoden erforderlich werden, beispielsweise bei unerwartet auftretenden Problemen. Neben dem Systems Engineer müssen daher alle Projektbeteiligten in der Lage sein, für alltägliche Aufgabenstellungen geeignete Methoden auszuwählen und anzuwenden. Der Systems Engineer befähigt sein Entwicklungsteam, dies rechtzeitig zu erkennen und die Methoden anzuwenden. Mit seinem vielschichtigen Projekt- und Lösungswissen unterstützt er die Fachexpertinnen und Fachexperten bei einer ganzheitlichen Lösungsfindung.

Damit sich der Regelkreis schließt, werden die Erfahrungen aus den Projekten an die übergeordnete Bereichs- und Unternehmensebene zurückgespielt. Kommt beispielsweise eine ausgewählte Methode in den Projekten wiederholt nicht zum Einsatz, ist zu prüfen, ob entweder die Vorauswahl falsch war oder die Entwicklerinnen und Entwickler noch in der Methodenanwendung befähigt werden müssen. Ziel ist, dass der unternehmens- und bereichsspezifische Systems Engineering Ansatz zu jedem Zeitpunkt das bestmögliche Vorgehen abbildet.

2.3.3 Methoden in der Praxis

In der industriellen Praxis gibt vielfach der Produktentstehungsprozess (PEP) als Referenzprozess vor, an welchen Stellen bestimmte Methoden angewendet werden sollen. Bei unerwarteten Problemstellungen können zusätzlich weitere Methoden zur Anwendung kommen. Ein zu hoher Methodeneinsatz kann jedoch den Ergebnisfortschritt im Projekt behindern. Methoden sind kein Selbstzweck und dürfen daher nicht um jeden Preis eingesetzt werden. Es muss hinreichend Kapazität für die eigentliche Ausführung der Systementwicklung bleiben. Damit Methoden kein Selbstzweck werden, muss der angestrebte Zweck der Methodenanwendung Einstiegspunkt aller Überlegungen sein („Was?" in Abbildung 2-8).

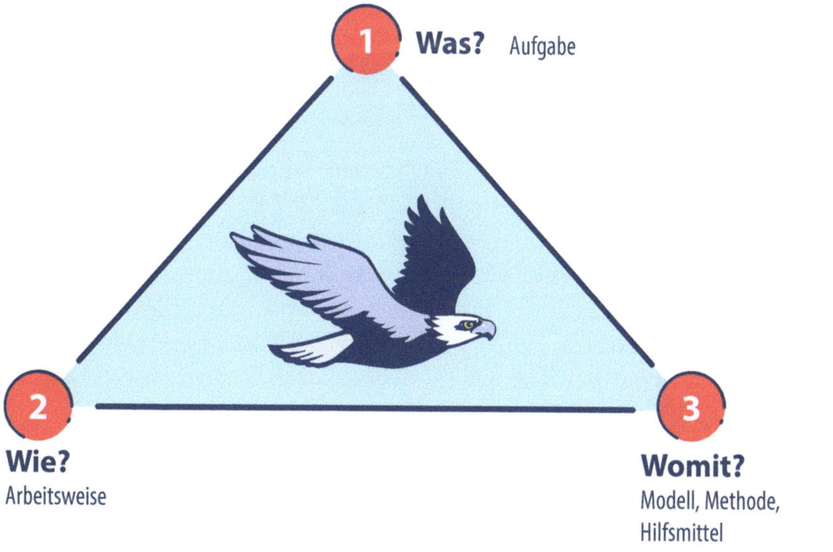

Abbildung 2-8 Aspekte eines zweckgerichteten Methodeneinsatzes in der Praxis

Speziell in der deutschen Ingenieurspraxis herrscht eine Tendenz dazu, die Anwendung bewährter Methoden unabhängig von der jeweiligen Aufgabenstellung zu fordern. Begründet wird dies in der Regel mit den positiven bisherigen Erfahrungen. Auch wenn sich eine Methode in einem Projekt bewährt hat, heißt das noch lange nicht, dass sich ihr Anwendungsaufwand auch in anderen Projekten auszahlen wird. Die Frage nach dem „Wie?" (Punkt 2) und „Womit?" (Punkt 3) muss also nachgelagert nach dem „Was?" (Punkt 1 in Abbildung 2-8) beantwortet werden. Erst nachdem Aufgabe und Arbeitsweise geklärt wurden, empfiehlt es sich, die zugehörigen Modelle, Methoden und Hilfsmittel bzw. IT-Tools festzulegen. Ergebnis einer solchen Vorgehensweise ist die Anwendung aufeinander abgestimmter Engineering-Methoden.

Folgende Leitfragen sind für den Praxistransfer des Methodeneinsatzes relevant:

- Welche Aufgabe muss gelöst werden? Welche Arbeitsweise und Methoden können dabei helfen?
- Gibt es eine bewährte Methode, die auch im vorliegenden Anwendungsfall passend ist?
- Ist die Methode gut geeignet oder müssen Anpassungen vorgenommen werden? Gibt es Alternativen?
- Sind die erforderlichen Kompetenzen zur Anwendung der Methoden verfügbar?
- Wann bzw. unter welchen Bedingungen wird die Methode angewendet? Wer muss wie involviert werden?

2.4 Befähiger Modellbildung – Beherrschung von Systemkomplexität

Die Modellbildung hat in den vergangenen Jahrzehnten einen immer höheren Stellenwert gewonnen (Gräßler, 2018; Stark, 2022). Mittlerweile ist sie für Auslegung, Dimensionierung, Berechnung, Simulation und Vernetzung mechatronischer und cyber-physischer Systeme unverzichtbar. Sie führt zu Leistungssteigerung und befähigt damit die Entwickler, die Systemkomplexität zu beherrschen (Pottebaum und Gräßler, 2020). Eine Vergleichsstudie von Madni und Purohit über die **Wirtschaftlichkeit** der modellbasierten Systementwicklung zeigt, dass sich der Modellierungsaufwand im Zuge eines Entwicklungsprojekts mehrfach amortisiert (Abbildung 2-9; (Madni und Purohit, 2019)). Zu Beginn eines Entwicklungsprojekts muss zwar erhöhter Modellierungs- und Schulungsaufwand geleistet werden: Dies wird in den Unternehmen als „Frontloading" bezeichnet. Ab Fertigstellung der Systemarchitektur zahlt sich dieser Zusatzaufwand jedoch aus: Beispielsweise wird die Kommunikation treffsicherer und die Wiederverwen-

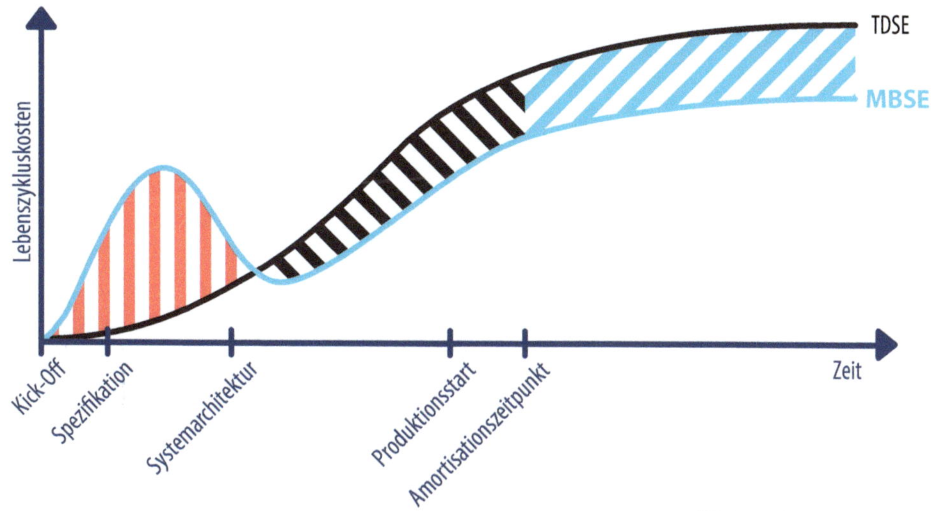

Abbildung 2-9 Wirtschaftlichkeit der modellbasierten Systementwicklung (aufbauend auf (Madni und Purohit, 2019))

dung von Modellinhalten ermöglicht (Madni und Purohit, 2019). Des Weiteren werden Risiken und Fehler frühzeitig erkannt und behoben (Madni und Purohit, 2019) sowie Änderungsauswirkungen ermittelt.

Bei Gegenüberstellung der Integrale zwischen den Kurven lässt sich aus der Grafik ablesen, dass der Amortisationspunkt in den analysierten Projekten erst nach Produktionsanlauf erreicht wird (vgl. Markierung in Abbildung 2-9). Dies verdeutlicht, warum es nicht immer leicht ist, Praktiker von dem **wirtschaftlichen Vorteil** der Modellbildung zu überzeugen: Der wirtschaftliche Vorteil zahlt sich nicht unbedingt im eigenen Verantwortungsbereich aus, sondern tritt in vielen Fällen erst nachgelagert auf. So profitieren beispielsweise die Fertigungswerke von einem reibungslosen Anlauf ihrer Serienproduktion aufgrund der frühzeitigen Fehlervermeidung durch Modellbildung in der Entwicklungsabteilung. Gemäß der erstmals bei Daimler Benz beobachteten Zehnerregel der Fehlerkosten erhöhen sich die Kosten zur Behebung eines Fehlers von Wertschöpfungsstufe zu Wertschöpfungsstufe um den Faktor 10 (Abbildung 2-10; (Pfeifer, 1993, 1996)). Je früher ein Fehler durch Modellbildung entdeckt und beseitigt wird, desto kostengünstiger ist dies für das Unternehmen. Klug aufgesetzte Anreiz- und Kostenrechnungssysteme belohnen daher nach dem Verursacherprinzip denjenigen, der mit Hilfe der Modellbildung bereichsübergreifende Kosteneinsparungen auslöst.

Für alle Entwickler direkt erlebbar sind jedoch die **technischen Vorteile** einer modellbasierten Systementwicklung: Durch Bündelung aller Produkt- und Prozessdaten in einem Modell werden etliche Auswertungen und Absicherungen überhaupt erst möglich. In orts- und zeitübergreifend arbeitenden, international

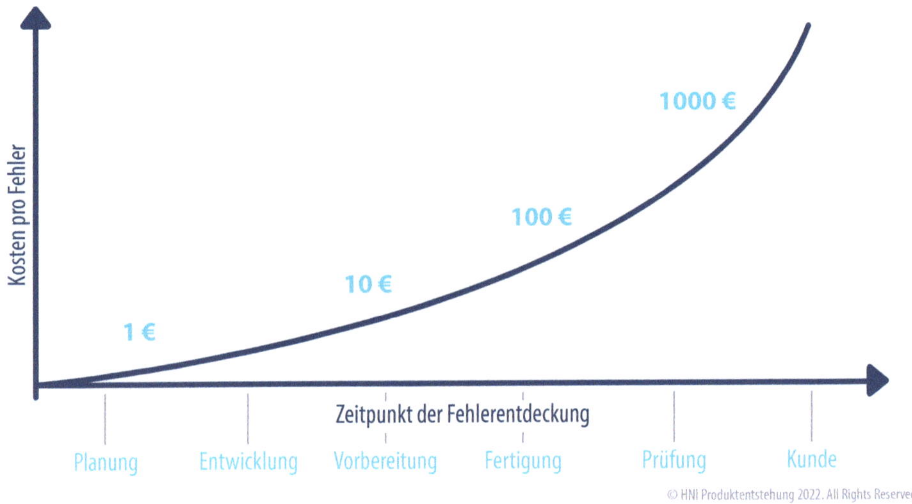

Abbildung 2-10 Zehnerregel der Fehlerkosten (nach (Pfeifer, 1993, 1996) und Daimler Benz)

besetzten Entwicklungsteams werden mit Hilfe der Modellbildung die Aktualität der Zwischenergebnisse, ein einheitlicher Änderungsstand, zeitlich parallel ausgeführte Aktivitäten und nahtlose Übergänge zwischen Teilaufgaben ermöglicht. Damit wird die zunehmende System- und Produktlebenszykluskomplexität organisatorisch und technisch beherrschbar. Diese Bestrebungen beruhen auf frühen Forschungsarbeiten zum Integrierten Produktmodell (Anderl, 1993; Eigner, 1980; Grabowski et al., 1993; F.-L. Krause et al., 1991; F.-L. Krause et al., 1993; Vajna et al., 1994) sowie Bestrebungen zur Standardisierung von Datenaustauschformaten z. B. anhand von IGES, VDA-FS und STEP (ISO 10303-1:2021). Der gemeinsame Datenzugriff auf ein Integriertes Produkt- und Prozessmodell aus unterschiedlichen Applikationen (CAD, CAPP, CAx) heraus war früh das Ziel der Grundlagenforschung (Eversheim et al., 1999). Es wurde gezeigt, dass Durchlaufzeiten in der Systementwicklung mit Hilfe von Workflows basierend auf Informationseinheiten reduziert werden können (Eversheim und Schulten, 1999). Denn damals war bereits klar, dass die Entwicklung schneller, internationaler und ortsunabhängiger werden würde (Arthur D Little, 2000). Mit einem gemeinsamen Datenzugriff, Shared Application und Conferencing Tools wird heute die interdisziplinäre Zusammenarbeit in unterschiedlichen Zeitzonen über räumliche Distanzen hinweg unterstützt. Anhand von Digital Mock-Up (DMU), Simulationen und generativem Musterbau werden Systemeigenschaften und die Herstellbarkeit des Systems frühzeitig abgesichert.

2.4.1 Modellbasierte Systementwicklung (MBSE)

Unter Modellbasierter Systementwicklung (MBSE) ist die Anwendung von Datenmodellierung zur Strukturierung und Vernetzung von Wirkzusammenhängen, Systemhierarchieebenen und beteiligten Disziplinen zu verstehen. Wirkzusammenhänge erstrecken sich über Anforderungen, Funktionen, logische und physische Systemelemente, Verifikation und Validierung (engl.: RFLPV[2]) des zu entwickelnden Systems. Die Modellierung kann in allen Lebenszyklusphasen und zur Unterstützung einer großen Bandbreite an Aktivitäten erfolgen. Nach INCOSE ist „MBSE die formalisierte Anwendung der Modellierung zur Unterstützung von Anforderungserhebung, Entwurf, Analyse, Verifikation und Validierung. MBSE beginnt in der Konzeptionsphase und erstreckt sich über die gesamte Entwicklung sowie spätere Lebenszyklusphasen" (übersetzt aus dem Englischen aus (International Council on Systems Engineering, 2007)). MBSE steigert Effektivität und Effizienz in der Entwicklung durch die Wiederverwendung bereits vorhandener aktueller Daten und Informationen und ermöglicht darüber hinaus Rückverfolgbarkeit und Konsistenz (Hick et al., 2019).

Kern der Modellbasierten Systementwicklung ist ein **Systemmodell**. Der visionäre Anspruch des Systemmodells besteht darin, alle verfügbaren Informationen über das zu entwickelnde System hinsichtlich Anforderungen, Funktionen, Struktur, Verhalten, Verifikation und Validierung aus allen Disziplinen auf allen Systemhierarchieebenen in einem einzigen Modell abzubilden. Dies entspricht der Vision einer einzigen Wahrheitsquelle, der sogenannten „single source of truth" (Weilkiens et al., 2015). In dieser Vision stellt das Systemmodell sämtliche produktrelevante Informationen zur Verfügung und verbindet diese untereinander. Aufgrund der Fülle an Inhalten, Größe des Modells, Bandbreite an Disziplinen, Anzahl an Sichten und der geforderten Benutzerfreundlichkeit wäre alleine der Zeit- und Ressourcenaufwand für die Modellverwaltung in keiner Weise zu rechtfertigen. Daher ist solch ein visionäres Systemmodell praktisch nicht umsetzbar (vgl. (Hick et al., 2019)).

In der Praxis herrscht ein Zusammenspiel aus Systemmodellen und **(disziplin-) spezifischen Modellen**: In dem dabei zugrunde liegenden Verständnis bilden Systemmodelle die Breite ab und haben das Ziel, Systeme als Ganzes zu betrachten und zu analysieren, z. B. das Verhalten des Gesamtsystems, dass das Ergebnis des Zusammenwirkens mehrerer Teilsysteme und Systemelemente ist. Systemmodelle kombinieren in der industriellen Anwendung eine **begrenzte Anzahl** unterschiedlicher Sichtweisen (Abbildung 2-11), sind daher mit vertretbarem Aufwand realisierbar und bieten zugleich die erforderliche Flexibilität. Systemmodelle fördern ein gemeinsames Verständnis des Systems, sind Basis für Diskussionen im Entwicklungsteam und für Interaktionen mit Interessengruppen. In der Praxis verwendete Systemmodelle werden in SysML modelliert und daher auch SysML-Systemmodell genannt. Spezifische Modelle bilden einen bestimmten Aspekt des

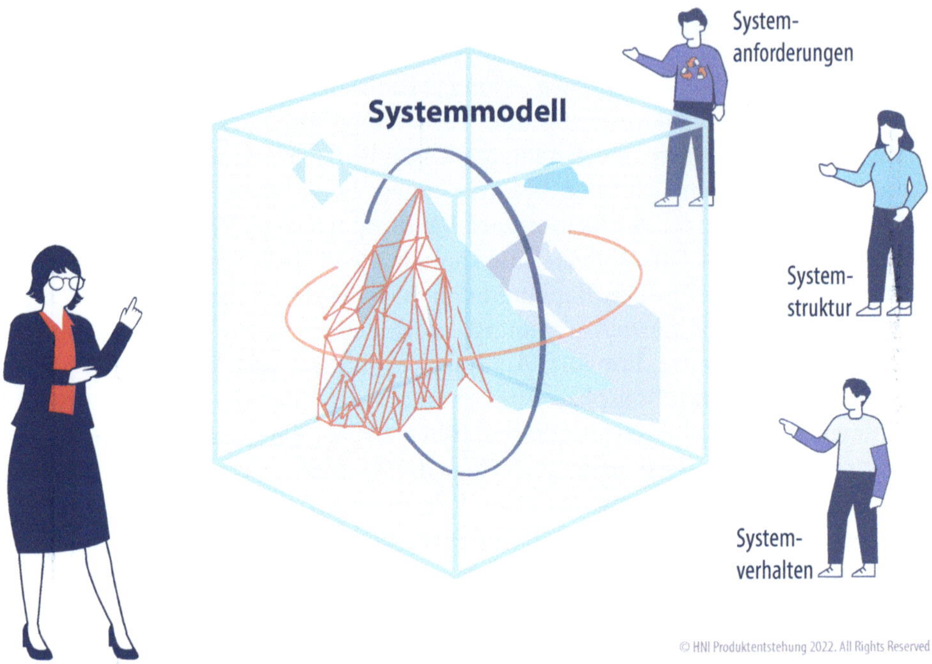

Abbildung 2-11 Rollenspezifische Sichten auf das Systemmodell

Systems im Detail ab und eignen sich daher beispielsweise für Bauraumuntersuchungen, FEM-Analysen oder Simulationen des Bewegungsverhaltens (orange Balken in Abbildung 2-12). Zwischen SysML-Systemmodellen und spezifischen Modellen gibt es bewusste Überschneidungen (Schraffuren in Abbildung 2-12), um die wechselseitige Durchgängigkeit zu gewährleisten. (vgl. (Hick et al., 2019))

Sichten repräsentieren einen Ausschnitt aus den Überschneidungsbereichen. Diese Sichten werden abhängig von der jeweiligen Aufgabe und Rolle eingenommen und es werden nur die hierfür relevanten Daten zur Verfügung gestellt. So sieht ein Software-Implementierer beispielsweise nur die für den Programmcode relevanten Anforderungen. Jeder Anwender kann der Aufgabe entsprechend eine oder mehrere Sichten einnehmen und alle hierfür relevanten Informationen abrufen. Die unterschiedlichen Sichten auf das Systemmodell sind über Modellelemente mit den jeweiligen spezifischen Modellen verknüpft. Systemmodelle müssen getailort werden, damit sie genau die Sichten enthalten, die für ein definiertes Entwicklungsziel benötigt werden (vgl. Kapitel 2.4.2).

Bei der Erstellung eines Systemmodells ist darauf zu achten, dass die Daten korrekt, vollständig, rückverfolgbar, verständlich und redundanzfrei sind (Pitschke, 2012). Dann können die Potenziale des Systemmodells voll ausgeschöpft werden. Alle relevanten Informationen sind verfügbar, wodurch die Entscheidungsfindung sowie das gemeinsame Systemverständnis verbessert wird. Außerdem können die Fachabteilungen deutlich einfacher die für die spezifischen Aufgaben erforderli-

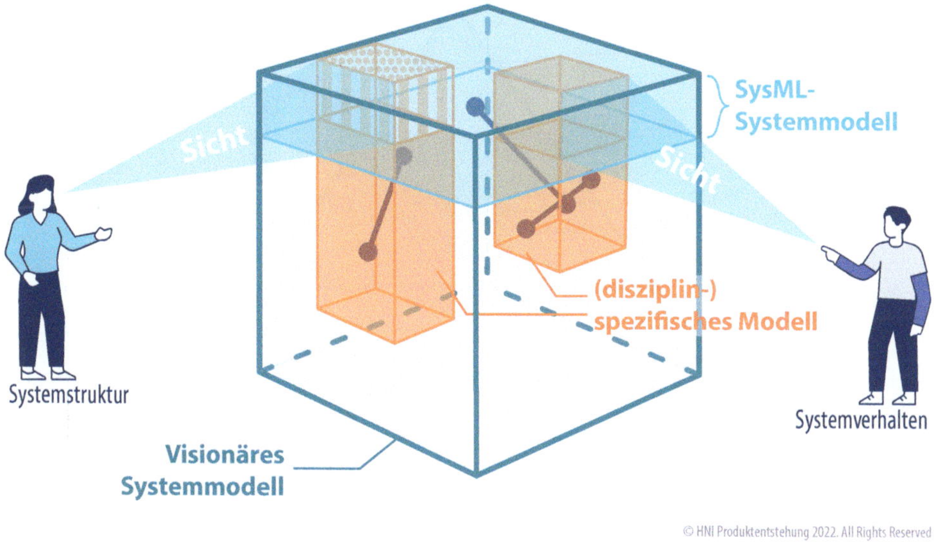

Abbildung 2-12 Zusammenspiel aus SysML-Systemmodell und spezifischen Modellen

chen Daten abrufen, ausarbeiten und im Anschluss ihre Ergebnisse allen Beteiligten zur Verfügung stellen.

Am Beispiel eines Steuergeräts für die Fahrzeugklimatisierung lassen sich die Vorteile eines Systemmodells verdeutlichen. Bei der Entwicklung sind Fachexperten aus der Konstruktionsabteilung ebenso beteiligt wie User-Experience Experten, Softwareprogrammierer und Elektrotechniker. Die Konstrukteure müssen beispielsweise das Gehäuse dimensionieren, die Temperatur- und Durchflusssensoren auswählen und Aktoren zur Steuerung der Heiz- und Belüftungselemente integrieren. Die Elektrotechnik-Abteilung bestimmt den Mikroprozessor für deren Steuerung, die Signalflüsse und das Layout der Schaltung. Experten für User-Experience und Softwareprogrammierung entwerfen die Nutzerschnittstelle und definieren die Einstellmöglichkeiten der Nutzer. Alle Beteiligten sind in Ihrem Handeln beeinflusst durch die Entscheidungen der anderen Fachabteilungen. Beispielsweise hängt die Dimensionierung des Gehäuses von dem Mikroprozessor und dem Aufbau der Platine ab. Der Mikroprozessor wird anhand der für die Nutzer-Einstellung erforderlichen Leistung ausgewählt. Aufgrund dieser Wechselwirkungen müssen sich die Experten regelmäßig über den Entwicklungsstand der anderen Fachbereiche informieren. Ergänzend zu den üblichen Regelabsprachen, Rückfragen und Korrekturschleifen, bietet das Systemmodell eine gemeinsame, stets aktuelle und von allen Beteiligten nutzbare Informationsgrundlage. So werden unter anderem die Abstimmungen effizienter und Korrekturaufwände reduziert, die z. B. durch veraltete Daten verursacht werden.

Für die Erstellung eines Systemmodells sind drei Bausteine erforderlich: Methode, Sprache und Werkzeuge (Abbildung 2-13). Die Modellierungsmethode gibt vor,

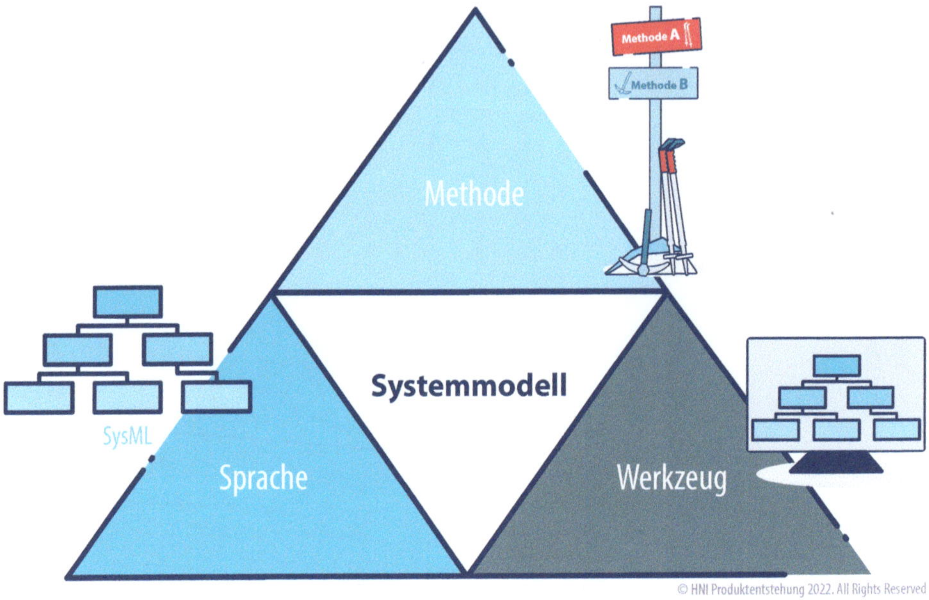

Abbildung 2-13 Bausteine zur Erstellung eines Systemmodells (aufbauend auf (Delligatti 2014))

für welchen Zweck und zu welchem Zeitpunkt die Spezifikation erfolgt. Sie legt Regeln, verwendete Sichtweisen und das anzustrebende Abstraktionsniveau fest (Kapitel 2.4.2). Die Modellierungssprache gibt vor, mit welcher Syntax und Semantik das Systemmodell spezifiziert wird (Kapitel 2.4.3). Modellierungswerkzeuge geben die Modellierungssprache aus und ermöglichen das Modellieren nach der gewählten Methode (Kapitel 2.4.4).

2.4.2 Modellierungsmethode

Die Modellierungsmethode legt Zweck und Zeitpunkt der Modellierung fest. Sie gibt also unter anderem vor:

- welche Schritte zur Erstellung eines Modells erforderlich sind,
- welche Regeln für die Modellierung zu beachten sind,
- welche Sichtweisen auf das System einzunehmen sind und
- welches Abstraktionsniveau gewählt wird.

Die Modellierungsmethode hängt von den jeweils herrschenden Randbedingungen ab. Im Anwendungsfall muss zunächst festgelegt werden, was abgebildet werden soll. Üblicherweise wird dies anhand von (Zwischen-)Ergebnissen der Systementwicklung, den sogenannten Entwicklungsartefakten, beschrieben. Beispiele für Artefakte sind Dateien mit Quellcode als Ergebnis eines Softwareentwicklungsprozesses oder ein Textdokument als Ergebnis der Erhebung von Systemanforderungen. Für die Festlegung der Modellierungstiefe muss ein Abgleich zwischen den verfügbaren Informationen und den gesetzlich bzw. branchenspezifisch geforderten Regularien gefunden werden.

Im nächsten Schritt wird festgelegt, wie die Artefakte untereinander zusammenhängen, beispielsweise welche Testfälle welche Anforderungen verifizieren. Funktionale Anforderungen werden mit Funktionen verknüpft. Des Weiteren wird festgelegt, wie die Planung und Durchführung der Eigenschaftsabsicherung dokumentiert werden soll. Abschließend werden die im Systemmodell benötigten Sichten festgelegt. In diesem Zuge wird entschieden, ob im Systemmodell beispielsweise das Systemverhalten abgebildet werden soll.

Neben der Festlegung von Modellierungstiefe, Relationen, Sichten und Dokumentation ist es ratsam, Nutzer-Anleitungen für den Umgang mit den Modellierungs- und Kollaborationswerkzeugen bereitzustellen sowie einen Fragenkatalog mit wiederkehrenden Fragen der Anwender einschließlich dazugehöriger Antworten. Auch das Vorgehen zur Abbildung von Produktvarianten muss vereinbart werden. Weitere Erfolgsfaktoren sind die Schaffung eines einheitlichen Verständnisses unter den Beteiligten sowie die Festlegung von Multiplikatoren zur Verteilung von Informationen und Wissen.

Anstelle einer allgemeingültigen Modellierungsmethode kommen in der Praxis vielfach der Systemmodellierungsprozess (SYSMOD) und die Object-Oriented Systems Engineering Method (OOSEM) zur Anwendung. SYSMOD gibt keinen festen Ablauf vor, sondern eine grundlegende Struktur, anhand derer eine individuelle Modellierungsmethode abgeleitet wird. Zugrunde gelegt wird ein Top-Down Vorgehen, das zunächst das Systemumfeld betrachtet (Außensicht) und darauf aufbauend sukzessive die Details des Systems ausarbeitet (Innensicht). Zu Beginn werden die Systemziele und Systemanforderungen sowie eine Basisarchitektur ermittelt. Dies umfasst neben der Identifikation von Stakeholdern auch die Modellierung der Interaktionspartner im Systemumfeld. Anschließend folgen die Modellierung des Systemkontextes und der Anwendungsfälle. Beides bildet die Grundlage für die daraus abgeleitete logische Architektur des Systems. Das Ergebnis ist ein Systemmodell, das die Struktur, das Verhalten und die Anforderungen an das System abbildet und logisch miteinander verknüpft. Wann welche Diagramme in welchem Detaillierungsgrad und mit welchen Vernetzungen erstellt werden, ist aber je nach Anwendungsfall individuell zu entscheiden. (Weilkiens, 2014)

Die Object-Oriented Systems Engineering Method (OOSEM) wurde unter Einbeziehung von INCOSE entwickelt (Friedenthal et al., 2015; Walden et al., 2015) und umfasst vier grundlegende Aktivitäten, denen das V-Modell zugrunde liegt (vgl. Kapitel 4):

1. Projektmanagement als kontinuierliche Aktivität zur Planung und Kontrolle des Projektfortschritts und der Projektergebnisse
2. Definition von Systemanforderungen, Ausarbeitung einer Systemarchitektur und Zuordnung der Systemanforderungen zu Systemelementen
3. Entwicklung der Systemelemente: Design, Implementierung und Test der Elemente zur Anforderungserfüllung
4. Integration und Testen der Elemente: Zusammenführung der Elemente und Verifikation, dass die Systemanforderungen erfüllt werden

2.4.3 Modellierungssprache

Eine Modellierungssprache gibt vor, mit welcher Syntax und Semantik das Systemmodell spezifiziert wird. Syntax beschreibt den Aufbau der Sprache und Semantik ordnet den Sprachelementen Bedeutung zu. Da sich die Bedarfe und Besonderheiten der Fachdisziplinen voneinander unterscheiden, hat sich eine Bandbreite von Modellierungssprachen herausgebildet, wie MatLab Simulink, Modelica oder Business Process Model and Notation (BPMN). Im Kontext des Systems Engineering kommt üblicherweise die 2007 erstmals veröffentlichte Programmiersprache Systems Modeling Language (SysML) zur Anwendung. SysML beruht auf der in der Softwareentwicklung verbreiteten objektorientierten Modellierungssprache Unified Modeling Language (UML). Die Weiterentwicklung zu SysML wurde erforderlich, um die auf Software begrenzte Sichtweise auf mechatronische und cyber-physische Gesamtsysteme zu erweitern. Die unterschiedlichen Sichten auf das System werden in UML und SysML als Diagramme bezeichnet. Diagramme schaffen damit auch die Anknüpfungspunkte zu den spezifischen Modellen. Während es in UML vierzehn Diagramme gibt, sind es in SysML neun. Eine weitere Unterscheidung zu UML ist, dass in SysML Anforderungen eigenständige Modellelemente sind und Maßeinheiten für physikalische Größen (SI-Einheiten) wie [kg], [m], [s], [A] oder [K] genutzt werden können. In objektorientierten Modellierungssprachen wie UML beschreiben Klassen ein abstraktes Modell bzw. einen Bauplan für eine Reihe von ähnlichen Objekten. Diesen Klassen werden Eigenschaften und Verhaltensweisen zugeordnet. Aus einer Klasse werden reale Objekte instanziiert. Anstelle der in UML verwendeten Klassen treten in SysML Blöcke als Strukturelemente. Mit Hilfe eines Blocks kann jede Art von Entität innerhalb eines Systems oder in der externen Umgebung des Systems modelliert werden (Delligatti, 2014). SysML ermöglicht es zudem, die Semantik der Modellierungssprache zu erweitern, um den Modellierern auf den Anwendungsfall zugeschnittene, stereotypisierte Systemelemente zur Verfügung zu stellen.

Systemmodelle werden getailort, damit sie genau die Sichten enthalten, die für ein definiertes Entwicklungsziel benötigt werden (vgl. Kapitel 2.2). Nach Bedarf werden Diagramme auf verschiedenen Systemhierarchieebenen erstellt, um Systemstruktur, Systemverhalten oder Anforderungen unterschiedlich detailliert abzubilden. Die Vorgehensweise zur Erstellung der Diagramme wird durch die Modellierungsmethode vorgegeben (vgl. Kapitel 2.4.2). Eine Übersicht über die in SysML verfügbaren Diagrammtypen wird in Abbildung 2-14 gegeben. Demnach gibt es drei Kategorien: das Anforderungsdiagramm, Strukturdiagramme und Verhaltensdiagramme. In einem **Anforderungsdiagramm** werden die Anforderungen an ein System, Relationen zwischen diesen und deren Bezüge zu anderen Modellelementen aufgezeigt. Das Anforderungsdiagramm beschreibt beispielsweise, von welchem Systemelement eine Anforderung erfüllt wird (Satisfy-Relation) oder mit welchem Test eine Anforderung verifiziert wird (Verify-Relation). Die Kategorie **Strukturdiagramme** umfasst vier Typen von Diagrammen zur Abbildung von statischen Aspekten, also der Struktur des Systems. Die Kategorie **Verhaltensdiagramme** umfasst vier Typen von Diagrammen zur Abbildung der dynamischen Aspekte. Mit Hilfe der Verhaltensdiagramme können u. a. Aktivitäten, Zustandsautomaten und Interaktionen abgebildet werden. (Weilkiens, 2014)

Ausgangspunkt der Systemmodellierung bildet das **Anforderungsdiagramm** (engl. requirement diagram – req). Die anfangs erhobenen Anforderungen an das System unterliegen einem ständigen Wandel während der Entwicklung. Das Anforderungsdiagramm bildet sie im jeweils aktuellen Stand ab und setzt sie in Beziehung zur Systemstruktur und zum Systemverhalten. So kann der Erfüllungsgrad der jeweils aktuellen Anforderungen jederzeit nachvollzogen werden. Aus

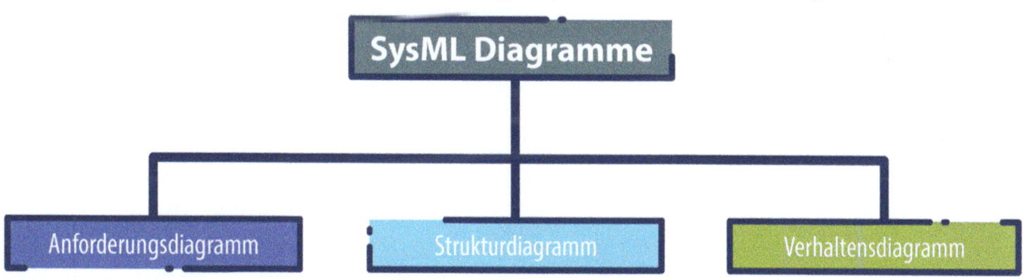

Anforderungsdiagramm	requirement diagram	req
Internes Blockdiagramm	internal block diagram	ibd
Blockdefinitionsdiagramm	block definition diagram	bdd
Paketdiagramm	package diagram	pkg
Zusicherungsdiagramm	parametric diagram	par
Aktivitätsdiagramm	activity diagram	act
Anwendungsfalldiagramm	use case diagram	uc
Zustandsdiagramm	state diagram	sm
Sequenzdiagramm	sequence diagram	sd

Abbildung 2-14 Übersicht und Einordnung der SysML Diagramme

der Struktur oder dem Verhalten des Systems können wiederum zusätzliche Anforderungen oder Anforderungsänderungen resultieren, die daraufhin in das Anforderungsdiagramm zurückgespiegelt werden. Das Anforderungsdiagramm wurde in SysML ergänzt, da in UML Anforderungen lediglich in Form von use cases berücksichtigt werden. Damit fehlt in UML insbesondere eine Abbildung der nicht-funktionalen Anforderungen. Während **funktionale Anforderungen** direkt der Zweckbestimmung des Systems dienen und vom Anwender unmittelbar wahrgenommen und spezifiziert werden, beschreiben **nicht-funktionale Anforderungen** Systemeigenschaften und Randbedingungen, auf die darüber hinaus Rücksicht genommen werden muss. Beispiele sind Zuverlässigkeit, Wartbarkeit oder IT-Sicherheit eines Systems. Die Grenze lässt sich in der Praxis jedoch nicht immer eindeutig ziehen, da bei cyber-physischen Systemen auch nicht-funktionale Anforderungen zur Begeisterung der Kunden beitragen können. Im Anforderungsdiagramm wird jeder Anforderung eine eindeutige Kennung (ID) sowie eine kurze Beschreibung zugewiesen. Die Anforderungen werden zueinander und zu anderen Elementen in Beziehung gesetzt. Zwischen Anforderungen kann entsprechend den Prinzipien der objektorientierten Programmierung eine Eltern-Kind-Beziehung vorliegen, was durch eine „derive"-Relation gekennzeichnet wird. So trägt die Erfüllung von Anforderungen auf unterer Systemhierarchieebene sukzessive zur Erfüllung von übergeordneten Anforderungen bei. Eine andere wichtige Beziehungsart ist die „satisfy"-Relation. Diese kennzeichnet, durch welches Systemelement bzw. Block eine Anforderung erfüllt wird. So kann jederzeit nachvollzogen werden, welche Anforderungen bereits erfüllt werden und wie sich der Erfüllungsgrad bei einer Änderung der Anforderungen verändert.

Die **Systemstruktur** wird im Blockdefinitionsdiagramm (engl. block definition diagram – bdd) hierarchisch in Blöcke dekomponiert. Das Blockdefinitionsdiagramm wurde aus dem UML-Klassendiagramm abgeleitet und bildet ausschließlich Blöcke und deren Beziehungen zueinander ab. Diese Blöcke werden als Systembausteine verstanden und repräsentieren die Struktur des Systems. Die Blöcke werden dabei als Ganzes betrachtet ohne Einbeziehung ihrer inneren Vorgänge („black box-Modell"). Ein Block kann beispielsweise das Gehäuse oder die Energiezufuhr des Systems sein. Das Interne Blockdiagramm (engl. internal block diagram – ibd) dient dazu, die innere Struktur eines Blocks zu modellieren („white box-Modell"). Falls diese Struktur auf parametrische Beziehungen zurückzuführen ist, wird es durch ein Zusicherungsdiagramm angereichert. Das Zusicherungs- bzw. Parameterdiagramm (engl. parametric diagram – par) ermöglicht die Definition von Parametern, die sonst nicht adäquat modelliert werden können. Dazu zählen physikalische Gesetzmäßigkeiten. Das Paketdiagramm (engl. package diagram – pkg) dient ebenfalls der Modellierung der Systemstruktur und ermöglicht es dem Anwender, Pakete zu definieren. Pakete dienen der Organisation des Systemmodells (Delligatti, 2014). Beispielsweise können im Paket „Energieflüsse" alle im System vorhanden Energieflüsse organisiert werden.

Die Modellierung des **Systemverhaltens** ergänzt die Systemstruktur um die Veränderung seiner Zustände bzw. seiner Zustandsgrößen. Um das Systemverhalten zu modellieren, werden Strukturelemente mit Verhaltensdiagrammen vernetzt. Das Systemverhalten wird anhand der Diagrammtypen Aktivitätsdiagramm, Anwendungsfalldiagramm, Zustandsdiagramm und Sequenzdiagramm spezifiziert. Mit einem Aktivitätsdiagramm (engl. activity diagram – act) kann das Systemverhalten nach der Initiierung einer Aktivität beschrieben werden. Das Anwendungsfalldiagramm (engl. use case diagram – uc) beschreibt, wie das System durch seine Akteure genutzt wird. Statt den Fokus auf das System und dessen internes Verhalten zu legen, wie es beim Aktivitätsdiagramm überwiegend der Fall ist, zeigt das Anwendungsfalldiagramm ausschließlich die Umfeldinteraktion. Ein weiterer Diagrammtyp zur Modellierung des Systemverhaltens ist das Zustandsdiagramm (engl. state diagram – sm). Es bildet in erster Linie ab, in welchen Zuständen sich das System befinden kann und wie eine Transition zwischen Zuständen erfolgt. Sowohl für einen Zustand als auch für die unterschiedlichen Stadien der Transition kann zudem das Verhalten des Systems spezifiziert werden. Das System kann also beispielsweise im „Arbeitszustand" oder im „Ruhezustand" sein und sowohl währenddessen als auch im Übergang zwischen den Zuständen ein spezifisches Verhalten ausweisen. Das Sequenzdiagramm (engl. sequence diagram – sd) ist eine weitere Möglichkeit zur Modellierung des Systemverhaltens. Es beschreibt die Kommunikation zwischen Objekten anhand von Nachrichten und deren zeitlichen (sequenziellen) Ablauf. Es wird also beispielsweise dargestellt, wann und wie ein Teilsystem mit einem anderen Teilsystem kommuniziert und was kommuniziert wird. Um einen schnellen Einstieg in die SysML-Modellierung zu ermöglichen, wird auf Basis der in Abbildung 2-15 dargestellten Legende das Anwendungsbeispiel einer Drohne erläutert. Hierfür werden nachfolgend drei exemplarische Diagramme dargestellt (Abbildung 2-16 bis 2-18).

Das **Anforderungsdiagramm** zeigt einen Ausschnitt von Anforderungen, die sich auf die Video-Funktionalität der Drohne beziehen (Abbildung 2-16). Aus der Anforderung, dass die Drohne Action-Videos aufnehmen können muss, leitet sich eine Vielzahl von weiteren Anforderungen ab. Diese werden soweit untergliedert, bis eine „satisfy"-Beziehung vorliegt.

Das **Blockdefinitionsdiagramm** kann eine Funktion, eine logische oder physische Einheit enthalten, also beispielsweise die Steuerungseinheit oder den Akku der Drohne (Abbildung 2-17). Indem die Blöcke zueinander in Beziehung gesetzt werden, wird die Systemstruktur spezifiziert. Eine ausgefüllte Raute an einem Ende der Verbindung zwischen zwei Blöcken wird Komposition genannt und verdeutlicht, aus welchen Komponenten ein (Teil-)System besteht. Eine Generalisierung beschreibt, dass ein Block als Detaillierung eines anderen Blocks zu verstehen ist. So ist ein Abstandssensor eine Detaillierung eines Sensors. Das Blockdefinitionsdiagramm ermöglicht es, die Struktur des Systems über alle Hierarchieebenen hinweg zu modellieren und sukzessive den Detaillierungsgrad der Systemstruktur,

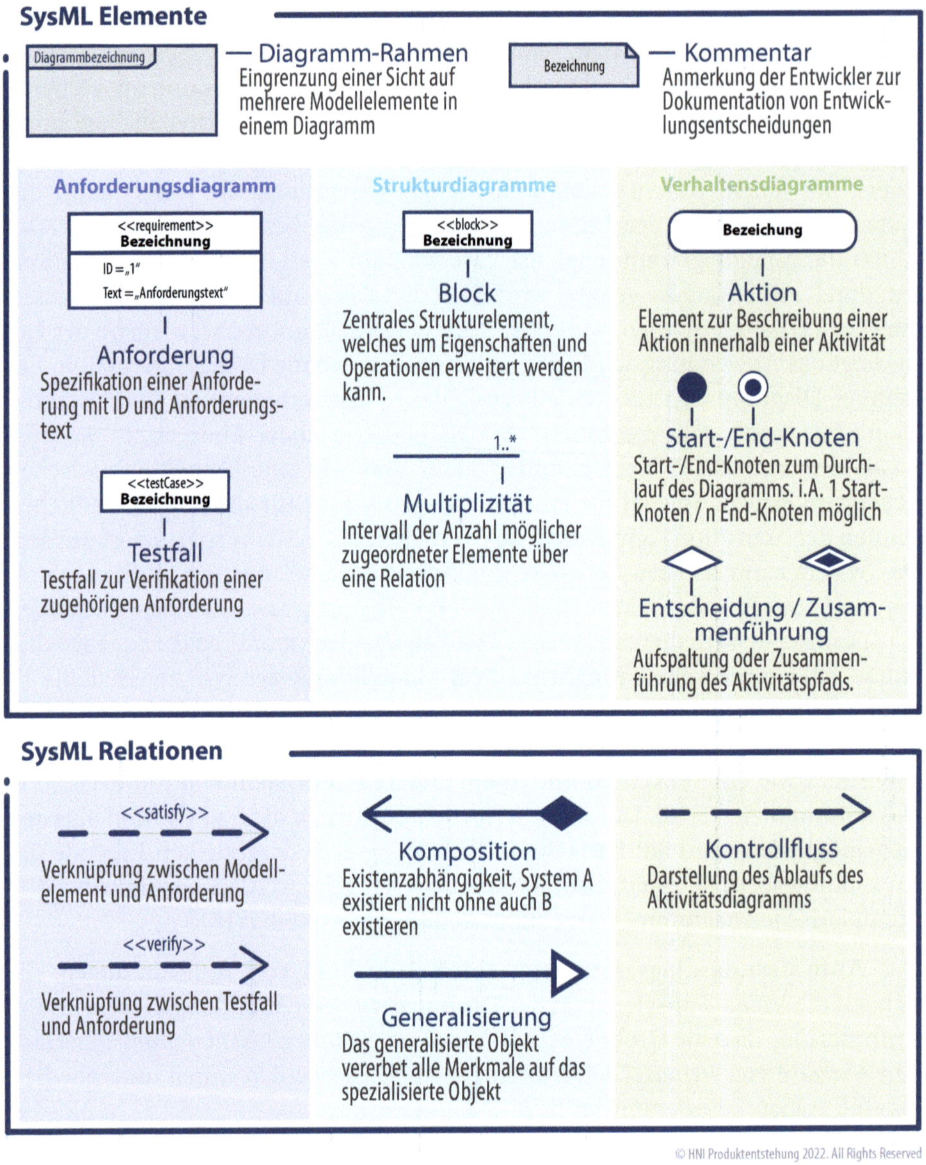

Abbildung 2-15 Legende über SysML Elemente und Relationen

auch durch Einbindung weiterer Strukturdiagramme, zu steigern. Dieses Diagramm kann vom ersten Konzept über die lösungsneutrale Systemarchitektur bis zum realisierten System durchgängig verwendet und weiterentwickelt werden. Eine Vernetzung von Systemstruktur und Systemverhalten gelingt, indem den Blöcken sogenannte „Operationen" zugeordnet werden. Operationen können Aktivitäten, Zustände oder Sequenzen sein, die mittels eines Aktivitätsdiagramms spezifiziert werden und das Verhalten des Blocks modellieren. Das in Abbildung

2-17 dargestellte Blockdefinitionsdiagramm bildet die Struktur einiger relevanter Systembausteine einer Drohne ab.

Das **Aktivitätsdiagramm** spezifiziert das Systemverhalten in Form einer Aktivität, die eine Summe von Aktionen umfasst. Startpunkt ist ein eindeutiger Initiator (Abbildung 2-18). Von diesem Startpunkt aus wird modelliert, wie die untergeordneten Aktionen ausgeführt werden. Abläufe können durch sog. „Fork-Nodes" in mehrere nebenläufige Abläufe aufgeteilt werden. Um voneinander unabhängige parallele Abläufe zusammenzuführen, ist ein „Join-Node" notwendig. Beide Elemente werden durch schwarze Balken dargestellt. Darüber hinaus können Abläufe an Entscheidungspunkten, die durch eine Raute repräsentiert werden, aufgeteilt werden. So kann der Aktivitätsablauf unterschiedliche Pfade nehmen und beliebig viele Endpunkte haben. Weitere Elemente, die im Diagramm aufgegriffen werden, sind spezifizierte Aktionen zur Signal-Sendung, zum Signal-Empfang und Zeitereignisse. Aktionen, die in eigenständigen Aktivitätsdiagrammen weiter untergliedert werden, sind durch ein Dreizack-Symbol in der unteren rechten Ecke gekennzeichnet. Der in Abbildung 2-18 dargestellte Ausschnitt aus dem Aktivitätsdiagramm beschreibt die Rückholfunktion. Diese bezweckt, dass die Drohne automatisch und ohne weitere Eingriffe des Nutzers zum Startpunkt zurückkehrt.

Eine durchgängige Verknüpfung der verschiedenen Diagramme im Sinne eines SysML-Systemmodells entsteht, indem Modellelemente diagrammübergreifend referenziert und wiederverwendet werden. Ein Beispiel ist das Systemelement Kamera. Das Element ist Teil der Systemstruktur der Drohne (bdd) und erfüllt zugleich im Anforderungsdiagramm die Anforderungen 4 bis 8. Das SysML-Systemmodell ermöglicht es, solche Verknüpfungen redundanzfrei abzubilden, sodass sukzessive eine konsistente Repräsentation der Zusammenhänge zwischen Struktur, Verhalten und damit erreichter Anforderungserfüllung des zu entwickelnden Systems entsteht. Elemente im SysML-Systemmodell können anschließend mit Elementen aus (disziplin)-spezifischen Modellen verknüpft werden, um beispielsweise frühzeitige Simulationen zu ermöglichen (vgl. Abbildung 2-12).

Für spezifische Anwendungsfälle und Aufgaben kann die SysML angepasst werden. Hierzu wird ein SysML-Profil erstellt, in dem die SysML-Modellelemente modifiziert oder neue Elemente angelegt werden. Profile können als Dialekte der SysML-Sprache verstanden werden. Beispielsweise kann ein Block angepasst werden, um ein neues Modellelement Funktion einzuführen. Eine Funktion ist in der Datenstruktur ein Block, hat aber individuelle Attribute und wird gegebenenfalls andersfarbig dargestellt. Mithilfe dieser Anpassungen können wiederkehrende aufgabenspezifische Bedürfnisse (z. B. propagierende Abhängigkeiten für das Änderungsmangement) und unternehmensspezifisches Vokabular berücksichtigt werden. Profile können damit die Aussagekraft von Modellen erhöhen, das Verständnis erleichtern und den Modellierungsaufwand reduzieren.

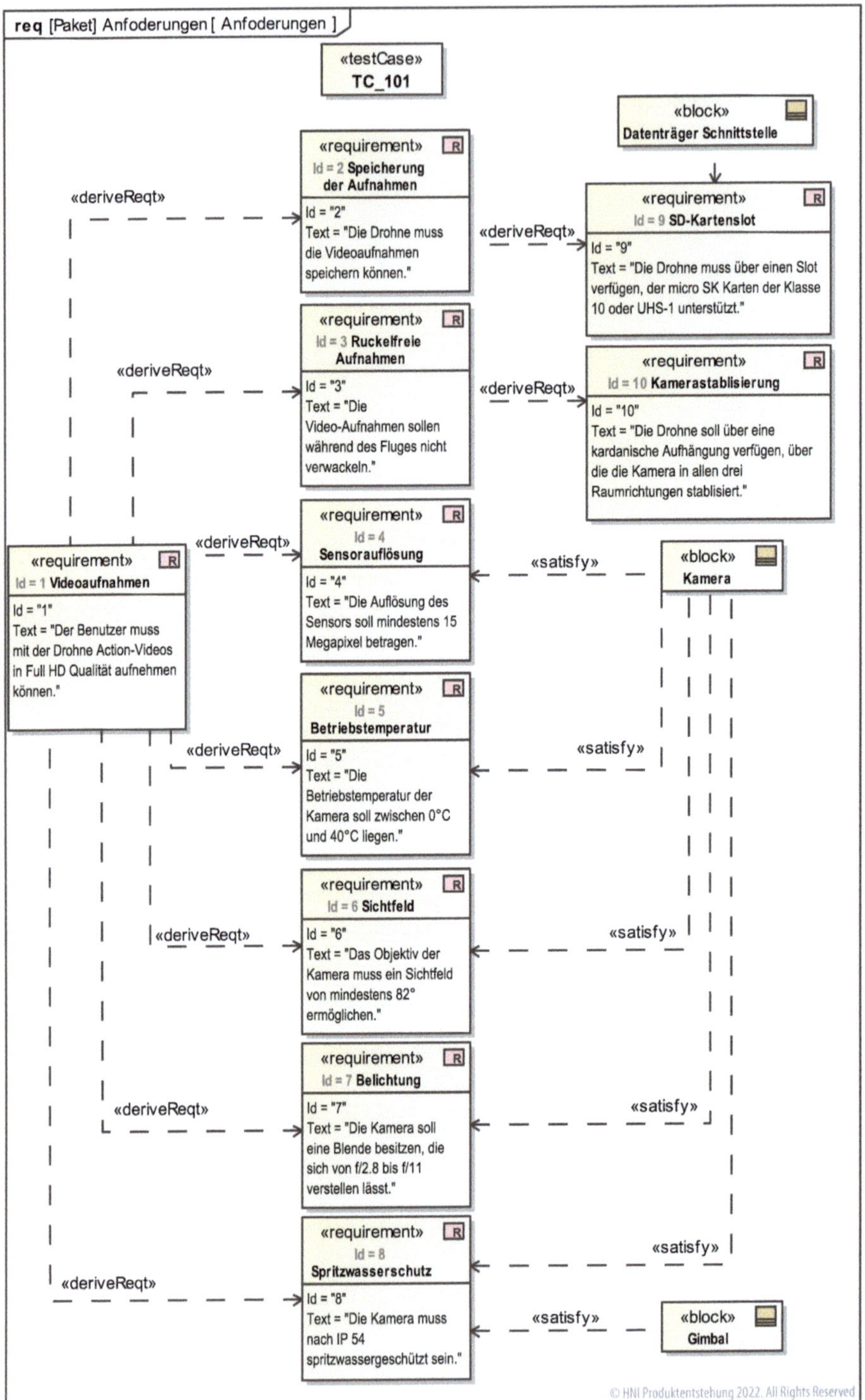

Abbildung 2-16 Ausschnitt aus dem Anforderungsdiagramm einer Drohne

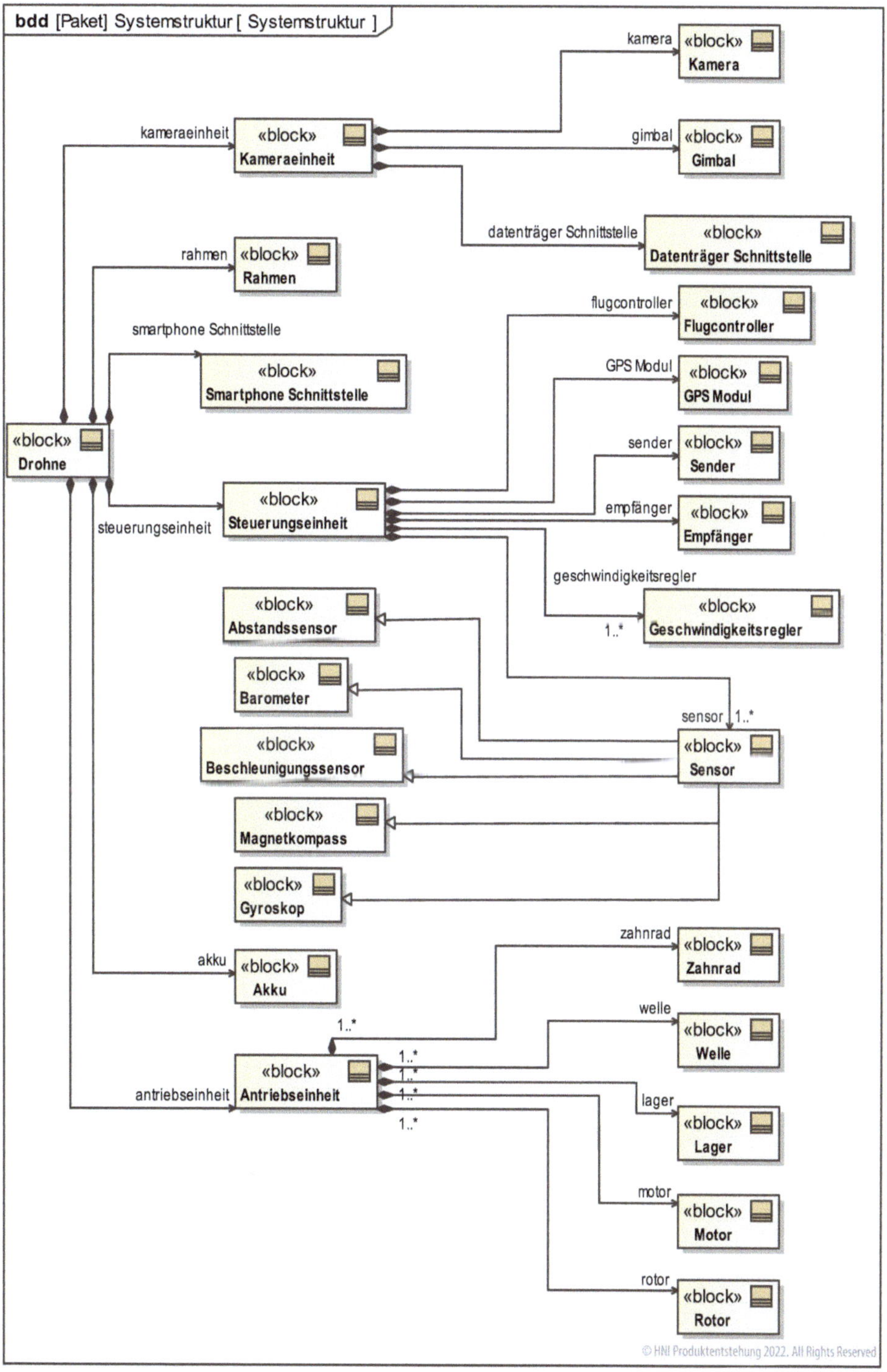

Abbildung 2-17 Struktur der Drohne im Blockdefinitionsdiagramm

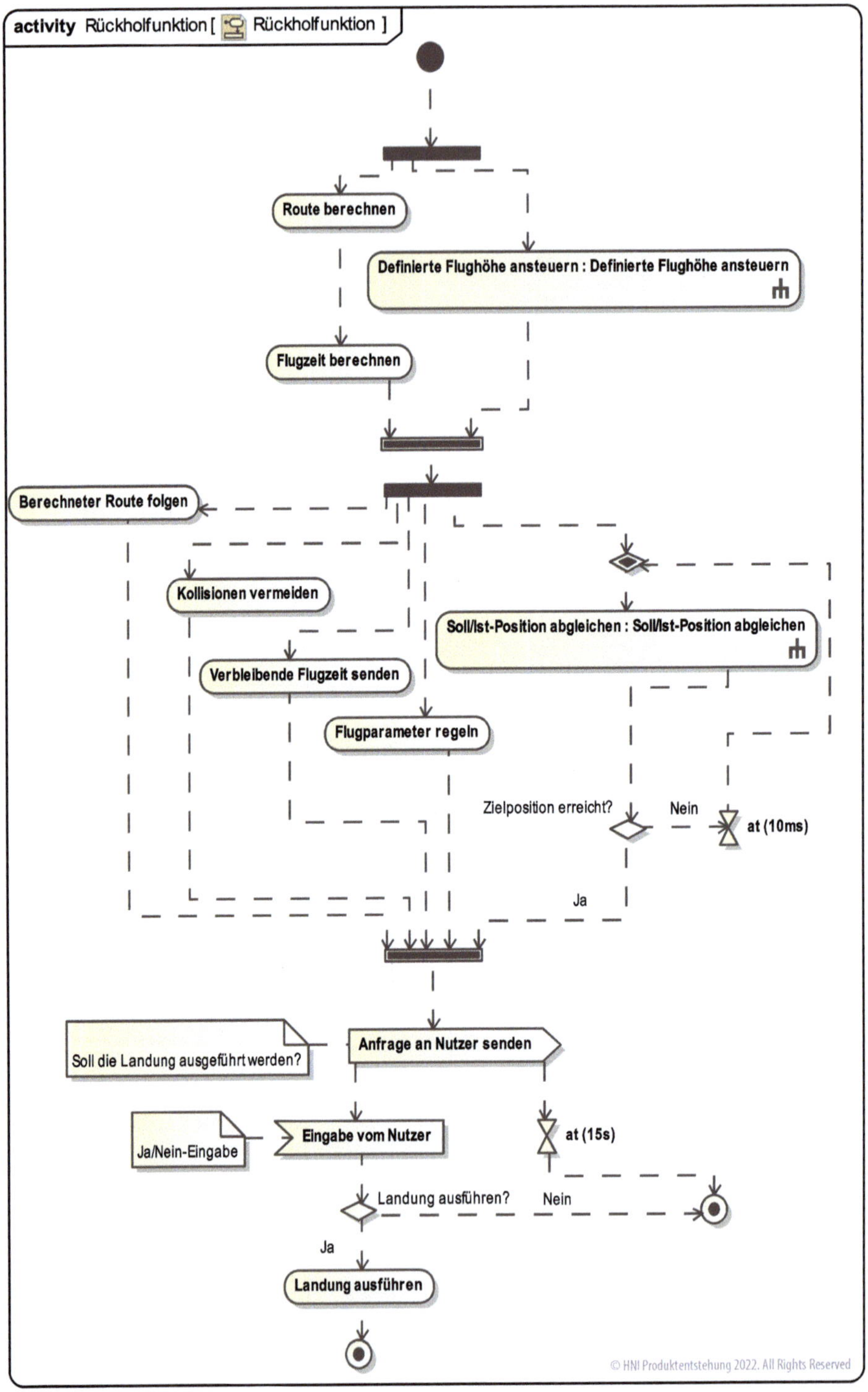

Abbildung 2-18 Rückholaktion einer Drohne im Aktivitätsdiagramm

2.4.4 Modellierungswerkzeuge

Zur Erstellung und Handhabung des Systemmodells ist ein Modellierungswerkzeug erforderlich, das eine grafische Entwicklungsumgebung bereitstellt und die Modellierungssprache ausgeben kann. Der Anwender soll beispielsweise Diagramme anhand hinterlegter Bibliotheken erstellen und automatisch Informationen in die dahinterliegende Datenstruktur einpflegen können. Darauf aufbauend muss auch die Analyse und Simulation anhand der Daten unterstützt werden. Damit dies funktioniert, muss das Modellierungswerkzeug auf die Modellierungssprache und -methode abgestimmt sein. Es existieren zahlreiche Modellierungswerkzeuge von unterschiedlichen Anbietern, wie z. B. „Papyrus" von Eclipse, „Cameo Systems Modeler" von D'assault Systèmes oder „Rational Rhapsody" von IBM. Die Modellierungswerkzeuge unterscheiden sich in ihrem Funktionsumfang, in dem Vernetzungsgrad von Diagrammen und Modellen, in den Lizenzkosten und in der Konformität bei der Ausgabe der Modellierungssprache. Papyrus ist beispielsweise ein kostenfreies Werkzeug basierend auf der Eclipse-Entwicklungsumgebung, das jedoch in Funktionsumfang und SysML-Konformität limitiert ist. Für den „Cameo Systems Modeler" muss hingegen eine Lizenz innerhalb eines Lizenzmodells erworben werden, das den preiswerten Kauf zusätzlicher Simulationspakete ermöglicht. Neben expliziten Modellierungswerkzeugen für MBSE gibt es auch reine Visualisierungsprogramme wie z. B. „Microsoft Visio". Hiermit ist zwar eine Visualisierung, jedoch keine Auswertbarkeit, z. B. hinsichtlich der Zusammenhänge zwischen Funktionen, gegeben. Abhängig von den Zielen der Modellierung und den verfügbaren Ressourcen muss ein geeignetes Werkzeug ausgewählt werden. In Sonderfällen kann es auch sinnvoll sein, mehrere Werkzeuge zu kombinieren, um alle erforderlichen Funktionalitäten abzudecken.

2.4.5 Modellbildung in der Praxis

Für die praktische Umsetzung der Modellbasierten Systementwicklung (MBSE) sind detaillierte Methoden, Austauschformate sowie die Spezifikation von Schnittstellen zwischen Modellen wesentlich. Schnittstellen zwischen Modellen sind unerlässlich, um die Wiederverwendung bereits vorhandener Informationen in anderen Modellen zu ermöglichen. Die Überschneidungsbereiche von Modellen müssen aktuell gehalten werden und bieten die Möglichkeit, Synergien zwischen verschiedenen Modellen zu nutzen. Um den Austausch von Daten und Informationen zu ermöglichen, müssen die Repositories verbunden werden. In vielen Arbeitsabläufen müssen verschiedene Simulationen verknüpft werden. Diese Co-Simulation wird ebenfalls durch einen Link zwischen mehreren Simulationen dargestellt. (Hick et al., 2019)

Aufgrund der Vielfalt an Modellierungsmethoden, -sprachen und -werkzeugen aus unterschiedlichen Fachdisziplinen, Regionen und Unternehmen gibt es in der

Praxis immer wieder Probleme beim Datenaustausch. Daher wird ein einheitliches Datenformat benötigt, in dem alle verfügbaren Daten abgelegt und ohne Informationsverluste in andere Werkzeuge übertragen und verarbeitet werden können. Das ist sowohl im eigenen Unternehmen als auch in der Zusammenarbeit mit Zulieferern und Kunden eine Herausforderung. Nur wenn die gesamte Wertschöpfungskette datentechnisch miteinander vernetzt ist, kann eine ganzheitliche Modellierung gelingen. Das ist derzeit noch nicht möglich und bedarf weiterer Forschung. Außerdem gibt es zum Teil erhebliche Akzeptanzprobleme und Verständnisschwierigkeiten. Durch die Verwendung vieler Begriffe aus dem Softwarekontext sind Experten anderer Fachbereiche teilweise zurückhaltend oder besitzen nicht das erforderliche Verständnis. Auch der Ressourcenaufwand für die Einführung von MBSE und das damit verbundene Risiko hält derzeit noch viele Unternehmen von einer Einführung ab.

Nichtsdestotrotz reift auch in der Wirtschaft die Erkenntnis, dass das Komplexitätswachstum der Systeme nicht ohne eine grundlegende Umstellung des dokumentenbasierten Vorgehens auf einen digitalen und modellgestützten Ansatz beherrscht werden kann. Schließlich steigen mit der Komplexität, wenn auch zumeist unbemerkt, die Ineffizienzen in der Entwicklung und gefährden nachhaltig die Wettbewerbsfähigkeit. Modellierung ist daher ein zentraler Befähiger für die Entwicklung komplexer Systeme und wird die Anwendung von Systems Engineering nachhaltig prägen. Für eine erfolgreiche Umsetzung der Modellbildung muss das Unternehmen entscheiden, welche Intensität der Modellbildung angemessen ist (Wilking et al., 2020). Wie in Abbildung 2-19 dargestellt kann zwischen drei grundlegenden Intensitätsstufen unterschieden werden: Kommunikation, Nachverfolgbarkeit (engl. Traceability) und Spezifikation (Weilkiens, 2014).

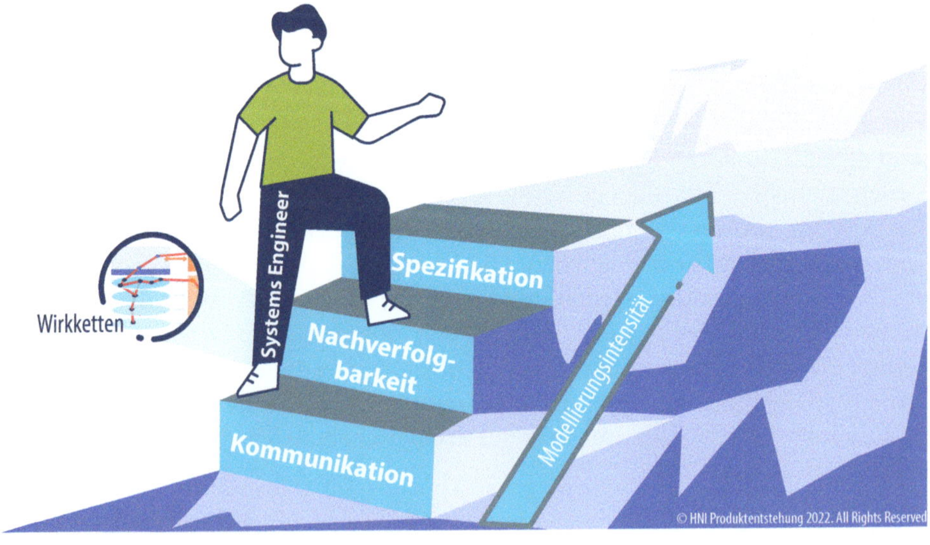

Abbildung 2-19 Intensitätsstufen der Modellbildung

Die erste Stufe **Kommunikation** zielt auf eine verbesserte Zusammenarbeit zwischen den Projektbeteiligten ab. Anhand der Modelle entwickeln Experten aus unterschiedlichen Disziplinen ein einheitliches Verständnis. Auch die Kommunikation mit den Stakeholdern profitiert von der Modellbildung, da die Korrektheit und Vollständigkeit der erhobenen Bedürfnisse und Anforderungen beispielsweise durch das gemeinsame Erstellen eines Anwendungsfalldiagramms (uc) verbessert wird. Die verbesserte Kommunikation erfordert nicht so detaillierte Modelle und geht daher mit weniger Aufwand einher als die folgenden Intensitätsstufen. Nichtsdestotrotz ist dieser Stufe der größte Nutzen zuzuschreiben. Eine zielführende Kommunikation und die Entwicklung eines einheitlichen Verständnisses beugen späteren Fehlern und Anpassungsbedarfen vor.

Die nächste Intensitätsstufe ist die **Nachverfolgbarkeit**. Die Diagramme werden auf dieser Stufe miteinander vernetzt, so dass beispielsweise Anforderungen mit Lösungselementen verknüpft werden. Die Herstellung und Pflege der Nachverfolgbarkeit erfordert detailliertere Modelle sowie deren kontinuierliche Aktualisierung und geht daher mit einem höheren Aufwand einher, generiert bei wachsender Entwicklungskomplexität aber auch einen deutlichen Mehrwert.

Auf der dritten Intensitätsstufe **Spezifikation** werden die Spezifikationen des Systems nicht nur dokumentiert, sondern das Modell an sich stellt die Spezifikation dar. Systemeigenschaften, die Systemstruktur, das Systemverhalten sowie Schnittstellen werden im Modell abgebildet. Jedes Dokument oder Diagramm repräsentiert eine begrenzte Sichtweise auf die im Modell abgebildete Spezifikation des Systems. Auf dieser Intensitätsstufe ist ein sehr hoher Detaillierungsgrad erforderlich und dementsprechend auch deutlich höherer Aufwand.

Abhängig von den individuellen Bedarfen des Entwicklungsprojekts, den verfügbaren Ressourcen und den technologischen Möglichkeiten ist für den Anwendungsfall eine der Intensitätsstufen zu wählen und umzusetzen. Die Modellierungsintensität kann für die unterschiedlichen Systemebenen und Entwicklungsphasen individuell festgelegt werden, so dass im Sinne des Tailoring ein ideales Maß von MBSE für den vorliegenden Anwendungsfall gefunden wird. Der Zusammenhang zwischen Nutzen und Aufwand der Modellierung sowie zwischen Systemkomplexität und Aufwand wird in Abbildung 2-20 dargestellt.

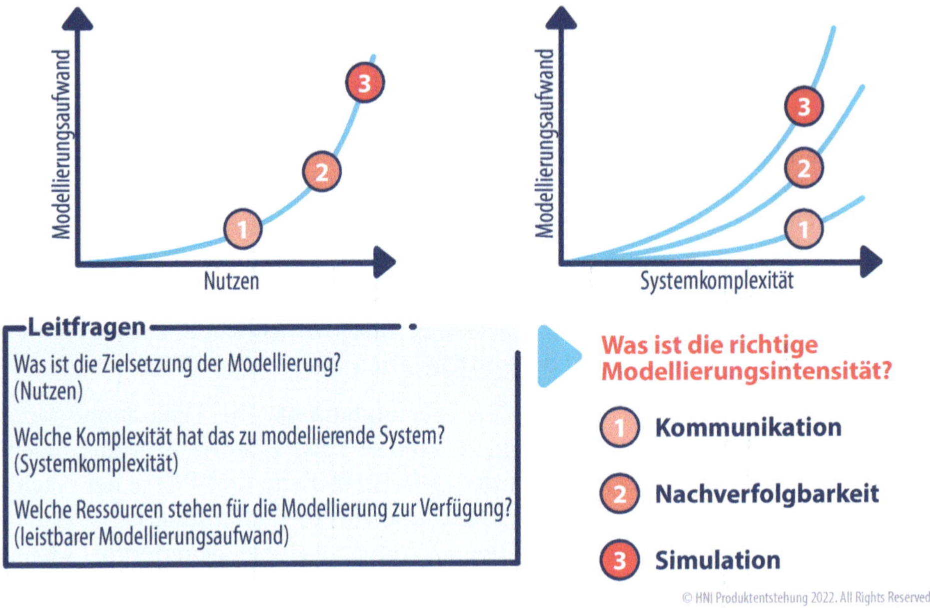

Abbildung 2-20 Modellierungsintensität in Abhängigkeit von Nutzen, Aufwand und Systemkomplexität

2.5 Wirkketten - Direkteinstieg in die Modellbildung

Im vorliegenden Kapitel wird die Modellierung und Analyse von Wirkketten behandelt, die einen pragmatischen und zertifizierungskonformen Direkteinstieg in die Modellbildung bietet. Denn zur Umsetzung der Modellbasierten Systementwicklung (MBSE) müssen beachtliche Hürden überwunden werden. Alleine die Festlegung einer geeigneten Modellierungsmethode und die Werkzeugauswahl erfordern intensive Diskussionen zwischen Modellierungsexperten und Systemverantwortlichen. Gefundene Ansätze müssen getestet und schrittweise verbessert werden. Dieser Einführungsprozess gestaltet sich oftmals langwierig.

Trotz fehlendem Systemmodell müssen zur Aufrechterhaltung des laufenden Betriebs regelmäßig die gültigen technischen Standards und Normen erfüllt werden. Ein aktuelles Beispiel aus der Automobilindustrie ist die 2021 in Kraft getretene UNECE R 156 für die Typgenehmigung von Fahrzeugen im Hinblick auf Software-Update und Software-Update-Management-System. Demnach fordert die Wirtschaftskommission der Vereinten Nationen für Europa den Nachweis durchgängiger Wirkketten als Voraussetzung für die Herstellung und das Inverkehrbringen eines Fahrzeuges. Damit sollen unerwünschte sicherheitsrelevante Zustände bei der Aktualisierung von Software vermieden werden. Dies ist insbesondere beim autonomen Fahren vor dem Hintergrund der hohen Rechenleistung und der Vielzahl miteinander vernetzter Steuergeräte, Sensoren und Aktoren von Relevanz.

Sofern ein Systemmodell bereits vorhanden ist, welches die Entwicklungsartefakte und insbesondere die Systemfunktionen abbildet, lassen sich die für die UNECE R 156 erforderlichen Wirkketten daraus ableiten. Anderenfalls müssen die zugehörigen Daten erhoben und Wirkketten einzeln modelliert werden. Dieser Weg stellt zugleich einen pragmatischen Direkteinstieg in die Modellbildung dar. Denn indem Wirkketten einzeln aufgebaut und ergänzt werden, entsteht schrittweise ein Systemmodell. Der Modellierungsschwerpunkt liegt dadurch immer genau auf den Aspekten, die von Interesse sind. Neben Sicherheitsrelevanz können dies beispielsweise auch akusto-mechatronische Wirkzusammenhänge sein. Mit der Wirkkettenmodellierung können somit parallel zur Gesamteinführung bereits erste wirksame Schritte in Richtung eines ganzheitlichen Systemmodells unternommen werden.

2.5.1 Elemente einer Wirkkette

Modellbasierte Wirkketten mechatronischer und cyber-physischer Systeme sind Ursache-Wirkungs-Beziehungen, die Elemente und ihre Abhängigkeiten untereinander abbilden (aufbauend auf (Gräßler, Wiechel et al., 2022). Zu den Elementen zählen Anforderungen, Funktionen, logische und physische Systemelemente sowie die Planung und Ausführung von Verifikation und Validierung. Wie Abbildung 2-21 in vertikaler Richtung zeigt, werden Anforderungen (R) mit den jeweils zugehörigen Funktionen (F), logischen (L) und physischen (P) Systemelementen

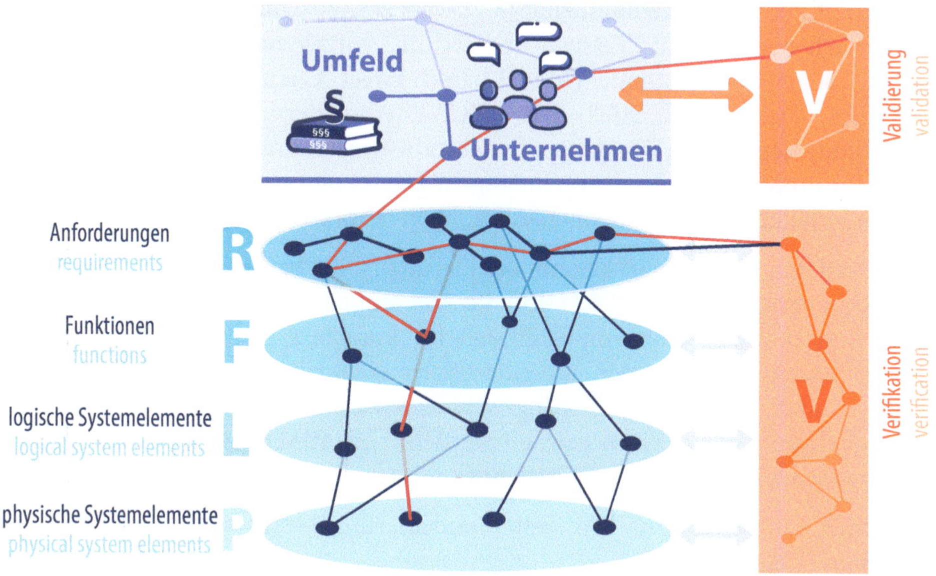

Abbildung 2-21 Elemente einer Wirkkette

vernetzt (vgl. RFLP-Logik nach (Eigner et al., 2012)). Um die geforderten Systemeigenschaften abzusichern, erfolgt in horizontaler Richtung einerseits mit der Verifikation (V) der Abgleich des jeweiligen Entwicklungsstands mit den Anforderungen. Andererseits werden unternehmensinterne und -externe Stakeholder zur Validierung (V) herangezogen, um sicherzustellen, dass das in Entwicklung befindliche System nach wie vor ihren Erwartungen entspricht.

2.5.2 MECA – Methode zur Modellbasierten Wirkkettenanalyse

Um unter Zeitdruck eine Typfreigabe für bereits fertig entwickelte Kraftfahrzeuge zu erhalten, wird die Wirkkettenmodellierung derzeit oftmals retrospektiv durchgeführt. Systemverantwortliche versetzen sich nachträglich in die Entwicklungssituation und reproduzieren, warum sie welche Entwicklungsentscheidung getroffen haben. Diese Vorgehensweise ist nicht nur fehleranfällig und aufwändig, sondern verspielt vor allem das große Potenzial, dass die Wirkkettenmodellierung bietet. Um den Mehrwert der Modellierung voll auszuschöpfen und Kosten sowie Zeit einzusparen, sollte die Wirkkettenmodellierung während der Entwicklung erfolgen. Denn bei entwicklungsbegleitender Anwendung werden Fehler und Sicherheitslücken frühzeitig erkannt, Informationen aktuell und konsistent gehalten und technische Änderungen sind jederzeit rückverfolgbar.

Zurzeit gibt es noch kein standardisiertes und zugleich zertifizierungsgerechtes Vorgehen zur Wirkkettenmodellierung, weshalb die Unternehmen gezwungen sind, nach dem Prinzip „Versuch und Irrtum" vorzugehen. Aus diesem Grund wurde die MECA-Methode (**M**odel-based **E**ffect **C**hain **A**nalysis) entwickelt (Gräßler, Wiechel et al., 2022). Die MECA-Methode ermöglicht eine systematische Modellierung von Wirkketten in der industriellen Praxis. Sie wird vom Lehrstuhl für Produktentstehung regelmäßig eingesetzt und hat sich bereits in mehreren Unternehmen unterschiedlicher Branchen bewährt.

Voraussetzung für die Wirkkettenmodellierung ist die Festlegung einer Modellierungssprache (vgl. Kapitel 2.4.3) und die Auswahl eines Modellierungswerkzeugs (vgl. Kapitel 2.4.4). Hier empfiehlt sich für komplexe technische Systeme die Modellierungssprache SysML, um eine spätere Weiterverwendung der Ergebnisse zu ermöglichen. Das Modellierungswerkzeug kann abhängig von der Systemlandschaft im Unternehmen gewählt werden: z. B. IBM Rhapsody oder Cameo Systems Modeler von D'assault Systèmes.

Die MECA-Methode zur Wirkkettenmodellierung besteht aus folgenden vier Schritten (Abbildung 2-22):

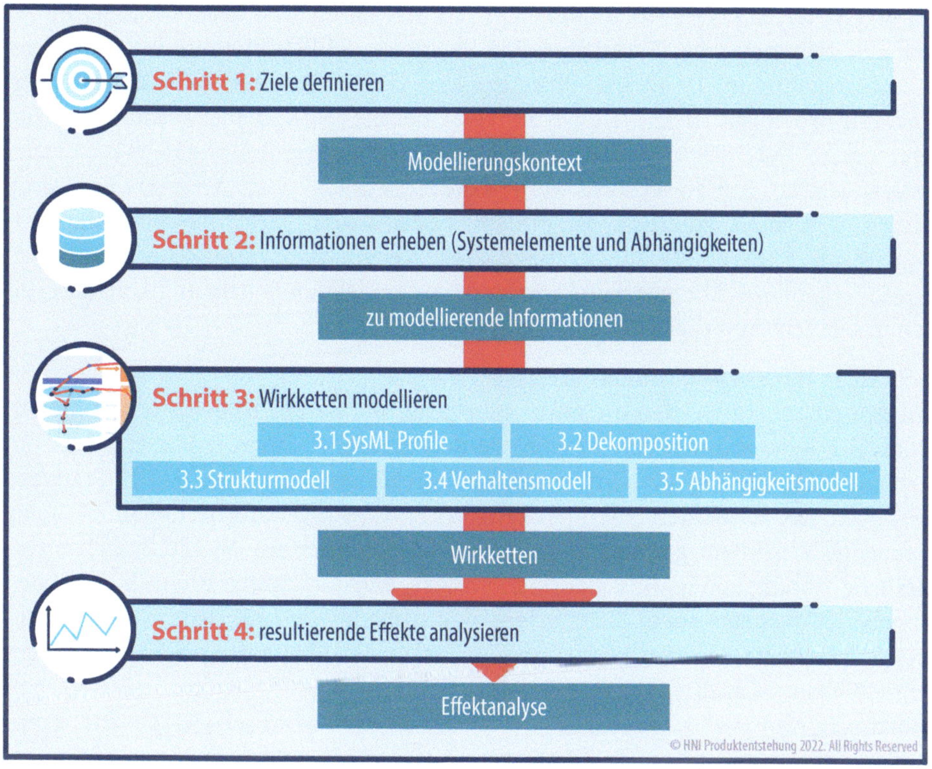

Abbildung 2-22 MECA-Methode zur Modellbasierten Wirkkettenanalyse (Gräßler, Wiechel et al., 2022)

Schritt 1: Ziele definieren

Der Ausgangspunkt einer systematischen Wirkkettenmodellierung ist die Zieldefinition und das damit einhergehende Tailoring. Aus dem Ziel einer zertifizierungsgerechten Dokumentation von Wirkketten beispielsweise ergeben sich als Modellierungskontext die zertifizierungsrelevanten Baugruppen einer Baureihe. Der Umfang der Wirkkettenmodellierung wird auf die hierfür relevanten Systemelemente und zugehörigen Relationen begrenzt. Damit ist der Umfang in Tiefe und Breite klar umrissen. Die Tiefe gibt vor, welche Systemhierarchieebenen betrachtet werden und die Breite, welche Elemente je Ebene ausgewählt werden. Durchgeführt wird die Zieldefinition vom Systems Engineer, den Fachexperten z. B. für Zertifizierung oder Änderungsmanagement sowie den Systemverantwortlichen. Ziele, Modellierungskontext und Umfang werden allen an der Wirkkettenmodellierung Beteiligten vermittelt.

Schritt 2: Informationen erheben (Systemelemente und Abhängigkeiten)

Im zweiten Schritt werden Informationen über die relevanten Systemelemente und ihre Abhängigkeiten erhoben. Informationen über die Systemelemente sind entweder in disziplinspezifischen Modellen hinterlegt, wie z. B. Geometrie-Parameter in einem CAD-Modell, oder sie müssen in semi-strukturierten Interviews manuell erfasst werden. Die Abhängigkeiten repräsentieren Ursache-Wirkungs-Beziehungen zwischen zwei Elementen. Ein geeignetes Hilfsmittel zur Erfassung von Abhängigkeiten ist die Design Structure Matrix (vgl. Gräßler, 2000, z. B. (Eppinger und Browning 2012)). Der in Schritt 1 definierte Modellierungsumfang gibt vor, welche Systemelemente (Breite) bis zu welcher Systemhierarchieebene (Tiefe) erfasst werden. Auf dieser Basis werden die zu betrachtenden Artefakte bestimmt. Hierzu zählen: Regularien, Richtlinien, Spezifikation, Systemarchitektur, Software-Code, E/E-Schaltpläne, Testfälle sowie Verifikations- und Validierungsplan sowie -ergebnisse. Die Artefakte werden in einem letzten Schritt auf Abhängigkeiten untersucht, um diese in der Wirkkette abzubilden.

Schritt 3: Wirkketten modellieren

Im dritten Schritt werden die zuvor tabellarisch erfassten Informationen modelliert. Bei Verwendung von SysML werden zunächst Stereotypen zur bedarfsgerechten Abbildung von Informationen spezifiziert, die den SysML-Standard ergänzen. Dazu zählen beispielsweise Zertifizierungsanforderungen als eine neuartige Ausprägung einer Anforderung (<<requirement>>). Zusätzlich erforderliche Abhängigkeitsinformationen können ebenfalls anhand von Stereotypen abgebildet werden, indem die existierenden Abhängigkeits-Typen (z. B. <<allocation>>) als Grundlage verwendet und im SysML-Profil angepasst werden. Vor der tatsächlichen Modellierung ist festzulegen, welche SysML Struktur- und Verhaltensdiagramme (vgl. Kapitel 2.4.3) bei der Modellierung zu verwenden sind. Empfohlen wird, das interne Blockdiagramm als zentrales Diagramm zu verwenden. Dort können einer EVA-Logik (Eingang, Verarbeitung und Ausgang (Alt, 2012)) folgend, die Wirkzusammenhänge abgebildet werden. Nachdem die Diagramme festgelegt wurden, kann die Modellierung der Wirkketten erfolgen. Unter Verwendung der angepassten Modellierungssprache werden die Systemelemente und ihre Abhängigkeiten sowie alle relevanten Zusatzinformationen innerhalb einer Wirkkette modelliert.

Schritt 4: resultierende Effekte analysieren

Abschließend werden die resultierenden Effekte analysiert und daraus Schlüsse gezogen. So werden beispielsweise in einer Expertenrunde akusto-mechanische Phänomene diskutiert und daraus Verbesserungsvorschläge für die Systemarchitektur abgeleitet. Ein anderes Beispiel ist die Identifikation von Elementen, die durch eine Änderung betroffen sind oder die Abschätzung, welche Kostenauswirkungen eine Änderung von Komponenten (Gräßler und Wiechel, 2021; Hamraz et al., 2013) oder Anforderungen (Gräßler, Oleff und Preuß, 2022; Jayatilleke und Lai, 2018)] nach sich ziehen wird. Für die UNECE R 156 ist zwar eine aktive Analyse und Auswertung nicht erforderlich, man würde aber ein großes Potenzial verschenken, wenn darauf verzichtet werden würde. Abhängig von der eingesetzten Methode können für die Analyse unterschiedliche Automatisierungsgrade erreicht werden.

2.5.3 Wirkkettenmodellierung in der Praxis

Zur Illustration der MECA-Methode wird im Folgenden eine exemplarische Anwendung aus der Automobilindustrie erläutert (Abbildung 2-23). Sie kann als Referenz für die Anwendung im eigenen Unternehmen genutzt werden.

Schritt 1: Ziele definieren

- Was ist das Ziel der Wirkkettenmodellierung?
- Welcher Modellierungskontext und Umfang wird betrachtet (Breite und Tiefe)?

In einem ersten Schritt werden das Ziel der Wirkkette definiert und der Modellierungskontext festgelegt. In der Automobilindustrie müssen verschiedene Normen und Vorschriften erfüllt werden, um die Zulassung für ein Neufahrzeug zu erhalten. Ein Beispiel ist die europaweite UN ECE Homologation, einschließlich der UNECE R 156 (UN ECE 156:2021). Die MECA-Methode wurde eingesetzt, um die an der Modellierung beteiligten Personen (vgl. (Gräßler et al., 2021)) bei der Wirkkettenmodellierung einer neuen Baureihe zu unterstützen. Ziel der Wirkkettenmodellierung ist die Erfüllung der UNECE R 156. Dafür müssen alle Ursache-Wirkungs-Zusammenhänge zwischen Zertifizierungsanforderungen aus den UN

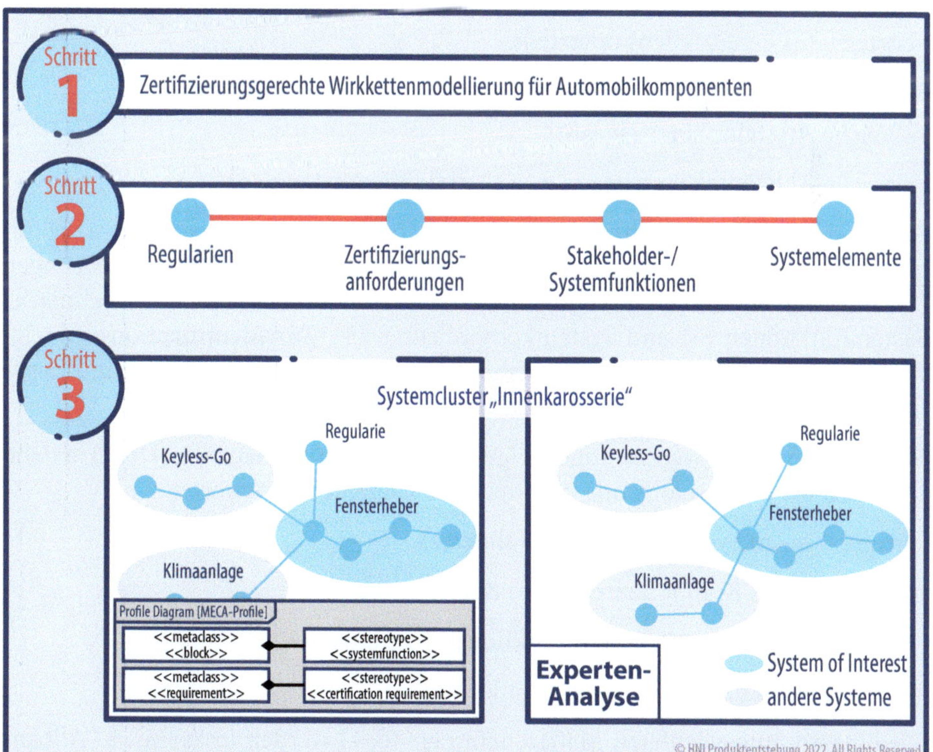

Abbildung 2-23 Wirkkettenmodellierung am Beispiel eines Fensterhebers (Gräßler, Wiechel et al., 2022)

ECE Regularien und den Funktionen sowie Hardware-Komponenten der betrachteten Baureihe abgebildet werden. Eine Baureihe besteht aus mehreren Systemen, die miteinander interagieren.

Exemplarisch wird zur Darstellung der Ursache-Wirkungs-Zusammenhänge das System „Fensterheber" betrachtet. Das Gesamtsystem „Automobil" lässt sich in Systemcluster wie Antriebsstrang, Innenkarosserie und Außenkarosserie unterteilen. Der Fensterheber befindet sich gemeinsam mit weiteren Systemen, wie z. B. Smart Key oder Klimaanlage, im Systemcluster Innenkarosserie. Der Fensterheber wird aktiviert, wenn der Endkunde mit dem elektronischen „Smart Key" das Eingangssignal auslöst. Die Energie des Bordnetzes ist eine Eingangsfunktion für den Fensterheber. Daher sind die drei Systeme Fensterheber, Smart Key und Bordnetz Teil des Modellierungskontextes.

Regularie UNECE 21 regelt u. a. den Einklemmschutz beim Heben eines Fensters. Daher müssen die in der UNECE 21 aufgeführten Zertifizierungsanforderungen von allen Elementen des Fensterhebers erfüllt werden, einschließlich der Softwarekomponenten, Sensoren, Aktoren und elektronischen Steuereinheiten (ECU). Die Funktionen des Systems werden beim betrachteten Unternehmen in eine Funktionshierarchie zerlegt. Hierzu werden sie in übergreifende Stakeholder-Funktionen (z. B. automatischer Hochlauf) und technische Systemfunktionen (z. B. Fensterstatus bereitstellen) unterteilt.

Schritt 2: Informationen erheben

- Welche Artefakte sind relevant?
- Welche Abhängigkeiten liegen zwischen den Artefakten vor?

Ausgehend von dem in Schritt 1 definierten Modellierungskontext werden die folgenden vier zu modellierenden Elemente festgelegt: Zertifizierungsanforderungen (1), abgeleitet aus den UNECE Regularien, Stakeholderfunktionen (2), technische Systemfunktionen (3) und Systemkomponenten (4). Zur Identifikation der relevanten Informationen werden Workshops mit Systemverantwortlichen und Zertifizierungsexperten der drei Systeme durchgeführt.

Vor dem Workshop werden zugehörige Design Structure Matrizen (DSM) erstellt. In den DSMs werden folgende paarweise Abhängigkeiten bewertet:

- Regularien zu Systemfunktionen (allocate)
- Regularien zu Komponenten (allocate)
- Kundenfunktionen zu Systemfunktionen (composition)
- Systemfunktion zu Komponente (allocate)

Die binären, ungewichteten Matrizeneinträge (0; 1) werden in SysML in Allokations- oder Kompositions-Relationen umgesetzt. Gemeinsam mit den Experten werden in den Workshops die Abhängigkeiten diskutiert und in den Matrizen vermerkt. Dabei werden entsprechend der EVA-Logik zur Modellierung der Wirkketten auch die Eingangs- und Ausgangsinformationen erfasst. Mit Kenntnis der Funktionen und Komponenten des Fensterhebers wird abschließend die Zuordnung zu den Zertifizierungsanforderungen durchgeführt.

Schritt 3: Modellierung der Wirkketten

- Wie werden die Wirkketten modelliert?
- Welche Abhängigkeitstypen werden genutzt?
- Welche Modellelemente werden dafür benötigt?

Die Elemente der Wirkkette werden in den SysML Diagrammen als <<Block>> modelliert (vgl. Abbildung 2-23). Jede Stakeholderfunktion wird mittels EVA-Logik in einem Internem Blockdiagramm (ibd) dargestellt, in dem alle internen und externen technischen Systemfunktionen kategorisiert sind. Neben den technischen Systemfunktionen können auch Zertifizierungsanforderungen und Systemkomponenten mit Elementen innerhalb der EVA-Logik verknüpft werden. Zur Abbildung der Abhängigkeiten zwischen der vorgeschriebenen Regularie und den Modellelementen des Systems werden Zertifizierungsanforderungen in einem Requirements Diagramm (req) modelliert (Abbildung 2-24): Die Abhängigkeiten der Zertifizierungsanforderungen von Stakeholder-Funktionen, Systemfunktionen und Komponenten werden mit <<Allocate>>-Abhängigkeiten abgebildet. Im letzten Schritt werden die Komponenten als Blöcke in einem Blockdefinitionsdiagramm (bdd) definiert und mit den technischen Systemfunktionen verknüpft.

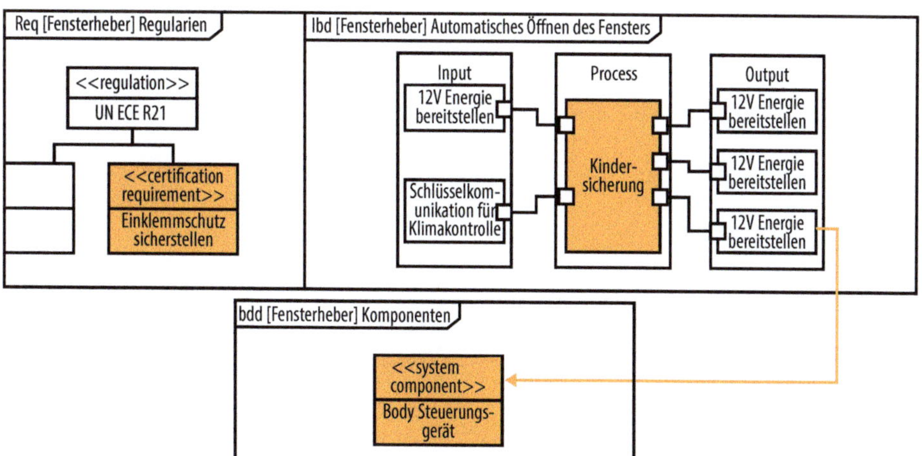

Abbildung 2-24 Exemplarische Wirkkette der Hauptfunktion „Automatisches Öffnen des Fensters"

Die modellierte Wirkkette wird in einem separaten Workshop validiert. Teilnehmer des Workshops sind die System- und Zertifizierungsverantwortlichen. Zunächst werden die modellierten Wirkketten mit den Experten auf Vollständigkeit und Korrektheit überprüft. Dabei wird analysiert, ob (1) alle Stakeholderfunktionen, Systemfunktionen, Systemkomponenten und Zertifizierungsanforderungen enthalten sind und ob (2) die Abhängigkeiten zwischen diesen Elementen korrekt modelliert sind. Dabei werden von den Teilnehmern fiktive Änderungen durchgespielt, um Mängel zu erkennen und zu korrigieren.

Aufgrund der Zielsetzung einer zertifizierungsgerechten Wirkkettenmodellierung, wird Schritt 4 (resultierende Effekte analysieren) zurückgestellt, da die Zertifizierung zunächst keine Analyse erfordert.

Literatur

Alt, O. (2012). Modell-basierte Systementwicklung mit SysML: In der Praxis. Hanser, Carl.

Anderl, R. (1993). CAD-Schnittstellen: Methoden und Werkzeuge zur CA-Integration. Praxiswissen CA…-Techniken. Hanser.

Arthur D Little. (2000). Bayerisches Staatsministerium für Wirtschaft, Verkehr und Technologie - Chancen für Bayern, Bayern 2020: Trendanalyse.

Bochtler, W. (1996). Modellbasierte Methodik für eine integrierte Konstruktion und Arbeitsplanung [Dissertation]. Rheinisch-Westfälische Technische Hochschuhle Aachen, Aachen.

Brockhaus. (2022). Methode (allgemein). https://brockhaus.de/ecs/permalink/1119059FB4EFF0930D6CA48A5624E688.pdf

Delligatti, L. (2014). SysML distilled: A brief guide to the systems modeling language. Addison-Wesley.

Deming, E. W. (1982). Out of crisis. The MIT Press.

Eigner, M. (1980). Semantische Datenmodelle als Hilfsmittel der Informationshandhabung in CAD-Systemen und deren programmtechnische Realisierung auf Kleinrechnern // Ein Verfahren zur Oberflächenmodellierung dreidimensionaler Objekte aus Kamerabildfolgen. Fortschrittberichte der VDI-Zeitschriften: 10 // Nr. 209. VDI-Verlag.

Eigner, M., Gilz, T. und Zafirov, R. (2012). Proposal for Functional Product Description as Part of a PLM Solution in Interdisciplinary Product Development. In Design Society (Hrsg.), DS: Bd. 70. Proceedigns of the DESIGN 2012 (S. 1667–1676).

Eppinger, S. D. und Browning, T. R. (2012). Design structure matrix methods and applications. MIT Press.

Eversheim, W., Gräßler, R., Koelscheid, W. und Schulten, I. (1998). Information Management within a Concurrent Engineering Environment. In WGP e.V. (Hrsg.), Annals of the German Academic Society for Production Engineering V (S. 111–116).

Eversheim, W., Gräßler, R. und Schulten, I. (1999). Parallel Processes Managed by an Integrated CAD-CAPP-System. In Proccedings of ICED 1999. Symposium im Rahmen der Tagung von International Conference on Engineering Design, München.

Eversheim, W. und Schulten, I. (1999). Optimal Degree of Parallelism and Integration in Design and Process Planning. In International Design Seminar „Integration of Process Knowledge into Design Support Systems", Enschede.

Franke, W. D. (1989). FMEA: Fehlermöglichkeits- und -einflussanalyse in der industriellen Praxis (2. Aufl.). Moderne Industrie.

Grabowski, H., Anderl, R. und Polly, A. (1993). Integriertes Produktmodell (1. Aufl.). Entwicklungen zur Normung von CIM. Beuth.

Gräßler, I. (2000). Informations- und zeitbasiertes Controlling einer integrierten Konstruktion und Arbeitsplanung. Berichte aus der Produktionstechnik: 9/2000. Shaker.

Gräßler, I. (2001). How to Put Reorganization into Action - Critical Success Factors using Software Development as an Example. In European Concurrent Engineering Conference, Valencia.

Gräßler, I. (2004a). Driving Product Complexity at an Optimal Degree by a Set of Key Figures. In D. Marjanovic (Hrsg.), Proceedings of the DESIGN 2004 8th International Design Conference (S. 233–238). The Design Society.

Gräßler, I. (2004b). Excellency in Industrial Product Developement: A Promising Way to Success. In S. Tichkiewitch und D. Brissaud (Hrsg.), Methods and tools for co-operative and integrated design (S. 233–240). Kluwer Academic.

Gräßler, I. (2004c). Kundenindividuelle Massenproduktion: Entwicklung, Vorbereitung der Herstellung, Veränderungsmanagement. Springer Verlag.

Gräßler, I. (2011). Balancing Internal and External Product Variety in Product Developement. In S. Culley, B. Hicks und T. McAloone (Vorsitz), 18th International Conference on Engineering Design - Impacting Society Through Engineering Design. Symposium im Rahmen der Tagung von Design Society, Kopenhagen, Dänemark.

Gräßler, I. (2018). Competitive Engineering in the Age of Industry 4.0 and Beyond. In Proceedings of TMCE.

Gräßler, I., Oleff, C. und Preuß, D. (2022). Proactive Management of Requirement Changes in the Development of Complex Technical Systems. Applied Sciences, 12(4), 1874. https://doi.org/10.3390/app12041874

Gräßler, I. und Pottebaum, J. (2021). Generic Product Lifecycle Model: A Holistic and Adaptable Approach for Multi-Disciplinary Product–Service Systems. Applied Sciences, 11(10), 4516. https://doi.org/10.3390/app11104516

Gräßler, I. und Pottebaum, J. (2022). From Agile Strategic Foresight to Sustainable Mechatronic and Cyber-Physical Systems in Circular Economies. In D. Krause und E. Heyden (Hrsg.), Design Methodology for Future Products (S. 3–26). Springer International Publishing. https://doi.org/10.1007/978-3-030-78368-6_1

Gräßler, I. und Wiechel, D. (2021). Systematische Bewertung von Auswirkungsanalysen des Engineering Change Managements. In Proceedings of the 32nd Symposium Design for X (DFX2021). https://doi.org/10.35199/dfx2021.12

Gräßler, I., Wiechel, D., Koch, A.-S., Preuß, D. und Oleff, C. (2022). Model-based effect-chain analysis for complex systems. In Design Society (Hrsg.), Design Conference: Bd. 17, Proceedings of the Design Society: 17th International Design Conference. Cambridge University Press.

Gräßler, I., Wiechel, D. und Pottebaum, J. (2021). Role model of model-based systems engineering application. IOP Conference Series: Materials Science and Engineering, 1097(1), 12003. https://doi.org/10.1088/1757-899X/1097/1/012003

Haberfellner, R., de Weck, O., Frick, E., Vössner, S. (2018). Systems Engineering // Grundlagen und Anwendung. (14. überarbeitete Auflage). Orell Füssli & Co.

Hamraz, B., Caldwell, N. H. M. und Clarkson, P. J. (2013). A Holistic Categorization Framework for Literature on Engineering Change Management. Systems Engineering, 16(4), 473–505. https://doi.org/10.1002/sys.21244

Hick, H., Bajzek, M. und Faustmann, C. (2019). Definition of a system model for model-based development. SN Applied Sciences, 1(9). https://doi.org/10.1007/s42452-019-1069-0

Honour, E. C. (2013). Systems engineering return on investment [Dissertation]. University of South Wales, New South Wales, Australia.

Imai, M. (1994). Kaizen: Der Schlüssel zum Erfolg der Japaner im Wettbewerb (12. Aufl.). Wirtschaftsverl. Langen Müller Herbig.

International Council on Systems Engineering. (2007). INCOSE Systems Engineering Vision 2020. Seattle, WA. INCOSE.

ISO 10303-1:2021. Industrial automation systems and integration — Product data representation and exchange: Part 1: Overview and fundamental principles. International Organization for Standardization. New York. ISO.

Jantzer, M. (2019). Die Kunst, eine Produktentwicklung Zu Führen: Erfolgreiche Konzepte Aus der Unternehmenspraxis. Vieweg.

Jayatilleke, S. und Lai, R. (2018). A systematic review of requirements change management. Information and Software Technology, 93, 163–185. https://doi.org/10.1016/j.infsof.2017.09.004

Krause, F.-L., Kimura, F., Kjellberg, T., Lu, S.-Y., van der Wolf, Alting, L., ElMaraghy, H. A., Eversheim, W., Iwata, K., Suh, N. P., Tipnis, V. A., Week, M. und H, A. C. (1993). Product Modelling. CIRP Annals, 42(2), 695–706. https://doi.org/10.1016/S0007-8506(07)62532-3

Krause, F.-L., Kramer, S. und Rieger, E. (1991). PDGL: A Language for Efficient Feature-Based Product Gestaltung. CIRP Annals, 40(1), 135–138. https://doi.org/10.1016/S0007-8506(07)61952-0

Laufenberg, L. Methodik zur integrierten Projektgestaltung für die situative Umsetzung des Simultaneous Engineering. Dissertation. Berichte aus der Produktionstechik: 9/96. Shaker.

Madni, A. und Purohit, S. (2019). Economic Analysis of Model-Based Systems Engineering. Systems, 7(1), 12. https://doi.org/10.3390/systems7010012

McDermott, R. E., Mikulak, R. J. und Beauregard, M. R. (2009). The basics of FMEA (2. Aufl.). Taylor & Francis.

Noriaki Kano, Nobuhiko Seraku, Fumio Takahashi und Shin-ichi Tsuji (1984). Attractive Quality and Must-Be Quality. Journal of the japanese society for quality control, 14, 39–48. https://doi.org/10.20684/quality.14.2_147

Pfeifer, T. (1993). Qualitätsmanagement: Strategien, Methoden, Techniken. Hanser.

Pfeifer, T. (1996). Phasen des Qualitätsmanagement. In W. Eversheim (Hrsg.), Hütte. Produktion und Management: „Betriebshütte". Teil 2. Springer.

Pitschke, J. (2012). Qualitätssicherung für modellbasierte Entwicklungsansätze. In M. Maurer und S.-O. Schulze (Hrsg.), Tag des Systems Engineering (S. 13–17). Carl Hanser Verlag. https://doi.org/10.3139/9783446434059.002

Pottebaum, J. und Gräßler, I. (2020). Informationsqualität in der Produktentwicklung: Modellbasiertes Systems Engineering mit expliziter Berücksichtigung von Unsicherheit. Konstruktion, 2020(11-20), 76–83.

Schmitt, R. und Pfeifer, T. (2015). Qualitätsmanagement: Strategien - Methoden - Techniken (5., überarb. Aufl.). Hanser.

Stark, R. (2022). Virtual Product Creation in Industry: The Difficult Transformation from IT Enabler Technology to Core Engineering Competence. Springer Berlin Heidelberg. http://nbn-resolving.org/urn:nbn:de:bsz:31-epflicht-1962847

UN ECE 156:2021. Regulation - Software update and software update management system. United Nations.

Vajna, S., Weber, C., Schlingensiepen, J. und Schlottmann, D. (1994). CAD/CAM für Ingenieure: Hardware, Software, Strategien. Studium Technik. Vieweg+Teubner Verlag. https://doi.org/10.1007/978-3-663-05807-6

Walden, D. D., Roedler, G. J., Forsberg, K., Hamelin, R. D. und Shortell, T. M. (2015). Systems engineering handbook: A guide for system life cycle processes and activities (4. Aufl.). Wiley.

Weilkiens, T. (2014). Systems Engineering mit SysML/UML: Modellierung, Analyse, Design (3. Aufl.). dpunkt.

Weilkiens, T., Lamm, J. G., Walker, M. und Roth, S. (2015). Model-based system architecture. Wiley series in systems engineering and management. John Wiley & Sons Inc. https://doi.org/10.1002/9781119051930

Wilking, F., Schleich, B. und Wartzack, S. (2020). MBSE along the Value Chain: An Approach for the Compensation of additional Effort. In 2020 IEEE 15th International Conference of System of Systems Engineering (SoSE) (S. 61–66). IEEE. https://doi.org/10.1109/SoSE50414.2020.9130497

Wenzel, S. (2003). Organisation und Methodenauswahl in der Produktentwicklung. Systems engineering. Utz, Wiss.

Werdich, M. (2012). FMEA - Einführung und Moderation. Vieweg+Teubner Verlag. https://doi.org/10.1007/978-3-8348-2217-8

3 Kernelement Systemdenken – Ganzheitlich denken und handeln

Systemdenken ist der Ursprung des Systems Engineering und steht für ganzheitliches Denken und Handeln in der Systementwicklung (Anderson und Johnson, 2007; Arnold und Wade, 2015). In Ergänzung zum analytischen Denken hilft es, die Funktionsweise komplexer Systeme besser zu verstehen. Damit können anspruchsvolle Aufgaben gelöst und Entscheidungen einfacher getroffen werden. Durch die Strukturierung mit Hilfe von Systemen kann das Detail gelöst werden, ohne dabei den Zusammenhang für das Ganze zu verlieren (Winzer, 2016).

Für uns Menschen ist es herausfordernd, Komplexität anzuerkennen, ganzheitlich zu erfassen und zu beherrschen (Kapitel 3.1). Gelingen kann dies nur, wenn wir den Sachverhalt systematisch durchdenken. Beim Systemdenken werden Ziele und Dimensionen des Denkens verfolgt. Die Ziele umfassen Systemintegrität und Lebenszyklusgerechtheit. Unter Systemintegrität wird die Balance aus geschäftlichen, finanziellen und technischen Aspekten verstanden ((Walden et al., 2015); Kapitel 3.2.1). Lebenszyklusgerechtheit beschreibt die Berücksichtigung aller Systemlebenszyklusphasen in der Systementwicklung (Kapitel 3.2.2). Die Dimensionen des Systemdenkens erstrecken sich über die Systemabgrenzung (Kapitel 3.3.1), das Erkennen von Zusammenhängen und Wechselwirkungen (Kapitel 3.3.2) sowie die bewusste Wahl von Systemsichten und Perspektiven (Kapitel 3.3.3).

Lebenszyklus
Systemintegrität
Systemabgrenzung

Systemsichten
& Perspektiven

Systemdenken
ganzheitlich denken und handeln

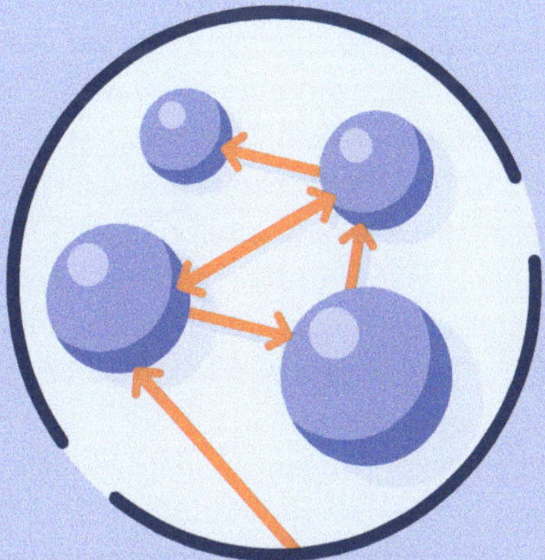

Zusammenhänge
& Wechselwirkungen

3.1 Komplexität anerkennen und beherrschen

Systemdenken steht für ganzheitliches Denken und Handeln (Anderson und Johnson, 2007; Arnold und Wade, 2015). Mit Hilfe einer ganzheitlichen Perspektive wird ein übergreifendes Optimum angestrebt. In der Praxis hat jeder Einzelne eine eigene Vorstellung darüber, was „ganzheitlich" für das eigene Projekt oder die zu treffende Entscheidung bedeutet. Das steht im Kontrast dazu, dass es im mathematischen Sinne nur ein Optimum geben kann: Bei einer vollständigen Wissensgrundlage und klar definierten und priorisierten Bedürfnissen ist genau eine Lösungsalternative zu bevorzugen. Eine vollständige Wissensgrundlage gibt es in der Entwicklungspraxis jedoch ebenso wenig wie einheitlich definierte und priorisierte Bedürfnisse. Entscheidungen werden von einzelnen Personen getroffen, die über individuelle Erfahrungen und Wissen verfügen und auf dieser Basis Entscheidungen fällen.

Mit zunehmender Komplexität der Systeme wird es immer schwieriger, ganzheitliche Entscheidungen zu treffen, denn das Wissen über das System, die Auswirkungen einer Entscheidung und somit die Entscheidungsgrundlage der Beteiligten wird immer lückenhafter. Um dennoch eine Entscheidung treffen zu können, wird die Entscheidungssituation bewusst oder unbewusst vereinfacht. Das kann beispielsweise bedeuten, dass Einflussfaktoren unbeachtet bleiben oder die Auswirkungen der Entscheidung nur teilweise berücksichtigt werden. Solche Vereinfachungen sind essenziell, um überhaupt handlungsfähig zu bleiben. Ausschlaggebend für eine angemessene Simplifizierung von Sachverhalten ist, dass die relevanten Einflussfaktoren erkannt und einbezogen werden. Die Gefahr ist nicht die Simplifizierung selbst, sondern eine unzulässige Simplifizierung relevanter Einflussfaktoren.

Das Beispiel von zwei Flugzeugabstürzen der Boeing 737 MAX 8 zeigt deutlich, welch tragische Konsequenzen eine unzulässige Simplifizierung haben kann. Der Flugzeugbauer Boeing wurde durch einen neu entwickelten Flugzeugtyp des Wettbewerbers Airbus unter Druck gesetzt und lief Gefahr, zunehmend Marktanteile zu verlieren (Gates, 2019). Als Gegenmaßnahme wurde die neue Flugzeuggeneration 737 MAX der Boeing 737 Familie entwickelt. Dabei handelte es sich um die Weiterentwicklung eines am Markt befindlichen Flugzeugtyps aus den 60er Jahren, der durch größere Triebwerke wirtschaftlicher werden sollte. Die ursprüngliche Tragstruktur des Flugzeugs war für diese Triebwerksgröße nicht ausgelegt, weshalb umfangreiche Änderungen an den Flügeln vorgenommen wurden. Unter anderem wurden die Triebwerke nun vor dem Flügel angebracht, statt wie zuvor unterhalb des Flügels (Abbildung 3-1). Dadurch entstand die Gefahr, dass in manchen Fluglagen die Strömung abreißt und die Nase des Flugzeugs nach oben geht (Gates, 2019). Zur Stabilisierung des Flugzeugs in solch gefährlichen Fluglagen sollte das Steuerungsprogramm „Maneuvering Characteristics Augmentation System" (MCAS) gegensteuern und die Fluglage korrigieren. Das Software-System

I. Gräßler und C. Oleff, *Systems Engineering*,
https://doi.org/10.1007/978-3-662-64517-8_3

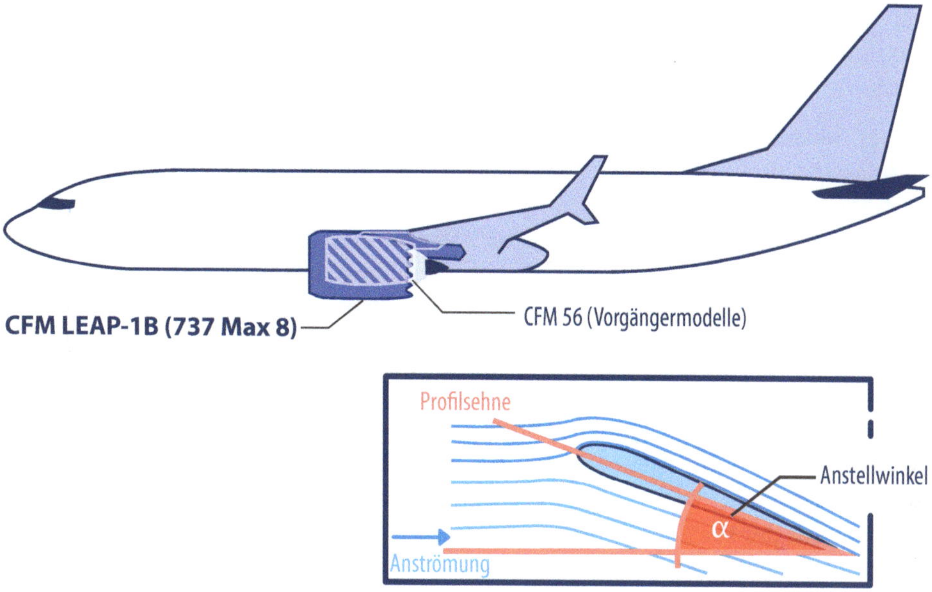

Abbildung 3-1 Triebwerksvergrößerung und Anstellwinkel in der Strömung (vgl. (F.A.Z., 2019; Suckmann, 2019))

zur Flugsteuerung nutzt Sensormessungen des Flugzeug-Anstellwinkels und greift im Bedarfsfall vollautomatisch ein. Ziel war es, das Flugzeug bei einem unzulässigen Anstellwinkel durch das Software-System wieder in eine stabile, horizontale Lage zu bringen. (Gates, 2019; Traufetter, 2019)

In den Jahren 2018 und 2019 stürzten zwei Flugzeuge des Typs 737 MAX ab. In beiden Fällen leitete das MCAS einen Sturzflug ein, der zum Absturz führte. Grund war ein defekter Sensor, der fehlerhafte Sensordaten in das MCAS einspeiste und einen zu hohen Anstellwinkel suggerierte. Daraufhin wurde automatisch die Lage des Flugzeugs im Luftstrom korrigiert und die Nase des Flugzeugs nach unten gedrückt. In der Realität führte dies zum Sturzflug. Jedes Mal, wenn die Piloten versuchten, die automatische Korrektur abzubrechen, startete MCAS erneut, so dass der Absturz nicht verhindert werden konnte. (Gates, 2019; Traufetter, 2019)

Das Fehlverhalten ist in mehrfacher Hinsicht auf schlechte Entwicklungsentscheidungen zurückzuführen. Zum einen wurden die Sensoren für den Anstellwinkel nicht redundant ausgelegt. Fehlerhafte Messdaten konnten daher nicht erkannt und korrigiert werden. Zum anderen wurde die Zertifizierung des Systems im Wesentlichen von Boeing selbst durchgeführt, statt wie üblich von der Luftfahrtbehörde (Gates, 2019). Dabei blieben die Missstände unentdeckt. Das Fehlerrisiko wurde weiter erhöht, als entschieden wurde, weder Schulungen für das neue Flugzeug anzubieten noch eine Abschaltanleitung für das MCAS im Handbuch zu ergänzen (Gates, 2019). Den Pilotinnen und Piloten war daher nicht bewusst, dass das neue System verbaut ist und wie es im Krisenfall abzuschalten ist. Motiviert war die Entscheidung vermutlich dadurch, dass durch den Verzicht auf Schulungen und auf Ergänzungen im Handbuch Zeit- und Kostenvorteile gegenüber dem Konkurrenzprodukt realisiert werden sollten. (Gates, 2019; Traufetter, 2019)

Dieses Beispiel zeigt vor allem eines: das System und seine Handhabung wurden unzulässig simplifiziert. Weder den Entwicklerinnen und Entwicklern noch den Zertifizierungsbeauftragten waren die komplexen Wechselwirkungen und Rückkopplungseffekte bewusst, die im Krisenfall auftreten können. Erst die tragischen Abstürze offenbarten, dass die unter wirtschaftlichem und zeitlichem Druck getroffenen Entscheidungen sich gegenseitig beeinflussen und in ihrem Zusammenspiel zu einem folgenreichen Systemversagen führen. (Gates, 2019; Traufetter, 2019)

Mit steigender Systemkomplexität wächst bei jedem System die Gefahr einer unzulässigen Simplifizierung und falscher Entscheidungen. Die einzige Möglichkeit, die Summe der Entscheidungen an das übergreifende Optimum anzunähern, ist es, systematisch und bewusst bei der Vereinfachung vorzugehen. Zahlreiche Beispiele aus der Praxis zeigen, dass dies bereits heute gelingt und die Anwendung bestimmter Denkmuster dabei hilft.

Der Bau des Gotthard-Basistunnels war wie die Flugzeugentwicklung ein komplexes, sicherheitsrelevantes, kostenintensives und zeitaufwändiges Vorhaben. Bei dem als vorbildlich geltenden und im Jahr 2016 erfolgreich abgeschlossen Bauprojekt, wurde in zweierlei Hinsicht Systemdenken angewandt: Zum einen wurden die Risiken technischer Fehler systematisch beurteilt und in der Entscheidungsfindung priorisiert. Zum anderen wurden alle Stakeholder einbezogen, obwohl dies zulasten der Umsetzungsgeschwindigkeit ging.

Mit dem Ziel, technische Risiken zu erkennen und abzusichern, wurde großer Aufwand in die Anforderungserhebung der 57 km langen Schienenstrecke investiert und ein individuell auf das Projekt abgestimmtes Qualitätsmanagementkonzept entwickelt. Grund dafür waren beispielsweise die sehr hohen Ansprüche an Präzision. Auf der gesamten Strecke durfte maximal eine Abweichung von 1 mm der parallelen Schienenstränge auftreten und der Höhenunterschied zwischen zwei Schwellblöcken durfte maximal 0,1 mm betragen. Nur dann können Hochgeschwindigkeitszüge den Tunnel gefahrlos durchfahren. Fehler bei der Anforderungserhebung und dem Qualitätsmanagement können im Schienenverkehr zu ähnlich katastrophalen Folgen wie bei den Flugzeugabstürzen führen. Daher wurde entschieden, eine 13 km lange Tunnelstrecke zwischen dem Südportal in Bodio und der Multifunktionsstelle Faido als reale Testumgebung zu bauen (AlpTransit, 2022). Damit konnten unerwartete Effekte und Wechselwirkungen frühzeitig erkannt und berücksichtigt werden. (Theile, 2016)

Neben der Fehlervorbeugung zeichnet sich das Projekt durch die umfassende Einbeziehung von Stakeholdern aus. Unter dem Motto „Betroffene zu Beteiligten machen", wurden Anwohner und sonstige Stakeholder aktiv in den Prozess eingebunden. Im Vorfeld wurde entschieden, dass die Vorteile von Transparenz und Stakeholderakzeptanz den damit einhergehenden Mehrbedarf an Ressourcen und Zeit im Entscheidungsprozess rechtfertigen. Im Nachhinein hat sich diese Entscheidung als Erfolgsfaktor des Projekts herausgestellt, denn Verzögerungen durch Blockadehaltungen und Klagen konnten weitgehend vermieden werden. (Theile, 2016)

Das Beispiel zeigt, dass die technische Komplexität und die Einflussmöglichkeiten des Systemumfelds (Stakeholderinteressen) anerkannt und zielgerichtet gehandhabt wurden, um anspruchsvolle Vorhaben erfolgreich umzusetzen. In den folgenden Unterkapiteln wird eine anwendungsorientierte Struktur des Systemdenkens vorgestellt, die Anwendern das Rüstzeug für den konkreten Praxistransfer vermittelt.

3.2 Ziele des Systemdenkens

Systemdenken liegt in der Erkenntnis begründet, dass die Abkehr von einer linearen und intuitiv gelenkten Denkweise erforderlich ist. Dafür werden in einem ersten Schritt nicht-lineare Zusammenhänge und Rückkopplungseffekte in die Überlegungen einbezogen. Heutzutage verkörpert der Begriff Systemdenken eine Art des Denkens, die über komplexe Abhängigkeiten hinaus noch weitere Dimensionen umfasst. Es gibt in der Literatur unterschiedliche Definition von Systemdenken (engl. Systems Thinking), die jeweils eigene Schwerpunkte setzen (Anderson und Johnson, 2007; Arnold und Wade, 2015; Barry, 1991; Hopper und Stave, 2008; Kasser und Mackley, 2008; Ossimitz, 2000; Watanabe et al., 2017). Die Unterschiede ergeben sich aus dem Anspruch auf Betrachtungsumfang und Ganzheitlichkeit.

Eine vollumfängliche Betrachtung würde im theoretischen Verständnis dazu führen, dass Systemdenken kaum auf einzelne Aspekte reduziert werden kann. Für eine anwendungsorientierte Vermittlung des Systemdenkens ist aber genau dies erforderlich. Daher werden die unterschiedlichen Definitionen im Folgenden auf zwei Ziele und drei elementare Denkdimensionen des Systemdenkens heruntergebrochen. Den beiden **Zielen des Systemdenkens** wird im Kontext des Systems Engineering besondere Bedeutung beigemessen und sie sind fest als Orientierungspunkte im Denk- und Entscheidungsprozess zu verankern (Abbildung 3.2):

1. Systemintegrität
2. Lebenszyklusgerechtheit

Die Aufrechterhaltung der Systemintegrität steht für die kontinuierliche Berücksichtigung und das Balancieren aller Aspekte, die zum Projekterfolg beitragen. Hierzu zählen insbesondere geschäftliche, finanzielle und technische Ziele (Wal-

Abbildung 3-2 Ziele des Systemdenkens

den et al., 2015). Lebenszyklusgerechtheit ergänzt die Systemintegrität um die kontinuierliche Berücksichtigung der Randbedingungen aller Phasen des Systemlebenszyklus während der Systementwicklung.

3.2.1 Systemintegrität

Systemintegrität ist eine Ausgewogenheit von Geschäftsgrundlage (engl. business case), Finanzierung und Technik (Walden et al., 2015; Abbildung 3-3). Zur Aufrechterhaltung der Systemintegrität ist vor Entscheidungen zu prüfen, ob die wirtschaftliche Grundlage des Systems beeinflusst wird, die Entwicklungskosten angemessen sind und die technische Lösung den Erfordernissen entspricht.

Zusätzlich zur kontinuierlichen Berücksichtigung der Systemintegrität sollte an ausgewählten **Entscheidungspunkten** wie Projektmeilensteinen die Ausgewogenheit geprüft werden, so dass bei Bedarf Korrekturmaßnahmen eingeleitet werden können. Die Prüfung der Systemintegrität ist ein wichtiger Baustein, um das übergreifende Optimum zu erreichen, da durch falsche Priorisierung beispielsweise Overengineering oder unnötige Risiken hinsichtlich des Markterfolgs entstehen.

Systemintegrität bezieht sich auf den gesamten Systemlebenszyklus. Das umfasst das Entwicklungsprojekt ebenso wie alle weiteren Lebenszyklusabschnitte, weshalb die Systemintegrität eng mit der lebenszyklusgerechten Entwicklung verknüpft ist. Es ist also beispielsweise zu berücksichtigen, wie sich die Entscheidung auf das Ersatzteilgeschäft, den Kundendienst, die Zuverlässigkeit während der Nutzung oder die Entsorgungskosten auswirkt. Der Sicherstellung von Systemintegrität dienen in der Praxis die folgenden vier Leitfragen:

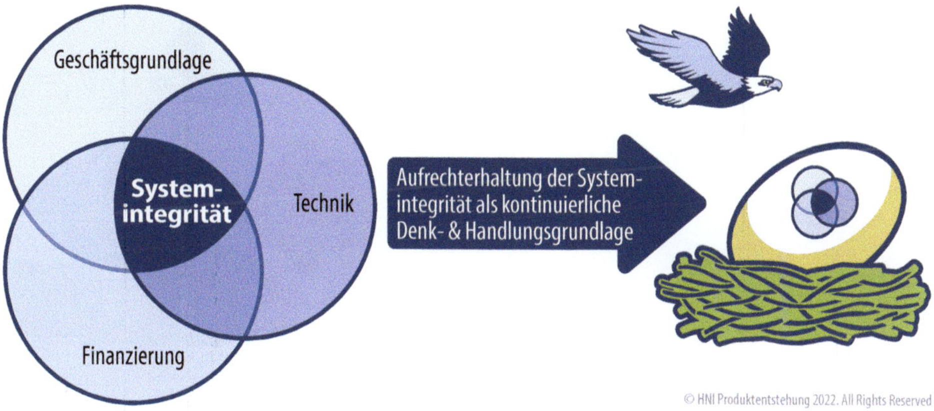

Abbildung 3-3 Aufrechterhaltung der Systemintegrität als erstes Ziel des Systemdenkens

- Wie beeinflusst die Entscheidung die Geschäftsgrundlage?
- Wie beeinflusst die Entscheidung die Finanzierung?
- Wie beeinflusst die Entscheidung die technische Lösung?
- Sind die drei Aspekte ausgewogen oder sind Korrekturmaßnahmen erforderlich?

3.2.2 Lebenszyklusgerechtheit

Eine lebenszyklusgerechte Entwicklung erfordert, dass Entscheidungen nicht ausschließlich auf eine Lebenszyklusphase wie die Systemnutzung ausgerichtet sind. Stattdessen sind **sämtliche Lebenszyklusphasen des Systems** einzubeziehen und ein übergreifendes Optimum hinsichtlich der Auswirkungen auf die Systemintegrität anzustreben (Abbildung 3-4). Beispielsweise sind bei der Auswahl eines Materials neben technischen Kennwerten wie Festigkeit auch die Zuverlässigkeit oder die Recyclingfähigkeit zu berücksichtigen. Gemäß dem generischen Produktlebenzyklus (gPLC; vgl. Kapitel 1.1) sind inhaltlich übereinstimmend mit INCOSE (Walden et al., 2015) grundsätzlich die folgenden Phasen zu berücksichtigen (Gräßler und Pottebaum, 2021):

1. Strategische Planung
2. Entwicklung
3. Realisierung
4. Betrieb/ Erbringung von Dienstleistungen
5. Dekommissionierung

Abbildung 3-4 Lebenszyklusgerechtheit als zweites Ziel des Systemdenkens

Der generische Produktlebenszyklus (Abbildung 3-5) wird durch Auslöser wie Marktnachfrage, unentdeckte Märkte oder Industriezweige (sog. „blue oceans) oder bahnbrechende neue Produkt-/Prozesstechnologien eingeleitet und beginnt mit der **Strategischen Planung**. In der strategischen Planung werden ausgehend von diesen Impulsen erfolgversprechende Produktideen generiert, die in einen Entwicklungsauftrag münden (Gräßler, 2015). Die Planung hängt von den unternehmerischen Randbedingungen ab: Während Start-ups ihre ersten Geschäftsmodelle entwickeln, wenden manche etablierte Unternehmen die Produktgenerationenplanung an (Albers et al., 2015). Bei komplexen technischen Systemen müssen unterschiedliche disziplinspezifische Sichtweisen zusammengeführt werden.

In der **Entwicklung** wird die erfolgversprechende Produktidee funktional realisiert und mündet in einer Produktbeschreibung in Form von Geometriemodellierung, Layoutplanung und Software-Code. Hierbei kommen abhängig von der Disziplin unterschiedliche Prozesse, Methoden und Werkzeuge zum Einsatz. Das Ende dieses Abschnitts ist durch einen Design Freeze gekennzeichnet.

In der **Realisierung** werden materielle und immaterielle Produktbestandteile erzeugt. Für mechanische und elektrische/elektronische (E/E) Teilsysteme bedeutet die Realisierung den Schritt in die Produktion, einschließlich Herstellungsplanung, Anlaufmanagement und Produktionsausführung. Abhängig von der jeweiligen Losgröße kann es sich um eine Serienproduktion oder Auftragsfertigung handeln. Die Produktion umfasst die Fertigung, Montage und Qualitätssicherung. Für produzierte Teile und Produkte muss ein Lieferkettenmanagement aufgebaut werden, einschließlich der Verteilung an die Verbraucher bzw. Nutzer. Bei Software bedeutet „Design Freeze“, dass alle Funktionen der Software spezifiziert sind. Realisierung bedeutet Roll-out und Einsatz. Bei Dienstleistungen werden im Realisierungsabschnitt vorbereitende Maßnahmen durchgeführt, wie z. B. die Schulung der Mitarbeiter.

Der **Betrieb** bzw. die **Erbringung von Dienstleistungen** beschreibt die Nutzung des Systems. An Kontaktstellen wie Kundendienst und Ersatzteilmarkt lernt das Unternehmen, wie der Kunde das Produkt wirklich nutzt. Daraus ergeben sich Impulse für serienbegleitende Entwicklung, Qualitätsverbesserungsmaßnahmen und neue Produktideen. Auch wenn eine Produktion bereits abgekündigt wurde, werden bei Investitionsgütern in der Regel noch Ersatzteile hergestellt und geliefert. Bei Softwareprodukten muss die Wartung sichergestellt und Updates ausgerollt werden können.

Bei **Stilllegung (Dekommissionierung)** des Systems werden physische Anlagen außer Betrieb genommen, die Bereitstellung von Diensten beendet und die Software nicht mehr eingesetzt (Gräßler und Pottebaum, 2021). Die außer Betrieb genommenen Systeme werden gesammelt, sortiert und hinsichtlich ihrer Wieder- und Weiterverwendungs- bzw. -verwertungsmöglichkeiten geprüft (Hribernik et al., 2011). Zu den Optionen zählen u. a. die Wiederverwendung von Systemen, die Reparatur und Wartung, die Wiederaufbereitung bzw. Wiederherstellung, das Recycling von Material oder die Verwertung für andere Zwecke wie die Energieversorgung (Klenk et al., 2019; Potting et al., 2017). Für eine sachgerechte Rezyklierung von Material müssen die zugehörigen Informationen aus der Herstellungs- und Nutzungsphase der Systeme bereitgestellt werden: z. B. Chargen-Nummer, Beanspruchung und Verschmutzung der Materialien. Hierfür eignet sich das Konzept des Digitalen Zwillings (Stark, Anderl et al., 2020; Stark, Thoben et al., 2020). Anhand von Informationen über die Produktnutzung wird für parallele und nachfolgende Systementwicklungen gelernt (Gräßler, 2015, Gräßler und Pottebaum, 2021).

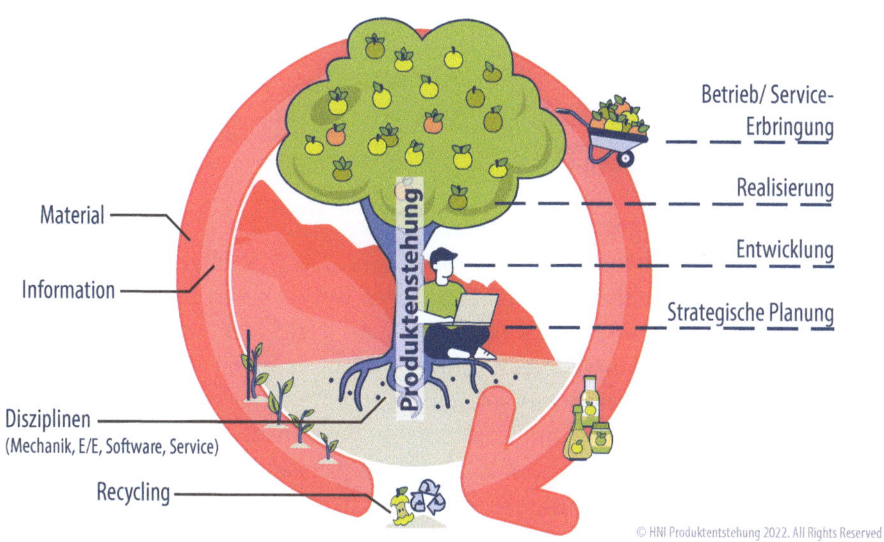

Abbildung 3-5 Material- und Informationszirkularität im Produktlebenszyklus

Für eine erfolgreiche Systementwicklung ist es essenziell, dass das Wissen aus den unterschiedlichen Lebenszyklusphasen einfließt. So können beispielsweise durch die Berücksichtigung von Informationen aus der Systemnutzung Anforderungen besser erfüllt und Fehler bzw. späte Korrekturmaßnahmen verhindert werden. Bei der Konzeptfindung muss auf das Wartungskonzept oder die Rezyklierbarkeit des Materials geachtet werden. In diesem Wechselspiel wird das Wissen aus unterschiedlichen Lebenszyklusphasen zusammengeführt und mündet in einem ganzheitlichen Resultat. Ziel ist es, durch eine lebenszyklusgerechte Entwicklung und Denkweise die Systemintegrität über den gesamten Lebenszyklus hinweg aufrechtzuerhalten. Folgende Leitfragen können bei einer lebenszyklusgerechten Entwicklung unterstützen:

- Welche Einflüsse haben die jeweiligen Lebenszyklusabschnitte auf die Entwicklung und Verwertung des Systems? (Systemintegrität)
- Welche Risiken und Chancen aus dem Systemlebenszyklus sind für eine zu treffende Entscheidung einzubeziehen?
- Wie wirkt sich die zu treffende Entscheidung auf die Lebenszyklusphasen aus?
- Ist das Wissen über die Lebenszyklusphasen ausreichend oder sind weitere Experten einzubeziehen?

3.3 Dimensionen des Systemdenkens

Damit die Ziele Systemintegrität und Lebenszyklusgerechtheit umgesetzt werden können, ist das Systemdenken in drei **Denkdimensionen** unterteilt (Abbildung 3-6):

1. System abgrenzen
2. Zusammenhänge und Wechselwirkungen erkennen
3. Systemsichten und Perspektiven einnehmen

Das System muss abgegrenzt werden, um den Aktivitäten einen klaren Fokus zu geben und Verantwortlichkeiten festzulegen. Die Systemgrenze legt fest, welche Elemente im Verantwortungsbereich der Entwicklung liegen. Sie muss für den jeweiligen Anwendungsfall diskutiert und festgelegt werden. Die Berücksichtigung von Zusammenhängen und Wechselwirkungen stellt sicher, dass die Komplexität und das Zusammenspiel der Elemente innerhalb des Systems sowie zwischen System und Systemumfeld erkannt und in die Entscheidungsfindung einbezogen werden. Damit die Komplexität beherrschbar bleibt, dienen zweckgebundene Systemsichten und Perspektiven der Strukturierung des Denkens. Systemsichten filtern die für eine Aufgabe relevanten Informationen heraus. Per-

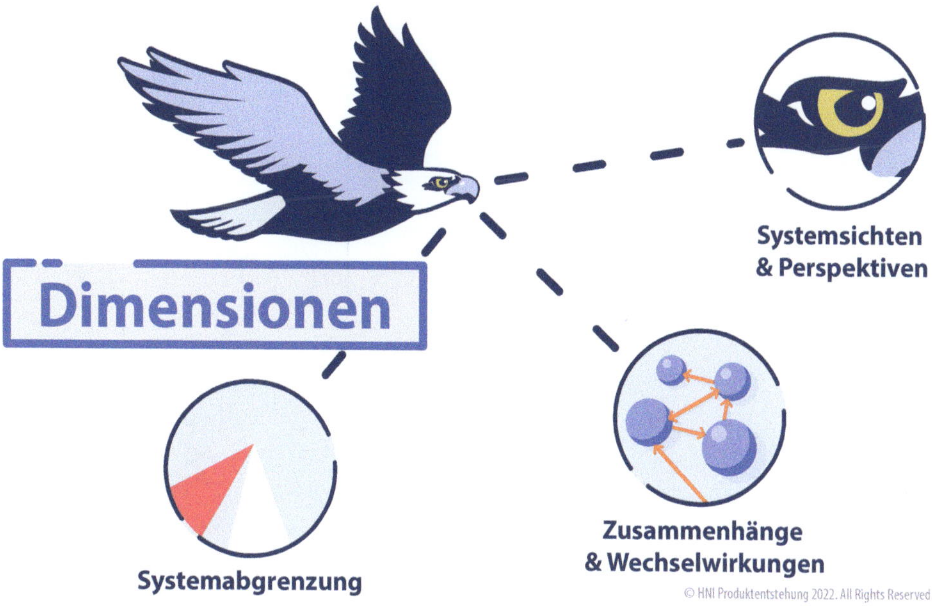

Abbildung 3-6 Dimensionen des Systemdenkens

spektiven berücksichtigen neben den eigenen Interessen und Bedarfen auch die Bedarfe anderer Stakeholder. Keine der drei Dimensionen kann für sich stehen, vielmehr bedingen sie sich gegenseitig. Die Systemabgrenzung kann beispielsweise nicht ohne das Wissen über die Zusammenhänge oder ohne die Einbeziehung der Stakeholderbedarfe erfolgen und vice versa. Die Dimensionen führen also nur im **Zusammenspiel** zu einem ganzheitlichen bzw. systemischen Denken. Sicherlich decken diese drei Dimensionen ebenso wie die zwei Ziele nicht jeden Aspekt der Entwicklung und des Systemdenkens ab. Sie bieten aber eine weitreichende und umsetzbare Unterstützung dabei, Systemdenken in die Anwendung zu bringen.

3.3.1 System abgrenzen

Die Denkdimension Systemabgrenzung dient der Konzentration auf das Betrachtungsobjekt: das **System of Interest (SoI)**. Dafür wird anhand einer Systemgrenze festgelegt, was zum System zählt und was als Systemumfeld aufgefasst wird (Abbildung 3-7). Durch Festlegung der Systeminhalte wird gleichzeitig geklärt, wofür die Systementwicklung verantwortlich ist.

Der Begriff **System** stammt aus dem Griechischen und steht für „das Verbundene". Ein System ist ein Gebilde aus einzelnen Systemelementen, die zwar einzeln gesehen werden, im Zusammenspiel aber zu einem größeren Nutzen als die Summe der Einzelnutzen führen (Hitchins, 2009). Dieses Zusammenspiel der Elemente resultiert aus einer Subordination und Konnexion der Elemente (Hall und Fagen, 1956). Das bedeutet, dass die Elemente Teil einer Systemhierarchie sind und auf

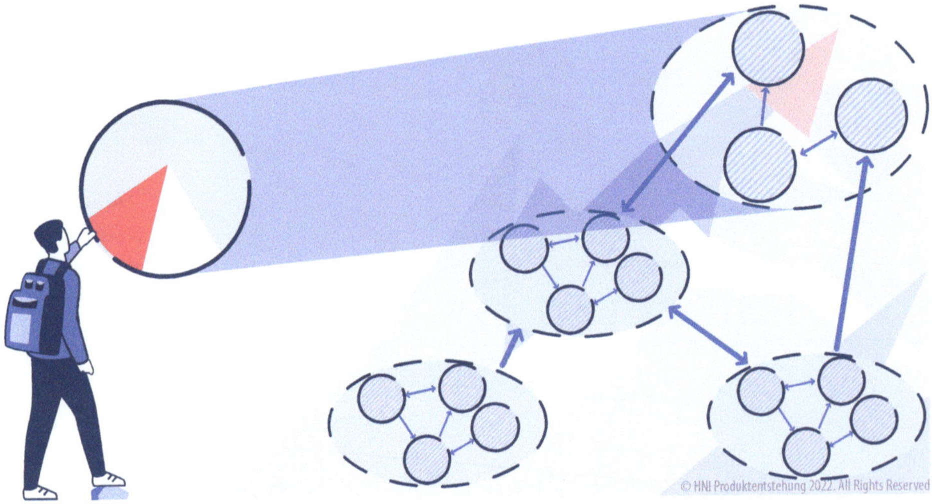

Abbildung 3-7 Abgrenzung des Systems vom Umfeld zur Schärfung des Entwicklungsfokus

Basis von Zusammenhängen miteinander interagieren. Aus der Hierarchie und den Zusammenhängen resultiert die Systemstruktur, das Systemverhalten und somit auch der Systemzweck. Ein Smartphone besteht beispielsweise aus vielen einzelnen Elementen wie dem Akku und Teilsystemen wie dem Kamerasystem, die alle zum Systemzweck „Kommunikation ermöglichen“ beitragen. Der Akku versorgt die Systemelemente mit Energie und das Kamerasystem ermöglicht eine bildgestützte Kommunikation mit anderen Personen.

Alles, was in relevanter Art und Weise zum Systemzweck beiträgt, wird als Teil des Systems bzw. des SoI verstanden und durch eine **Systemgrenze** vom Umfeld separiert. Das schließt die Interaktion mit dem Systemumfeld nicht aus, sondern fokussiert die Betrachtung auf relevante Elemente. Die Relevanz ergibt sich durch den Beitrag zum Systemzweck und die Behandlung im Rahmen der Entwicklung. Ein Smartphone interagiert beispielsweise mit den Sendemasten, weiteren Smartphones und sonstigen kommunikationsfähigen Geräten. Ohne diese Umfeldsysteme wäre der Systemzweck des Smartphones nicht erfüllt. Die Umfeldsysteme werden jedoch nicht mitentwickelt, sondern lediglich als zu berücksichtigende Schnittstelle begriffen. Der Interaktionsgrad mit dem Umfeld wird als **Permeabilität** des Systems bezeichnet (Miller, 1976). Die Permeabilität drückt aus, wie „durchlässig“ die Systemgrenze ist. Mit zunehmender Vernetzung der Systeme steigt diese Durchlässigkeit stetig an. Das ist wichtig für die Systemabgrenzung, denn mit steigender Permeabilität wird es immer schwieriger, eine zielführende Systemgrenze zu definieren. Zielführend ist in diesem Kontext so zu verstehen, dass die Systemgrenze alle für den Systemzweck bedeutsamen Elemente umfasst und zugleich das SoI auf die entscheidenden Bestandteile beschränkt.

Abhängig von der zu lösenden Aufgabe ist die Systemgrenze zu hinterfragen und anzupassen: zunächst für die gesamte Entwicklungsaufgabe und anschließend für die einzelnen Teilaufgaben. Der Mehrwert dieser Reflektion liegt darin, das Systemverständnis zu fördern, Entwicklungsaktivitäten zu priorisieren und Verantwortlichkeiten zu klären. Ohne Systemabgrenzung kann es durch implizite Annahmen und individuelle Sichtweisen dazu kommen, dass wie beim Beispiel des Flugzeugsabsturzes wichtige Einflussmöglichkeiten unberücksichtigt bleiben und fehlerhafte Entscheidungen getroffen werden. In Abbildung 3-8 werden die einzelnen Aspekte eines Systems und seines Umfelds visualisiert.

Die Interaktion des SoI mit dem Systemumfeld spielt eine wichtige Rolle im Systems Engineering und ist entscheidend für eine erfolgreiche Systementwicklung. Jedes System hat ein Umfeld und jedes System interagiert mit seinem Umfeld. Das birgt sowohl Chancen als auch Risiken. Während es für die Entwicklung einfacher Systeme ausreicht, unter Umwelteinflüssen wie Schmutz- oder Kräfteeintrag die Funktionalität zu erbringen, steht bei komplexen Systemen die Vernetzung mit dem Systemumfeld im Mittelpunkt. Potenziale zur Steigerung der Funktionalität und des Systemnutzens liegen heutzutage überwiegend in der Interaktion mit weiteren Systemen, weshalb Systeme als Bestandteil eines sogenannten **System of Systems (SoS)** verstanden werden. Ein SoS ist als übergeordnetes System zu verstehen, dessen Bestandteile eigenständig operierende Systeme sind (Abbildung 3-9). Ein SoS entspricht also nach dem zuvor erläuterten Verständnis einem System, das nicht nur aus Teilsystemen und Elementen besteht, sondern in dem zusätzlich alle Teilsysteme eigenständig operierende Systeme sind.

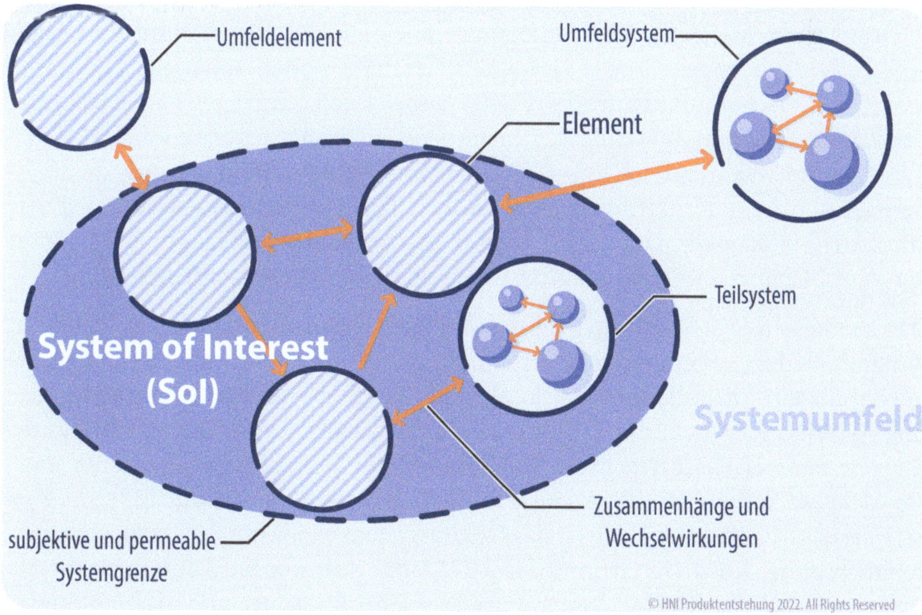

Abbildung 3-8 Das System of Interest (SoI) und sein Umfeld

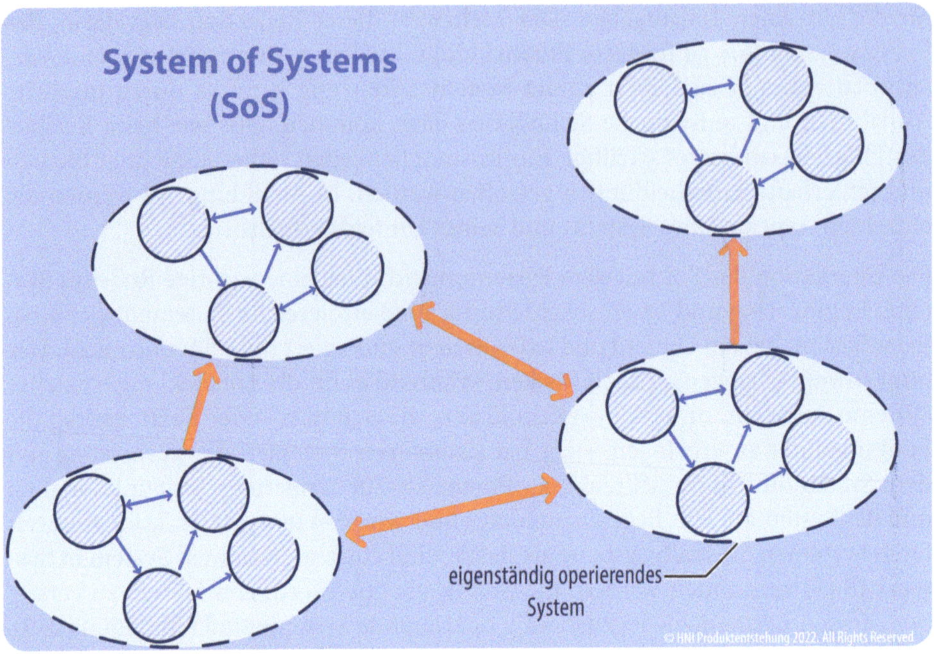

Abbildung 3-9 Zusammenspiel von Systemen in einem System of Systems (SoS)

Ein Smart-Home-System besteht beispielsweise aus vielen einzelnen Systemen, wie einer Temperatursteuerung, einer regelbaren Beleuchtung, einem vernetzen Soundsystem und einer Steuerungseinheit, z. B. ein Smartphone. Alle Systeme können unabhängig voneinander operieren, bieten aber insbesondere im Zusammenspiel einen Mehrwert. Der Übergang von einem komplexen System zu einem SoS ist fließend und von dem verfolgten Geschäftsmodell abhängig. Die trennscharfe Unterscheidung ist in der Praxis zumeist von keiner ausschlaggebenden Bedeutung. Wichtig ist stattdessen, dass die Bedeutung des Systemumfelds verstanden wird. Während der Entwicklung ist das Systemumfeld proaktiv zu analysieren. Dabei ist zu hinterfragen, ob das SoI als Teil eines SoS verstanden wird oder selbst ein SoS darstellt. Daraus kann geschlussfolgert werden, was dies für Anforderungen, Chancen und Risiken für die Entwicklung des SoIs mit sich bringt.

Das Denken in Systemgrenzen sollte zu jedem Zeitpunkt erfolgen und ist fester Bestandteil des Systemdenkens. Hierarchisch gesehen wird die Systemgrenze sowohl für ein Entwicklungsprojekt als auch für jede einzelne Systems Engineering Aktivität innerhalb des Projekts definiert. Abhängig vom Zielobjekt und der Aufgabe variiert das betrachtete SoI. Das SoI für den Entwicklungsleiter eines Flugzeugs ist das gesamte Flugzeug. Für die Leitung einer Projektgruppe, die zum Beispiel das MCAS entwickelt, ist das Gesamtsystem weiterhin der Bezugsrahmen, dennoch bildet für diese Gruppe das MCAS das SoI. Ein SoI kann auch für alltägliche Aufgaben wie die Lösung eines Problems festgelegt und als Handlungsgrundlage verwendet werden. Wichtig ist dabei, dass die Festlegung explizit kommuniziert wird und das übergeordnete Systems (SoS) berücksichtigt wird. So kann zunächst das Detail gelöst werden, ohne dabei den Zusammenhang für das Ganze zu verlieren (Winzer, 2016).

Bei der Festlegung der Systemgrenze wird der Handlungsspielraum abgegrenzt und entschieden, welche Elemente im Fokus der Entwicklung stehen und welche Elemente zum Systemumfeld gehören. Umfeldelemente können zwar von großer Bedeutung für die Systementwicklung sein, werden aber nicht mitentwickelt. Ein Beispiel sind Zapf- oder Ladesäulen für Kraftfahrzeuge. Bei der Entwicklung eines kraftstoffbetriebenen Fahrzeugs wird die Zapfsäule und Tankstelleninfrastruktur als Systemumfeld verstanden. Die Infrastruktur ist ausreichend ausgebaut, um neu entwickelte Fahrzeuge zu versorgen. Bei den Zapfsäulen hat sich außerdem ein einheitliches herstellerübergreifendes System etabliert. Für die Entwicklung ist dementsprechend nur bedeutsam, dass der vorhandene Standard mit dem entwickelten Auto kompatibel ist.

Im Gegensatz dazu ist die Ladeinfrastruktur bei elektrisch angetriebenen Kraftfahrzeugen geringer ausgebaut. Bei den Steckersystemen haben sich mittlerweile Standards etabliert, aber es gibt weiterhin einen großen Handlungsspielraum für die Entwickler. Daher kann die Ladeinfrastruktur innerhalb der Systemgrenze angesiedelt werden. Ohne ausreichend viele Ladepunkte ist der Systemnutzen des E-Fahrzeugs beschränkt, weshalb Anbieter wie Tesla, Inc. eine eigene Ladeinfrastruktur aufbauen. Auch die Verwendung von Batteriewechselstationen wurde von einigen Anbietern in Erwägung gezogen. Bei diesem Konzept werden die entladenen Batterien durch geladene ausgetauscht. So kann der zeitintensive Ladevorgang vermieden werden. Sowohl beim Aufbau einer eigenen Ladeinfrastruktur als auch bei Batteriewechselstationen wurde die Ladeinfrastruktur von den Unternehmen als Teil des SOI verstanden. Andere Anbieter definieren eine engere Systemgrenze und sehen die Ladeinfrastruktur als Umfeldsystem. Statt eigener Entwicklungsaktivitäten wird beispielsweise durch politische Einflussnahme versucht, den Ausbau der Ladeinfrastruktur zu fördern. In diesem Fall akzeptiert das Unternehmen die große Bedeutung der Ladeinfrastruktur für den Systemnutzen, versucht aber außerhalb des Entwicklungsprojekts den Systemnutzen abzusichern. Das Beispiel zeigt die Bedeutung der Systemgrenze für ein Entwicklungsprojekt. Es legt den Entwicklungsgegenstand fest und beeinflusst maßgeblich den Markterfolg und die Systemintegrität.

Nach der initialen Festlegung einer Systemgrenze ist eine **kontinuierliche Überprüfung und Anpassung** vorzunehmen. Die Anpassung kann den Projektverlauf tiefgreifend verändern, daher ist besondere Sorgfalt bei der Entscheidung erforderlich. Sorgfalt darf dabei nicht gleichgesetzt werden mit Status-Quo-Verteidigung, sondern mit der Notwendigkeit einer fundierten Entscheidungsgrundlage. Eine ausgebliebene Anpassung kann dazu führen, dass das Projekt zügig umgesetzt wird, das System aber keinen ausreichenden Mehrwert bietet und am Markt scheitert. Eine unvorteilhafte Anpassung hingegen kann zu Verzögerungen und Mehrkosten führen, die die Wirtschaftlichkeit des Projekts gefährdet. Folgende Leitfragen unterstützen bei der Systemabgrenzung:

- Was ist der beabsichtigte Zweck des Systems?
- Was sind relevante Einflussfaktoren auf die Erfüllung des Zwecks? (inkl. Systemumfeld)
- Welche Elemente können anhand der Einflussfaktoren identifiziert werden, die im Fokus der Entwicklung stehen sollten? (SoI)
- Wann sollten wir die Systemgrenze kritisch hinterfragen und bei Bedarf anpassen?

3.3.2 Zusammenhänge und Wechselwirkungen erkennen

Um die Systemstruktur und das Systemverhalten gestalten zu können, ist es wichtig, die Zusammenhänge innerhalb des SoI sowie Wechselwirkungen zwischen SoI und Systemumfeld zu verstehen (Abbildung 3-10). Das ist die zweite Dimensionen des Systemdenkens. Zusammenhänge werden in systembeschreibende und sonstige Zusammenhänge unterschieden. Zu den **systembeschreibenden Zusammenhängen** zählen Energie-, Stoff- und Informationsflüsse zwischen Systemelementen (Walden et al., 2015). Anhand dieser Zusammenhänge werden die Systemstruktur und das Systemverhalten beschrieben. Das Systemverhalten resultiert aus Wechselwirkungen. Wechselwirkungen können überall da auftreten, wo ein Zusammenhang besteht und ein Impuls ausgesandt wird. Wenn beispielsweise die Zündung des Elektroautos betätigt wird, führt diese Zustandsänderung dazu, dass die Motoren gestartet werden. Das System führt also ein bestimmtes Verhalten aus. Ein Verhalten kann gewollt oder ungewollt sein. Die Absenkung des Anstellwinkels durch das MCAS System der verunglückten Flugzeuge war ein ungewolltes Systemverhalten. Während gewollte Verhaltensweisen in der Regel bekannt sind, bergen vor allem ungewollte und unerkannte Verhaltensweisen erhebliche Risiken.

Neben den systembeschreibenden Zusammenhängen gibt es noch **weitere Arten von Zusammenhängen**. Diese reichen von der kausalen Verkettung von Entwicklungsaktivitäten über die Abhängigkeiten bei der Ressourcenplanung bis hin zu unternehmerischen und politischen Zusammenhängen. Solche Zusammenhänge sind breit gefächert, so dass sie niemals vollständig erhoben werden können. Ziel ist es daher, Zusammenhänge mit potenziell hohem Einfluss zu identifizieren und durch systematisches Risikomanagement die Resilienz des Entwicklungsvorhabens zu stärken.

Abbildung 3-10 Zusammenhänge und Wechselwirkungen zwischen Systemelementen

Zusätzlich zur Kenntnis über Zusammenhänge ist es wichtig, daraus resultierende Wechselwirkungen realistisch einzuschätzen. Bei der Einschätzung unterliegen Menschen einer natürlichen Verzerrung, dem sog. BIAS-Effekt. Demnach besteht die Tendenz, lineares Verhalten zwischen zwei Elementen anzunehmen. In der Realität sind die Zusammenhänge jedoch häufig nicht-linear und beeinflussen sich wechselseitig z. B. durch Fortpflanzungs- oder Rückkopplungseffekte. Ein Beispiel ist die Annahme, dass eine höhere Batteriekapazität in einer höheren Reichweite eines Elektroautos resultiert. Dass eine Erweiterung der Batteriekapazität durch zusätzliche Batteriemodule mit einem höheren Gewicht einhergeht, ist noch verständlich. Der negative Einfluss des Gewichts auf die Reichweite führt jedoch zu einem nicht-linearen Zusammenhang zwischen Batteriekapazität und Reichweite. Die Reichweite für unterschiedliche Batterieleistungen abzuschätzen fällt schwer, da das menschliche Vorstellungsvermögen für lineare Zusammenhänge optimiert ist. Daher ist es wichtig, das intuitive Verständnis des Systemverhaltens durch Modellbildung (vgl. Kapitel 2.4) und Simulationen abzusichern.

Ein typisches Problem in der Praxis ist ein unvollständiges Systemverständnis, insbesondere hinsichtlich der disziplinübergreifenden Zusammenhänge. Da bei komplexen technischen Systemen die Leistungsfähigkeit eines Systems auf dem interdisziplinären Zusammenspiel der Elemente beruht, ist dieses Problem besonders gravierend. Leistungspotenziale bleiben ungenutzt und ungewolltes Systemverhalten kann zu Qualitätsproblemen und Sicherheitsrisiken führen. Daher kommt Hilfsmitteln wie der Modellierung des Systems eine besondere Bedeutung zu. Folgende Leitfragen helfen beim Denken in Zusammenhängen und Wechselwirkungen:

- Welche Elemente hat das SoI und welche Zusammenhänge bestehen zwischen Ihnen?
- Haben wir interdisziplinäre Zusammenhänge und Wechselwirkungen hinreichend verstanden?
- Welche Zusammenhänge bestehen zwischen dem SoI und dem Systemumfeld, die zu berücksichtigen sind?
- Welche Wechselwirkungen und daraus resultierende Dynamik (z. B. Fortpflanzungs- und Rückkopplungseffekte) können auftreten?
- Haben wir ein hinreichendes Verständnis der nicht-linearen Zusammenhänge erlangt?

3.3.3 Systemsichten und Perspektiven einnehmen

Die dritte Dimension des Systemdenkens umfasst die bedarfsgerechte Reduzierung der Komplexität (Systemsichten) und das Verstehen der unterschiedlichen Interessen am System (Perspektiven). Die beiden Ziele vereint, dass der Blickwinkel bewusst gesteuert und auf die Aufgabe angepasst wird. Um die Komplexität zu reduzieren, nimmt der Systems Engineer eine von drei Systemsichten (engl. views) ein. Unterschieden werden die Systemsichten in zwei strukturelle Sichten, die Außen- und Innensicht, sowie eine zeitliche Sicht (Abbildung 3-11).

Die **Außensicht** lenkt das Betrachtungsfeld auf Eingangs- und Ausgangsgrößen. Zur Komplexitätsreduktion wird dabei das System selbst und somit die Umwandlung der Eingangs- in Ausgangsgrößen im Sinne einer „black box" nicht näher betrachtet. Beispielsweise werden die Energie-Schnittstellen des Systems „Fahrzeug" mit dem Umfeld betrachtet. Bei einem Elektroauto sind dies die Ladeenergie (Eingang) und die resultierende kinetische Energie sowie Wärmeenergie (Ausgang). Anhand dieser Systemsicht kann diskutiert werden, ob das Fahrzeug zusätzlich elektrische Energie an das Umfeld abgeben soll. In dem Fall würde das Fahrzeug als intelligenter Energiespeicher im Stromnetz dienen („Smart Grid").

Die **Innensicht** beschreibt ergänzend zur Außensicht, wie die Eingangsgrößen in Ausgangsgrößen umgewandelt werden. Im Sinne einer „white box" wird das Licht eingeschaltet, so dass die Struktur und das Verhalten des Systems ersichtlich wird. Die Innensicht ist beispielsweise einzunehmen, wenn beim Elektroauto ermittelt werden soll, wie der Energiespeicher aufgebaut sein muss, um elektrische Energie an das Stromnetz abführen zu können.

Die **zeitliche Systemsicht** erweitert die beiden strukturellen Sichten, indem die Veränderung des Systems im Zeitverlauf betrachtet wird. Auf oberster Ebene ist dies der Wandel des SoI über den Systemlebenszyklus hinweg. Beispielsweise die

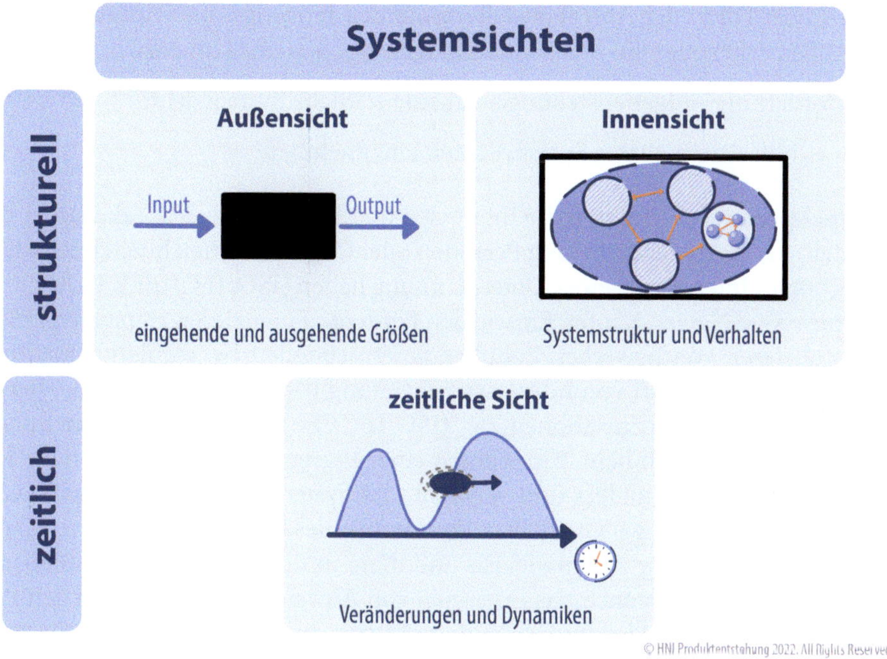

Abbildung 3-11 Komplexitätsreduzierung durch Einnehmen von Sichten

mit der Nutzung abnehmende Ladekapazität oder die Ergänzung bzw. Reduzierung eines modularen Batteriesystems um einzelne Module. Das System muss so entwickelt werden, dass es robust gegenüber Veränderungen ist bzw. davon profitiert, z. B. durch Software-Updates. Die zeitliche Systemsicht ist auch auf detaillierteren Ebenen wichtig, beispielsweise wenn das Systemverhalten analysiert werden soll. Wie verändert sich beispielsweise der Ladestrom im Laufe des Ladevorgangs und welche Implikationen hat das für die Anforderungen an das Batteriesystem? Insbesondere für das Verständnis von Wechselwirkungen und Dynamik ist die zeitliche Systemsicht entscheidend.

In der Praxis ist es unmöglich, beispielsweise eine Innensicht auf ein System mit vielen hundert Elementen einzunehmen. Stattdessen muss abhängig vom Betrachtungsziel eine Kombination und ein kontinuierlicher Wechsel der Sichten erfolgen. Für die Entwicklung der Ladeschnittstelle ist beispielsweise von großer Bedeutung, wieviel Energie erforderlich ist (Außensicht), wie die elektrische Energie aufgenommen wird (Innensicht), und wie diese den Verbrauchern im Fahrzeug bereitgestellt wird (Innensicht). Wie die Verbraucher die Energie nutzen und umwandeln, ist nicht relevant. Bei der Auswahl einer passenden Sichtweise ist auch bedeutsam, ob es sich um ein Eigenfertigungsteil oder ein Zukaufteil handelt. Bei Zukaufteilen ist eine Innensicht in der Regel nicht erforderlich. Die Schnittstellen müssen jedoch klar definiert werden. Zur Auswahl einer Systemsicht und deren Zusammenspiel dienen die folgenden Leitfragen:

- Liegt der Fokus der Aufgabenstellung auf den Eingangs- und Ausgangsgrößen (Außensicht) oder auf der Funktionsweise des Systems (Innensicht)?
- Erfordert die Aufgabenstellung auch eine zeitliche Systemsicht?
- Ist es hilfreich, mehrere Systemsichten einzunehmen?

Perspektiven repräsentieren die Interessen und Bedürfnisse der Stakeholder über die Zeit. Als Stakeholder werden Personen oder Organisationen bezeichnet, die ein berechtigtes Interesse an einer Unternehmung haben (ISO/IEC/IEEE 15288:2015). Beispiele sind Nutzer, Käufer, Entwickler, Förderer, Finanzierer, Hersteller, Entsorger, Zulieferer, Wettbewerber, Politiker, gesetzgebende bzw. regulative Institutionen sowie jedwede Art von Interessensvertretung wie Branchenverbände, Berufsverbände, Umweltorganisationen etc. (ISO/IEC/IEEE 15288:2015). Der Systems Engineer versetzt sich beim Einnehmen einer Perspektive gedanklich in die Lage des jeweiligen Stakeholders und versucht, das System aus dessen Perspektive zu sehen. Ziel ist es, ein ganzheitliches Verständnis des Systems sowie der zugrunde liegenden Bedürfnisse zu entwickeln und diese in die Entwicklung einfließen zu lassen. Das beinhaltet auch das Erkennen von Abweichungen zwischen den Perspektiven der Stakeholder und ihr synergetisches Zusammenführen im Sinne des ganzheitlichen Denkens und Handelns. Wie in Abbildung 3-12 anhand der geometrischen Symbole auf den Pullovern dargestellt, haben die Stakeholder jeweils ihre eigenen Interessen. Aufgabe des Systems Engineers ist es, ähnlich den Sternen am Himmel Orientierung zu geben und unter bestmöglicher Berücksichtigung der Einzelinteressen einen gemeinsamen Lösungsraum aufzuspannen.

Zur Umsetzung des perspektivischen Denkens werden in einem **ersten Schritt** die für eine Aufgabenstellung relevanten Stakeholder und somit die zu berücksichtigenden Perspektiven identifiziert. Hier spielt die Denkdimension „Systemabgrenzung" eine wichtige Rolle, da die Systemgrenze den Systemzweck charakterisiert und daraus die relevanten Stakeholder abgeleitet werden.

Im **zweiten Schritt** gilt es, die Stakeholderperspektive zu ergründen. Dafür werden die Stakeholder hinsichtlich ihrer Bedürfnisse untersucht und kategorisiert. Eine ausführliche Beschreibung zum Vorgehen bei der Bedürfnisidentifikation ist Kapitel 4.1 zu entnehmen. Bei einem Nutzer ist es beispielsweise wichtig zu verstehen, welche Bedürfnisse das System befriedigen soll. Dazu gehören beispielsweise eine hohe Zuverlässigkeit, eine ansprechende Optik und ein akzeptables Preisniveau. Die Perspektive einer Softwareentwicklerin, die an der Systementwicklung beteiligt ist, ist eine gänzlich andere. Für diesen Stakeholder ist es wichtig, dass die geforderten Systemfunktionalitäten nachvollziehbar und präzise formuliert sind und das interdisziplinäre Zusammenspiel funktioniert. Wieder anders ist die Perspektive eines Wettbewerbers, der wirtschaftliche Einbußen fürchtet und dies entweder durch eine Zusammenarbeit oder bewusste Konfrontation zu verhindern versucht. Bereits diese drei Stakeholderperspektiven zeigen das große Spektrum.

Abbildung 3-12 Berücksichtigung unterschiedlicher Stakeholder-Perspektiven

Alle Perspektiven vollumfänglich zu ergründen ist unverhältnismäßig. Stattdessen ist es die Aufgabe des Systems Engineers, das perspektivische Denken angemessen umzusetzen. Aus den Perspektiven der wichtigsten Stakeholder leitet er eine ganzheitliche Entscheidung ab.

In der Praxis heißt perspektivisches Denken für den Systems Engineer in erster Linie, die Perspektiven der internen Stakeholder zu verstehen und Betrachtungsdiskrepanzen aufzulösen. Interne Stakeholder sind insbesondere die Projektbeteiligten aus unterschiedlichen Disziplinen, Fachbereichen und Hierarchieebenen. Ein Systems Engineer strebt bei den Entscheidungen ein gemeinsames Systemverständnis und eine synergetische Zusammenführung der spezifischen Bedürfnisse an, auch wenn nicht alle Beteiligten unmittelbar in die Entscheidung involviert sind. Eine ideale Lösung, die alle Bedürfnisse befriedigt, wird es selten geben. Durch bewusstes perspektivisches Denken kann es jedoch gelingen, Synergien auszuschöpfen und eine bestmögliche Annäherung zu erreichen. Folgende Leitfragen können bei der Anwendung von perspektivischem Denken genutzt werden:

- Welche Stakeholder gibt es und wie hoch ist deren Bedeutung?
- Wie ist die Perspektive der relevanten Stakeholder auf das System?
- Welche Synergien und Konflikte gibt es zwischen den Perspektiven und was ist eine ganzheitliche Lösung?

Abschließend soll betont werden, dass Systemdenken nicht wie eine Methode auf eine einzelne Aufgabe oder ein fest definiertes Zielobjekt festgelegt ist. Im Gegenteil, Systemdenken ist integraler Bestandteil des Systems Engineering und als Denkstruktur für alle Aktivitäten, Aufgabenstellungen und Systeme auf allen Abstraktionsebenen geeignet. Das gilt sowohl für die Auslegung einer Systemkomponente als auch für Festlegung eines Servicekonzepts oder die Ausarbeitung eines Softwarecodes. Der Umfang des Systemdenkens ist auch zeitlich zu verstehen. Da Systemdenken jede Aktivität begleitet, wird es zu jedem Zeitpunkt durchgeführt.

Literatur

Albers, A., Bursac, N. und Wintergerst, E. (2015). Product generation development – importance and challenges from a design research perspective. In N. E. Mastorakis & C. W. Solomon To (Hrsg.), New developments in mechanics and mechanical engineering: Proceedings of the International Conference on Mechanical Engineering (ME 2015) and the International Conference on Theoretical Mechanics and Applied Mechanics (TMAM 2015), Vienna.

AlpTransit. (2022). Meilensteine der Baugeschichte des Gotthard-Basistunnels: Projektchronik. AlpTransit Gotthard AG. https://www.alptransit.ch/fileadmin/dateien/gotthard/Gotthard-Basistunnel_Meilensteine_Projektchronik_de.pdf

Anderson, V. und Johnson, L. (2007). Systems thinking basics: From concepts to causal loops. Systems thinking tools - the Pegasus workbook series. Pegasus Communications.

Arnold, R. D. und Wade, J. P. (2015). A Definition of Systems Thinking: A Systems Approach. Procedia Computer Science, 44, 669–678. https://doi.org/10.1016/j.procs.2015.03.050

Barry, R. (1991). Systems Thinking: Four key questions.

F.A.Z.:(27. Juni 2019). Neues Problem bei der Boeing 737 Max entdeckt. Frankfurter Allgemeine Zeitung, 2019. https://www.faz.net/aktuell/wirtschaft/unternehmen/us-luftfahrtbehoerde-entdeckt-neues-problem-bei-der-boeing-737-max-16256339.html

Gates, D.:(17. März 2019). Flawed analysis, failed oversight: How Boeing, FAA certified the suspect 737 MAX flight control system. The Seattle Times, 2019. https://www.seattletimes.com/business/boeing-aerospace/failed-certification-faa-missed-safety-issues-in-the-737-max-system-implicated-in-the-lion-air-crash/

Gräßler, I. (2015). Umsetzungsorientierte Synthese mechatronischer Referenzmodelle: Implementation-oriented synthesis of mechatronic reference models. In Konferenzband der VDI Mechatronik: Fachtagung Mechatronik 2015, Dortmund.

Gräßler, I. und Pottebaum, J. (2021). Generic Product Lifecycle Model: A Holistic and Adaptable Approach for Multi-Disciplinary Product–Service Systems. Applied Sciences, 11(10), 4516. https://doi.org/10.3390/app11104516

Hall, A. D. und Fagen, R. E. (1956). Definition of System. General Systems(1), 18–28.

Hitchins, D. (2009). What Are the General Principles Applicable to Systems? INSIGHT, 12(4), 59–63. https://doi.org/10.1002/inst.200912459

Hopper, M. und Stave, K. A. (2008). Assessing the effectiveness of systems thinking interventions in the classroom. In R. J. Simmons (Hrsg.), 26th international conference of the system dynamics society, Vancouver, Canada.

Hribernik, K. A., Stietencron, M. von, Hans, C. und Thoben, K.-D. (2011). Intelligent Products to Support Closed-Loop Reverse Logistics. In J. Hesselbach und C. Herrmann (Hrsg.), Glocalized solutions for sustainability in manufacturing: Proceedings (S. 486–491). Springer. https://doi.org/10.1007/978-3-642-19692-8_84

ISO/IEC/IEEE 15288:2015. System- und Software-Engineering - System-Lebenszyklus-Prozesse. ISO/IEC/IEEE.

Kasser, J. und Mackley, T. (2008). Applying systems thinking and aligning it to systems engineering. In INCOSE International Symposium.

Klenk, F., Häfner, B., Lanza, G. und Wagner, M. (2019). Kreislaufwirtschaft in globalen Wertschöpfungsnetzwerken. Industrie 4.0 Management, 2019(6), 29–32. https://doi.org/10.30844/I40M_19-6_S25-28

Miller, J. G. (1976). The nature of living systems. Behavioral Science, 21(5), 295–319. https://doi.org/10.1002/bs.3830210502

Ossimitz, G. (2000). Teaching system dynamics and systems thinking in Austria and Germany. In P. I. Davidsen, D. N. Ford und A. N. Mashayekhi (Hrsg.), Sustainability in the Third Millennium. System Dynamics Society.

Potting, J., Hekkert, M., Worrell, E. & Hanemaaijer, A. (2017). Circular Economy: Measuring Innovation in the Product Chain: Policy Report. The Hague. https://www.pbl.nl/sites/default/files/downloads/pbl-2016-circular-economy-measuring-innovation-in-product-chains-2544.pdf

Sackmann, C.:(12. März 2019). Zwei Abstürze in fünf Monaten: Wo in Deutschland die Boeing 737 Max startet. Focus, 2019. https://p6.focus.de/img/fotos/id_10441045/boeing-737-grafik.jpg?im=Resize%3D%28800%2C534%29&impolicy=perceptual&quality=medium&hash=cbf235b533d2a4007ed227aa1d167f7698435c08e1d952b9ca3faa8c1e995c0c

Stark, R., Anderl, R., Thoben, K.-D. und Wartzack, S. (2020). WiGeP-Positionspapier: „Digitaler Zwilling". ZWF Zeitschrift für wirtschaftlichen Fabrikbetrieb, 115(special), 47–50. https://doi.org/10.3139/104.112311

Stark, R., Thoben, K.-D., Gerhard, D., Hick, H., Kirchner, E., Anderl, R., Wartzack, S., Krause, F.-L., Grässler, I., Pottebaum, J., Schleich, B., Stelzer, R., Hick, H. u. K., Klein, P. u. K., Saske, B. u. K., Czwick, C., Gogineni, S., Klimmeck, L., Bajzek, M., . . . Göckel, N. (2020). WiGeP Positionspapier - Digitaler Zwilling. http://www.wigep.de/fileadmin/Positions-_und_Impulspapiere/Positionspapier_Digitaler_Zwilling.pdf

Theile, C.:(31. Mai 2016). Gotthard-Basistunnel: Was die Deutschen von den Schweizern lernen können. Süddeutsche Zeitung, 2016. https://www.sueddeutsche.de/politik/schweiz-gotthard-basistunnel-was-die-deutschen-von-den-schweizern-lernen-koennen-1.3011750-0#seite-2

Traufetter, G.:(25. März 2019). Wie die 737 Max in die Todeszone geriet. Der Spiegel, 2019. https://www.spiegel.de/reise/aktuell/boeing-737-max-offenbar-eine-ursache-fuer-die-abstuerze-gefunden-a-1259446.html

Walden, D. D., Roedler, G. J., Forsberg, K., Hamelin, R. D. und Shortell, T. M. (2015). Systems engineering handbook: A guide for system life cycle processes and activities (4. Aufl.). Wiley.

Watanabe, K., Tomita, Y., Ishibashi, K., Ioki, M. und Shirasaka, S. (2017). Framework for Problem Definition - A Joint Method of Design Thinking and Systems Thinking. INCOSE International Symposium, 27(1), 57–71. https://doi.org/10.1002/j.2334-5837.2017.00345.x

Winzer, P. (2016). Generic systems engineering: Ein methodischer Ansatz zur komplexitäatsbewältigung (2. Aufl.). Springer Vieweg.

4 Kernelement Entwicklungsmethodik – Systeme sachlogisch vernetzt entwickeln

Komplexe Systeme erfolgreich zu entwickeln erfordert ein systematisches und auf den Anwendungsfall abgestimmtes Vorgehen. Dabei unterstützt die Systems Engineering Entwicklungsmethodik, das zweite Kernelement des Systems Engineering. Die Entwicklungsmethodik wird durch die Prozesslandschaft und das V-Modell aufgespannt. Die Prozesslandschaft basiert auf dem INCOSE-Standard (Walden et al. 2015) sowie der zugrunde liegenden Norm ISO/IEC/IEEE 15288:2015 (ISO/IEC/IEEE 15288:2015) und besteht aus 30 Prozessbeschreibungen. Jeder Prozess beinhaltet ein bewährtes Vorgehensmuster für die Lösung einer bestimmten Entwicklungsaufgabe. Die Prozesse reichen von technischen Aufgaben wie Architekturdefinition über Aufgaben des technischen Managements wie Risikomanagement bis hin zu organisatorischen Aufgaben, z. B. Personalmanagement. Wann und in welchem Umfang die einzelnen Prozesse erforderlich sind, ist vom Anwendungsfall abhängig (Tailoring).

Unterstützt werden die Anwender durch das V-Modell. Das V-Modell ist eine Denkstruktur, welche die Entwicklungsaufgaben in einen sachlogischen Zusammenhang bringt. Durch das Denken entlang des V-Modells werden zentrale Prinzipien des Systems Engineering unmittelbar in das individuelle Entwicklungsvorgehen integriert. Beispiele sind eine ausgeprägte Anforderungsentwicklung, die Dekomposition und Integration des Systems sowie die regelmäßige Verifikation und Validierung.

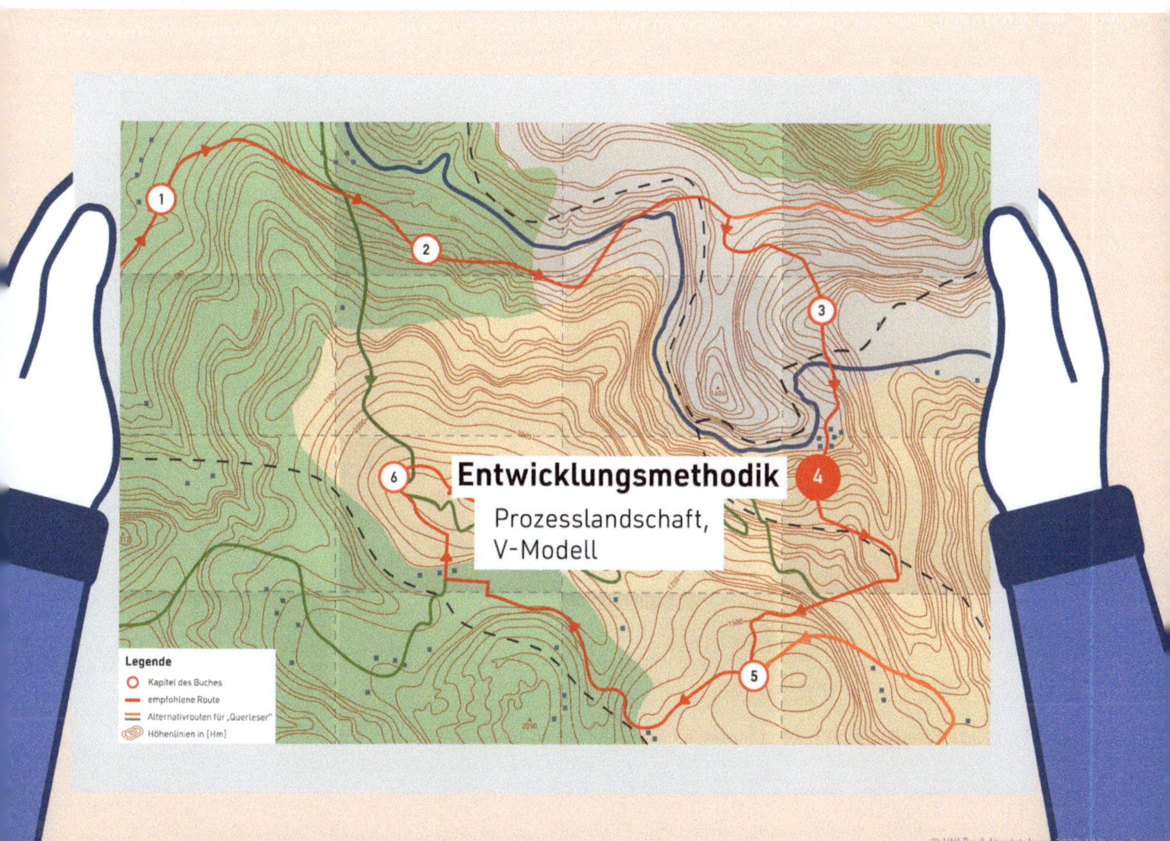

Entwicklungsmethodik

sachlogisch vernetzt entwickeln

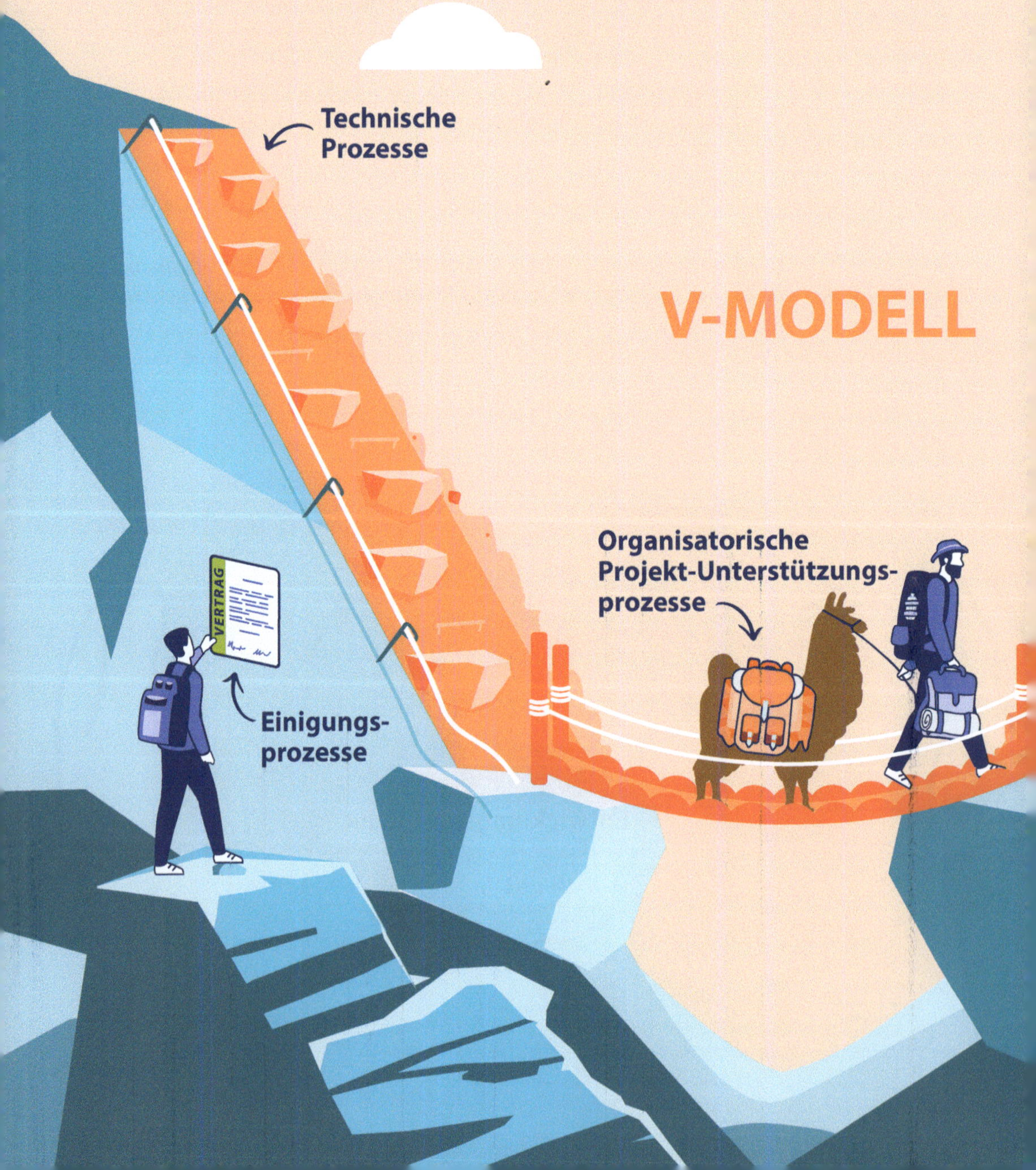

4

4.1 Prozesslandschaft

Im Folgenden wird auf die Systems Engineering Prozesse nach ISO/IEC/IEEE 15288:2015 (ISO/IEC/IEEE 15288:2015) und dem darauf aufbauenden INCOSE Handbook (Walden et al., 2015) Bezug genommen. Die Prozesslandschaft ist das zentrale Element beider Werke und wird aus folgenden Gründen als Referenz verwendet:

1. Sie bildet das international anerkannte und branchenunabhängige Systems Engineering Verständnis ab,
2. Sie ist modular aufgebaut und ermöglicht größtmögliche Flexibilität und
3. Sie stellt die Prozesse anhand einer übersichtlichen Logik aus Eingang (Input), Verarbeitung (Process) und Ausgang (Output) dar.

In diesem Buch stehen das Verständnis und die Befähigung zur Anwendung von Systems Engineering auf mechatronische und cyber-physische Systeme im Vordergrund. Daher werden die Inhalte der ISO/IEC/IEEE 15288:2015 komprimiert und im Zusammenhang mit weiteren Systems Engineering Kernelementen dargestellt. Die für das Verständnis und die Anwendung des Systems Engineering Ansatzes elementaren Prozesse werden detailliert erläutert. Alle weiteren Prozesse werden verkürzt in den Gesamtkontext eingeordnet.[1] An Stellen, wo die INCOSE/ISO 15288-Darstellung aufgrund ihrer Allgemeingültigkeit schwer greifbar ist und für den Maschinenbau zu abstrakt bleibt, werden die Prozessinhalte praxisnah konkretisiert und ergänzt. Dies betrifft zentrale Begriffe wie z. B. „realized system element" ebenso wie die Architekturdefinition, Systemauslegung, Implementierung, Verifikation und Validierung. Hiermit wird dem Zusammenhang Rechnung getragen, dass materielle Systemanteile zunächst produziert werden müssen, bevor sie dem Kunden übergeben werden können. Dementsprechend endet der Entwicklungsprozess nicht mit der Übergabe an den Kunden, sondern mit allen Angaben, die erforderlich sind, um das System spezifikationsgerecht herzustellen.

4.1.1 Was ist ein Systems Engineering Prozess?

Die Systems Engineering Prozesslandschaft setzt sich aus 30 Prozessen zusammen, die jeweils ein bestimmtes **Aufgabenbündel** adressieren und eine auf die Systems Engineering Prinzipien abgestimmte Umsetzungsunterstützung bieten. Ein Aufgabenbündel zielt auf ein für den Systemlebenszyklus bedeutendes Ziel ab: beispielsweise die Erarbeitung einer Anforderungsliste. Um die Ziele zu erreichen, ist ein Bündel verschiedener Aufgaben erforderlich: z. B. Systemanforderungen

1 In anderen Systems Engineering Ansätzen (vgl. Kapitel 1) kann die Prozessbenennung und der Prozessinhalt abweichen, zwischen den Ansätzen von INCOSE (Walden et al., 2015), NASA (NASA, 2020) und DoT (U.S. Department of Transportation, 2009) gibt es jedoch weitreichende Übereinstimmungen.

I. Gräßler und C. Oleff, *Systems Engineering*,
https://doi.org/10.1007/978-3-662-64517-8_4

definieren, analysieren und managen. Für die Erfüllung der einzelnen Aufgaben innerhalb eines Aufgabenbündels werden **Aktivitäten** beschrieben (vgl. Abbildung 4 1). Mehrere Aktivitäten bilden einen Prozess.

Die Systems Engineering Prozesse der ISO/IEC/IEEE 15288:2015 sind das Ergebnis eines Austauschs von Industrie und Wissenschaft (vgl. (IEEE, 2015)). Ziel war es, eine möglichst vollständige, generisch anwendbare und zugleich in der Praxis bewährte Unterstützung zur Erfüllung von Entwicklungsaufgaben in der Entwicklung komplexer Systeme zu erzeugen (ISO/IEC/IEEE 15288:2015). Um die individuellen Besonderheiten angemessen berücksichtigen zu können, werden die Prozesse und Aktivitäten getailort (vgl. Kapitel 4.2). So wird schrittweise ein passender Prozessumfang festgelegt. Die Prozesslandschaft umfasst eine Vielzahl an Prozessen, die alle wesentlichen Aufgabenbündel einer Systementwicklung abdecken. Zu jedem Prozess wird festgelegt, wer welche Verantwortlichkeit hat. Die zugehörigen Rollen werden in Kapitel 5 erläutert.

4.1.2 Systemdenken durch Systems Engineering Prozesse

Jeder Systems Engineering Prozess wird im INCOSE Handbuch durch ein Input-Process-Output Diagramm (IPO-Diagramm) charakterisiert. Die Diagramme geben nicht nur einen Überblick über den jeweiligen Systems Engineering Prozess, sondern zeigen auch, wie stark die Prozesse miteinander verwoben sind. Die Inputs des einen Prozesses ergeben sich aus den Outputs anderer Prozesse, so dass ein Prozess nur durchgeführt werden kann, wenn die dafür relevanten Informa-

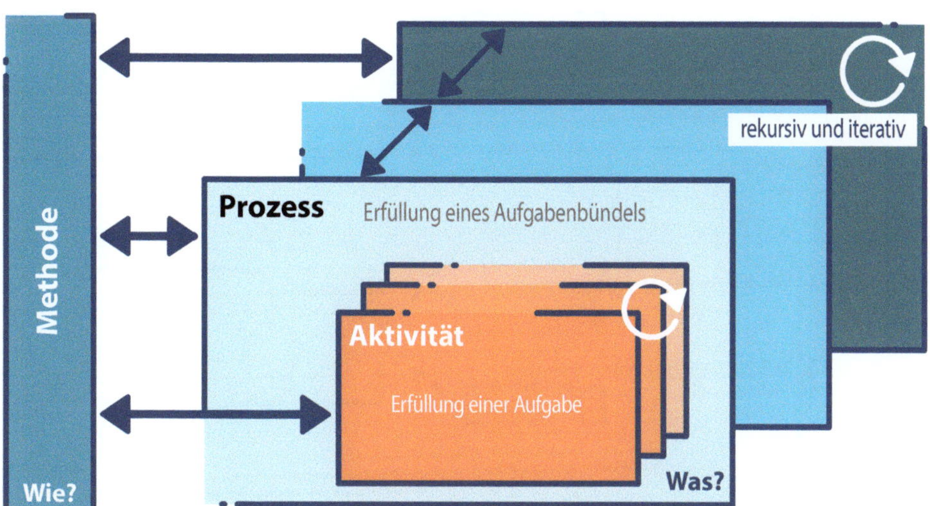

Abbildung 4-1 Systems Engineering Prozesse und Aktivitäten

tionen bereits vorliegen. Die Prozesse werden dabei nicht konsekutiv durchlaufen, sondern zeitlich flexibel und bedarfsgerecht angeordnet (vgl. Abbildung 4 2). Um einen reibungsfreien Ablauf zu gewährleisten, müssen einige Prozesse mehrfach wiederholt werden. Dies liegt sowohl an dem mit zunehmenden Projektfortschritt wachsenden Verständnis des technischen Problems als auch an dem schrittweise steigenden Genauigkeits- und Reifegrad der Ergebnisse. Bei den Wiederholungen wird zwischen Iterationen und Repetitionen unterschieden. **Iteration** bedeutet, dass eine gewollte oder ungewollte Handlung wiederholt wird (VDI 2221:2019; Ponn und Lindemann, 2011). Um sich schrittweise an eine Lösung anzunähern, werden wiederholt gleiche oder ähnliche Handlungen durchgeführt. Das Ziel bleibt das Gleiche, allerdings nimmt der Reifegrad der Überlegungen und Ergebnisse zu. **Repetition** bezeichnet das wiederholte Durchführen derselben Aktivitäten an verschiedenen Stellen im Entwicklungsprojekt, um damit jeweils unterschiedliche Ziele zu erreichen. Das unterscheidet sie von den Iterationen, bei denen unterschiedliche Aktivitäten zum Erreichen des gleichen Ziels wiederholt werden (VDI 2221:2019; Wynn et al., 2007). Ein Beispiel für Repetition ist die Durchführung einer FMEA, QFD oder eine Bemusterung zu unterschiedlichen Zeitpunkten des Projektablaufs bzw. von unterschiedlichen Teilsystemen.

Die Vielfalt und Vernetzung der Prozesse unterstützt das konsequente Verfolgen der Ziele Systemintegrität und Lebenszyklusgerechtheit (Kapitel 3.2) und damit das Systemdenken. Die **Aufrechterhaltung der Systemintegrität** wird durch die Schwerpunktlegung auf frühe Phasen gefördert. Die drei Aspekte Geschäftsgrundlage, Finanzierung und Technik werden jeweils durch einen oder mehrere Prozesse adressiert. Indem das Lösungskonzept kontinuierlich an aktuellen, vollständigen Anforderungen ausgerichtet wird und in einer konsistenten Systemarchitektur

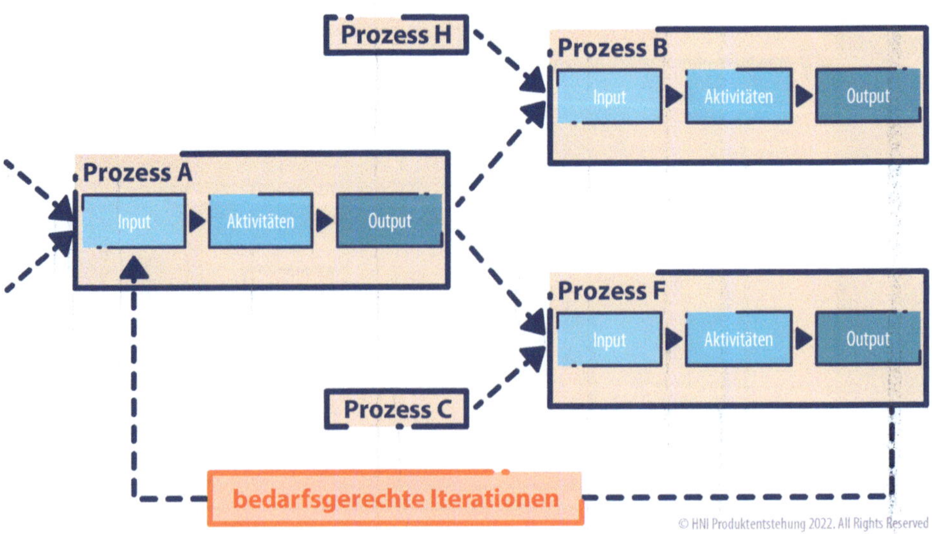

Abbildung 4-2 Iterationen im wechselseitigen Geflecht von Prozessen

umgesetzt wird, reduziert sich das Risiko eines Projektfehlschlags durch Zeit- oder Kostenüberschreitungen (vgl. Abbildung 1-6 in Kapitel 1.1). Nur wenn ausreichend Ressourcen in die Erarbeitung einer ganzheitlichen Informationsgrundlage investiert werden („Frontloading"), können die Folgekosten in späteren Phasen minimiert werden (vgl. Abbildung 4-3). Obwohl in den frühen Systemlebenszyklusphasen kaum Kosten anfallen, werden dort grundlegende Entscheidungen getroffen, welche die Amortisation der Entwicklungsaufwände und die Lebenszykluskosten zu großen Teilen vorbestimmen. Mit Frontloading ist eine Annäherung an ein Kostenoptimum und die Wahrung der Systemintegrität möglich. Denn neben den Kosten (Finanzierung der Systementwicklung) profitiert auch die Qualität des Systems (Technik) und die Passung zum Geschäftsmodell (Geschäftsgrundlage). Hiermit wird der Grundstein für ein ertragreiches Geschäftsmodell gelegt und ein tiefgreifendes Verständnis für die erforderliche technische Lösung geschaffen.

Das Ziel **lebenszyklusgerechte Systementwicklung** wird dadurch gefördert, dass zu jeder Systemlebenszyklusphase zugehörige Prozesse angeboten werden. Beispielsweise werden zu Beginn des Systemlebenszyklus die Projektziele geklärt und für die nachfolgende Entwicklung, Herstellung, Nutzung bis hin zur Außerbetriebnahme des Systems verschiedenste Aktivitäten beschrieben. Wie wichtig die explizite Berücksichtigung aller Lebenszyklusabschnitte ist, zeigt sich am Beispiel der Außerbetriebnahme. Nur bei einer frühzeitigen Berücksichtigung der Recyclingfähigkeit verwendeter Materialien kann ein System entwickelt wer-

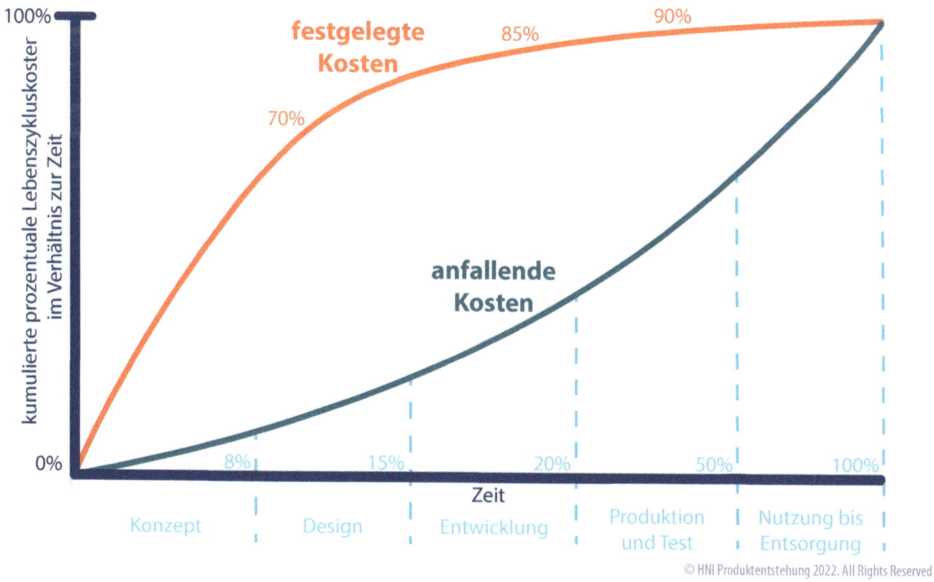

Abbildung 4-3 Kostenfestlegung im Vergleich zu den anfallenden Kosten entlang des Systemlebenszyklus (vgl. (Eversheim, 1998) nach Lu/Bronner/Holste und (Walden et al., 2015))

den, das den Nachhaltigkeitsansprüchen der Zielgruppe gerecht wird. Aus dem Wunsch nach einer Kreislaufwirtschaft resultiert z. B. die Erfordernis, bereits im Zuge der Anforderungserhebung spätere vertragliche Nutzungs- und Rückgabevereinbarungen zu antizipieren. Neben den Technischen Prozessen leisten die Technischen Management Prozesse, z. B. der Risikomanagementprozess, Einigungsprozesse wie der Beschaffungsmanagementprozess sowie organisatorische Projektunterstützungsprozesse, z. B. Infrastrukturmanagement, einen wesentlichen Beitrag zur Erreichung der Lebenszyklusgerechtheit. Wie wichtig auch die nicht-technischen Prozesse sind, hat die Corona-Pandemie eindrücklich offenbart. So musste das Infrastrukturmanagement innerhalb kürzester Zeit digitales, örtlich voneinander entferntes Arbeiten im Team ermöglichen. Aufgabe des Beschaffungsmanagements war es, Lieferketten intakt zu halten und bei Bedarf alternative Bezugsquellen aufzubauen.

4.1.3 Überblick über Systems Engineering Prozesse

Entsprechend dem INCOSE-Standard (Walden et al. 2015) sowie der Norm ISO/IEC/IEEE 15288:2015 (ISO/IEC/IEEE 15288:2015) gliedert sich die Systems Engineering Prozesslandschaft in vier Prozessgruppen (vgl. Abbildung 4-4):

1. Technische Prozesse
2. Technische Management Prozesse
3. Einigungsprozesse
4. Organisatorische Projektunterstützungsprozesse

Die **Technischen Prozesse** (engl. Technical Processes) bilden den Kern der Systems Engineering Prozesslandschaft. Sie dienen der unmittelbaren Wertschöpfung und adressieren die Aufgabenbündel von der Ausarbeitung einer vollständigen Anforderungsliste über deren Erfüllung bei Auslieferung des Systems bis hin zur Außerbetriebnahme. Die vollumfängliche Abdeckung des Systemlebenszyklus durch die Technischen Prozesse ist bedeutsam, da gemäß des DfX-Ansatzes (Meerkamm 1994) Anforderungen und Restriktionen aus sämtlichen Lebenszyklusphasen in der Systementwicklung berücksichtigt werden müssen. Eine Ausnahme bildet der Produktionsprozess, der keine Berücksichtigung in den Technischen Prozessen nach INCOSE/ ISO 15288 findet, sondern lediglich in dem generischen Lebenszyklus nach INCOSE/ ISO 15288. Dies stellt einen Bruch in der Darstellung dar, da die Nutzung, Wartung und Außerbetriebnahme wiederum zu den Technischen Prozessen zählen. Dieser logische Bruch mag darauf zurückzuführen sein, dass der Anwendungsfokus zunächst auf Software-basierten Systemen lag, die keiner Herstellung bedürfen. Für mechatronische und cyber-physische Systeme sind in jedem Fall die Fertigungs- und Montage-Restriktionen während der Systementwicklung zu berücksichtigen. Die Technischen Prozesse bilden durch den unmittelbaren Bezug zur Entwicklung und zum Systemlebenszyklus das Rückgrat der Prozesslandschaft. In Abbildung 4-4 und den Landschaftsgrafiken auf S. 110-111 sowie S. 142-143 werden die Technischen Prozesse als **Trittstufen** symbolisiert, die in den Felsen eingeschlagen sind. Sie ermöglichen es, auch bei einem steilen Anstieg trittsicher den Berg zu bezwingen. Die Trittstufen entsprechen dem Ergebnisfortschritt im Projekt.

Die **Technischen Management Prozesse** (engl. Technical Management Processes) dienen der Koordinierung des Entwicklungsvorhabens. Vereinfacht ausgedrückt bilden sie die Schnittstelle zwischen der technischen Entwicklung und dem Projektmanagement. Ein Systems Engineer arbeitet eng mit dem Projektmanager zusammen und muss die Abläufe und Herausforderungen des Projektmanagements kennen und in sein Handeln einbeziehen. Technische Management Prozesse ermöglichen die effiziente Zusammenarbeit zwischen Systems Engineer und Projektmanager, indem sie die Grundlage für gemeinsame Vorgehensweisen und Projektpläne legen. Symbolisiert werden die Technischen Management Prozesse durch ein **Führungsseil**, das mit Hilfe von **Sicherungspunkten** an dem Felsen befestigt ist und an dem man sich festhalten und beim Aufstieg hochziehen kann. Die Sicherungspunkte können im realen Projektgeschehen beispielsweise die im Projektplan vereinbarten Meilensteine sein.

Einigungsprozesse (engl. Agreement Processes) werden zur systematischen Herbeiführung einer Vereinbarung zwischen zwei Parteien angewandt. Diese Prozesse dienen dazu, eine bestmögliche Balance zwischen eigener Wertschöpfungstiefe und dem Zukauf von Fremdleistung zu finden. Neben Entscheidungen über

Abbildung 4-4 Prozessgruppen der Systems Engineering Prozesslandschaft

Eigenfertigung oder Fremdbezug („make-or-buy“) betrifft dies auch Forschungspartnerschaften und deren erfolgreiche Verhandlung. Als Symbol wird in Abbildung 4-4 und den Landschaftsgrafiken ein **Vertragsdokument** verwendet.

Organisatorische Projektunterstützungsprozesse (engl. Organisational Project-Enabling Processes) schaffen die organisatorischen Voraussetzungen für eine erfolgreiche Durchführung des Entwicklungsvorhabens. Dies umfasst beispielsweise die Bereitstellung der erforderlichen Infrastruktur, die Personalakquise, Mitarbeiterentwicklung und das Portfoliomanagement. Als Symbol dient ein **Alpaka**, das einen Teil des Gepäcks trägt und so dem Systems Engineer bei seinem Aufstieg Last abnimmt.

Eine Übersicht über sämtliche Systems Engineering Prozesse nach INCOSE bzw. ISO/IEC/IEEE 15288:2015 wird in Abbildung 4-5 gegeben. Bei der Übersetzung aus dem Englischen ist der Interpretationsspielraum zugunsten einer Präzisierung für produzierende Unternehmen genutzt worden. So wurde beispielsweise das „realized system element“ als „implementiertes Systemelement“ übersetzt. Der mehrfach belegte und unscharfe Begriff „design“ wurde als „Systemauslegung“ übersetzt, um zu verdeutlichen, dass hiermit die für die Implementierung notwendigen technischen Eckwerte bestimmt werden. Aufgrund des breiten Spektrums ist das Tailoring von besonderer Bedeutung für die Prozesslandschaft. Dabei werden die relevanten Prozesse ausgewählt und in ihrem Umfang an die Randbedingungen des Entwicklungsvorhabens angepasst (vgl. Kapitel 2.2).

4.1.4 Technische Prozesse

Anhand der nachfolgenden Prozessbeschreibungen soll ein Grundverständnis der elementaren Technischen Prozesse geschaffen werden. Detaillierte Prozessbeschreibungen können der ISO/IEC/IEEE 15288:2015 (ISO/IEC/IEEE 15288:2015) oder dem INCOSE Handbook (Walden et al., 2015) entnommen werden. Aufgrund ihres hohen Einflusses auf den Projekterfolg liegt ein Schwerpunkt der Technischen Prozesse auf der systematischen Anforderungsentwicklung (Gräßler und Pottebaum, 2022; Oleff, 2022). Alleine die ersten drei Technischen Prozesse widmen sich der Generierung einer vollständigen Anforderungsliste an das zu entwickelnde System.

4.1.4.1 Geschäfts- und Vorhabensanalyse

Der Prozess zur Geschäfts- und Vorhabensanalyse (engl. Business or Mission Analysis Process) hat den Zweck, die grundlegenden Zielsetzungen des Projekts zu verankern und darauf aufbauend vorläufige Lebenszykluskonzepte sowie einen Lösungsansatz festzulegen. Dieser Prozess gibt dem Entwicklungsvorhaben einen Rahmen. (ISO/IEC/IEEE 15288:2015; Walden et al., 2015)

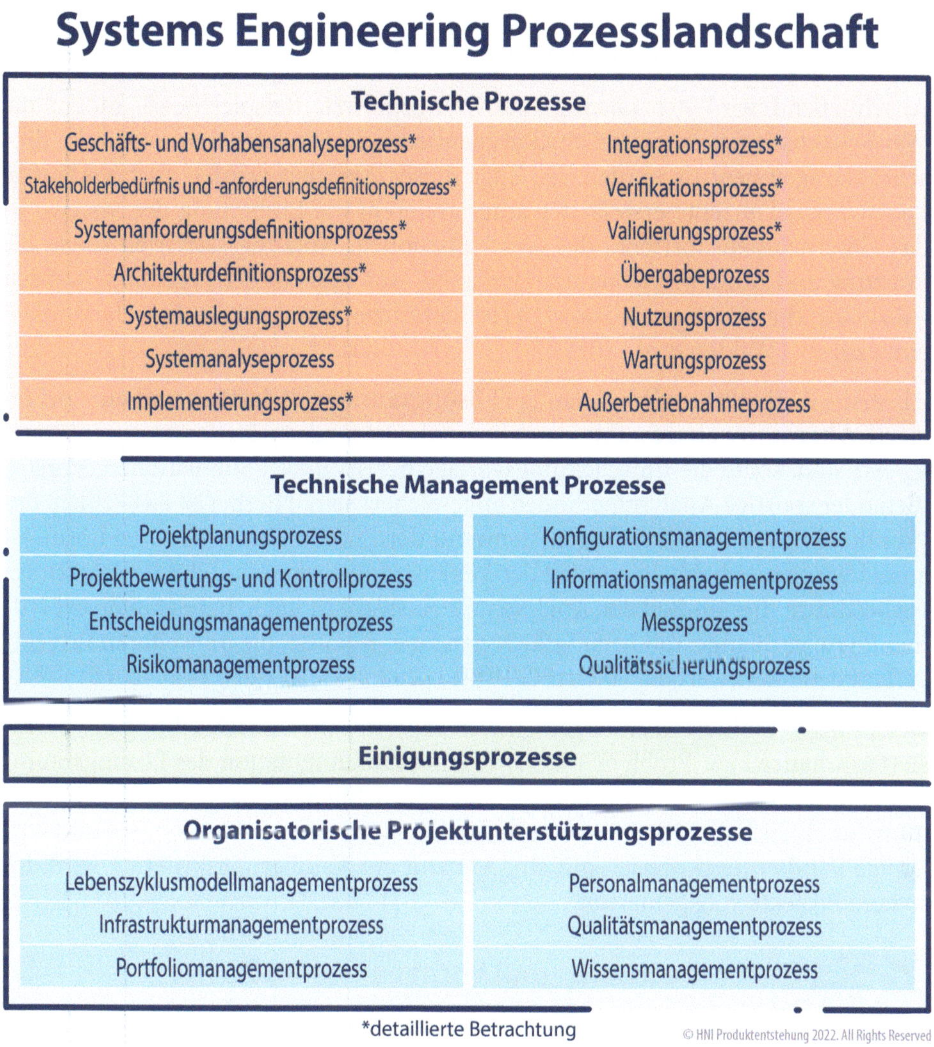

Abbildung 4-5 Übersicht über Systems Engineering Prozesse (aufbauend auf (Walden et al. 2015))

Die Geschäfts- und Vorhabensanalyse begleitet die Anbahnung und Initiierung des Projekts. Als Eingangsinformationen dienen die Unternehmensstrategie, Randbedingungen des Projekts und sonstige Dokumente aus der Projektanbahnung (vgl. Abbildung 4-6). Als erste Aktivität wird die **Chance oder Problematik adressiert**. Eine Chance zu verwerten oder eine Problematik zu lösen ist die grundlegende Absicht jedes Entwicklungsprojekts. Hierfür werden die übergeordneten Ziele der Organisation (Business) analysiert und messbare Ziele für das Projekt (Mission) abgeleitet. Das Verständnis ist schriftlich festzuhalten und beinhaltet Antworten auf die folgenden zwei Fragen: Warum wurde das Projekt initiiert? Was sind die grundlegenden Erwartungen des Unternehmens? Der Systems Engineer steht bei diesem Prozess in enger Abstimmung mit der Unternehmensleitung, um ein gemeinsames Verständnis der Projektziele sicherzustellen und die Unterstützung der Führungsebene zu nutzen. (Walden et al., 2015)

Anschließend wird der **Lösungsraum eingegrenzt**. Beispielsweise, indem die Wettbewerbssituation, gesetzliche Rahmenbedingungen oder technologische Einschränkungen geprüft werden. Im Zuge dieser Aktivität werden auch vorläufige Lebenszykluskonzepte erstellt, die unter anderem die Einbettung des Systems in das Unternehmensportfolio, das Geschäftsmodell, Nutzungsszenarien sowie die Wartung und Außerbetriebnahme umfassen. Auf Basis dieser Ergebnisse werden sukzessive die wichtigsten Stakeholder identifiziert und in die Entscheidungen einbezogen. (Walden et al., 2015)

Als dritte Aktivität werden vorläufige **Lösungsansätze diskutiert und eine präferierte Alternative ausgewählt**. Auch wenn die Lösungsansätze erst konzeptioneller Art sind, sollte die Entscheidungsvorlage bereits durch Simulationen, Vorstudien oder sonstige Analysemethoden angereichert sein. Hierbei ist das Prinzip des Frontloadings zu berücksichtigen, denn mit der Entscheidung für einen Lösungsansatz wird ein erheblicher Anteil der Lebenszykluskosten und des Projekterfolgs vorbestimmt. Bestandteil der Analyse und Auswahl ist auch, bereits in dieser frühen Phase vorläufige Validierungskriterien zu erarbeiten, die im weiteren Projektverlauf detailliert werden. (ISO/IEC/IEEE 15288:2015; Walden et al., 2015)

Der Prozess resultiert in einer gemeinsam abgestimmten Beschreibung der adressierten Chance bzw. Problematik, sowie einer Dokumentation des Lösungsraums mit den dazugehörigen Lösungsansätzen. Dies schließt die begründete Entscheidung für einen favorisierten Lösungsansatz, dessen Lebenszykluskonzept und vorläufige Validierungskriterien mit ein. Anhand der Validierungskriterien wird der spätere Projekterfolg gemessen.

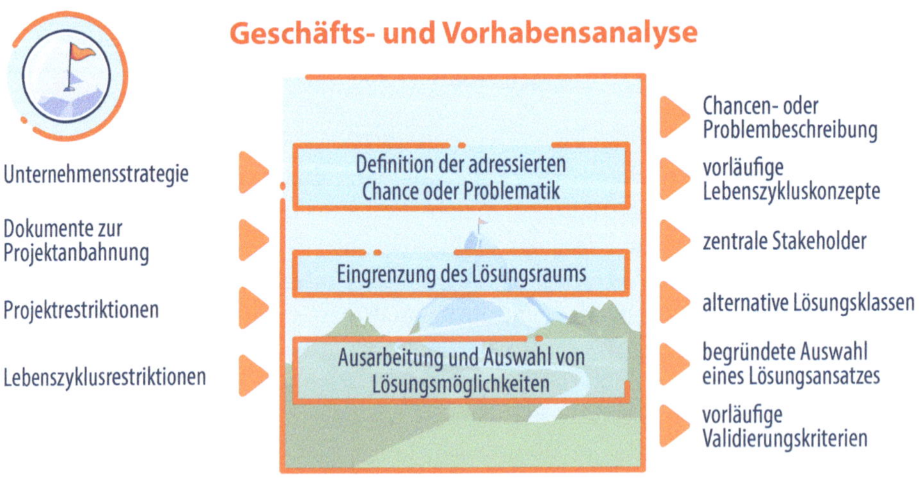

Abbildung 4-6 Prozess zur Geschäfts- und Vorhabensanalyse

4.1.4.2 Definition von Stakeholderbedürfnissen und -anforderungen

Im Prozess zur Definition von Stakeholderbedürfnissen und Stakeholderanforderungen (engl. Stakeholder Needs and Requirements Definition Process) sollen diejenigen Stakeholderbedürfnisse herausgearbeitet werden, die das System of Interest (SoI) befriedigen soll. Anschließend werden die Bedürfnisse in Stakeholderanforderungen transformiert. Damit werden die Zielgrößen für das gesamte Entwicklungsvorhaben definiert, auf die alle weiteren Prozesse ausgerichtet werden (vgl. Abbildung 4-7). (ISO/IEC/IEEE 15288:2015; Walden et al., 2015)

Dafür werden in erster Linie die Resultate des Prozesses zur Geschäfts- und Vorhabensanalyse aufgegriffen. Außerdem fließen durch die iterative und repetitive Anwendung im Projektverlauf die zuvor erarbeiteten Stakeholderbedürfnisse und -anforderungen mit ein. Das regelmäßige Aufgreifen und Verarbeiten neuer Prozessergebnisse ist bei diesem Prozess von besonderer Bedeutung, da die Stakeholderbedürfnisse und -anforderungen Änderungen unterliegen und aktualisiert werden müssen. Im Systems Engineering wird auf eine bestmögliche Befriedigung der Stakeholderbedürfnisse abgezielt und der Grad der Bedürfnisbefriedigung wird als Messgröße für den Projekterfolg verstanden. Die grundlegende Aktivität dieses Prozesses ist die **Definition von Stakeholderbedürfnissen**. Eine Voraussetzung dafür ist es, alle relevanten Stakeholder zu kennen. Die Definition der Bedürfnisse umfasst daher sowohl die Identifikation relevanter Stakeholder im gesamten Systemlebenszyklus als auch die systematische Erhebung ihrer Bedürfnisse. Die Identifikation von Stakeholdern und Bedürfnissen sollte durch geeignete Methoden (z. B. stakeholder mapping und Modellierung von use cases) unterstützt werden, da die Güte dieser Aktivität maßgeblich für den Projekterfolg ist. In der Regel ist dafür intensive Kommunikation erforderlich, denn neben den explizit geäußerten Bedürfnissen gibt es eine Vielzahl weiterer impliziter Erwartungen und Bedürfnisse. Entscheidend ist die Summe aller Bedürfnisse, weshalb kein Aufwand gescheut werden darf, implizite Bedürfnisse aufzudecken. Falls die direkte Kommunikation mit einem Stakeholder nicht möglich ist, sind repräsentative Stellen zu befragen wie beispielsweise die Marketing-, Vertriebs- oder Einkaufsabteilung. Zu beachten ist, dass es auch Stakeholder innerhalb der eigenen Organisation gibt. Teil der Definition von Stakeholderbedürfnissen ist auch ihre **Priorisierung**. Es ist unrealistisch, alle Stakeholderbedürfnisse vollständig erfüllen zu können, insbesondere da es in der Regel konfliktäre Bedürfnisse gibt. Daher ist es Aufgabe des Systems Engineers, Synergien und Konflikte zu erkennen sowie den Einfluss der verschiedenen Stakeholder einzuschätzen. In Zusammenarbeit mit den wichtigsten Stakeholdern erarbeitet er ein konsistentes Set von priorisierten Bedürfnissen. Dafür können ebenfalls Methoden genutzt werden, z. B. eine Trade-Off Analysis. (ISO/IEC/IEEE 15288:2015; Walden et al., 2015)

Eine weitere Aktivität des Prozesses zur Definition von Stakeholderbedürfnissen und Stakeholderanforderungen ist die **Konkretisierung der Lebenszyklus-**

konzepte. Ziel dieser Aktivität ist es, ein auf die Stakeholderbedürfnisse abgestimmtes Systemlebenszykluskonzept zu definieren. Das Systemlebenszykluskonzept umfasst neben dem Nutzungskonzept, der voraussichtlichen Nutzungsumgebung des Systems und den Nutzern auch Konzepte zur Wartung oder Außerbetriebnahme des Systems. Anhand dieser Konzepte wird ein Verständnis für die Interaktionen des SoI mit dem Umfeld erarbeitet. Diese Konzepte fußen auf den im Prozess zur Geschäfts- und Vorhabensanalyse erarbeiteten Entwürfen, konkretisieren diese aber unter Berücksichtigung der Stakeholderbedürfnisse. Eine hilfreiche Methode zur Konkretisierung der Lebenszykluskonzepte kann die Szenario-Technik sein, die insbesondere bei großen Unsicherheiten oder langen Planungshorizonten eine ganzheitliche und nachhaltige Berücksichtigung der Stakeholderbedürfnisse ermöglicht (Gräßler, Pottebaum und Scholle, 2017; Gräßler, Scholle und Pottebaum, 2017; Gräßler, Scholle und Thiele, 2022). (ISO/IEC/IEEE 15288:2015; Walden et al., 2015)

Auf dieser Wissensgrundlage kann die **Transformation von Stakeholderbedürfnissen in Stakeholderanforderungen** erfolgen. Bedürfnisse sind dabei von Anforderungen zu unterscheiden. Ein Bedürfnis ist „Etwas", das für das Leben des Stakeholders notwendig ist oder dieses erleichtert. Dies kann der Einsatz einer geringen Muskelkraft sein ebenso wie der Wunsch, mit dem Produktkauf einen Beitrag zur Nachhaltigkeit zu leisten. Da diese Bedürfnisse und deren Erfüllung nicht unmittelbar bewertbar sind, dienen Anforderungen als „Messgröße". Anforderungen sind, im Gegensatz zu Bedürfnissen, formal strukturiert und sowohl verifizierbar als auch validierbar. In der Regel wird ein Bedürfnis durch mehrere Anforderungen charakterisiert. Hinsichtlich des Bedürfnisses, einen Beitrag zur Nachhaltigkeit zu leisten, können Stakeholder häufig nicht präzisieren, was „Nachhaltigkeit" für sie genau bedeutet. Um Nachhaltigkeit für die Kunden sichtbar zu machen, werden daher Siegel oder Zertifizierungen verwendet. Für einige Käufergruppen reicht es aus, dass überhaupt ein Nachhaltigkeitssiegel vorhanden ist. Dann würde die zugehörige Stakeholderanforderung lauten: „Das Produkt ist mit einem Nachhaltigkeitssiegel versehen." Welche Kriterien und Prüfungen diesem Siegel zugrunde liegen, wäre für diese Kunden unwesentlich. Andere Kunden haben nur Vertrauen in bestimmte Siegel. In dem Fall würde die Stakeholderanforderung z. B. lauten: „Das Produkt ist mit einem ISO 14024 gerechten Nachhaltigkeitssiegel versehen." Dazu zählt beispielsweise das RAL Gütezeichen „TCO Certified" für nachhaltige IT-Produkte. Zu beachten ist, dass die Anforderungen aus der Stakeholder-Perspektive gedacht und definiert werden. Ein vorzeitiger Perspektivwechsel hin zur technischen/lösungsorientierten Sicht ist bei diesem Prozess hinderlich und schränkt den Lösungsraum unzulässig ein. (ISO/IEC/IEEE 15288:2015; Walden et al., 2015)

Die Transformation von subjektiven Bedürfnissen zu messbaren Anforderungen ist erfolgskritisch. Nur wenn die Stakeholderanforderungen bestmöglich die Stakeholderbedürfnisse und deren Erfüllungsgrad widerspiegeln, wird die Entwicklung in die richtige Richtung gelenkt. Aus diesem Grund sind bereits bei der Definition der Anforderungen Validierungskriterien zu definieren, damit der Erfüllungsgrad beurteilt werden kann (vgl. Validierungsprozess in Kapitel 4.1.4.9). Die Kriterien umfassen beispielsweise die Randbedingungen, unter denen die Systemleistung geprüft wird. Fehler bei der Transformation in Anforderungen oder der Definition von Validierungskriterien führen zu aufwändigen Korrekturmaßnahmen in späteren Phasen oder zur Unzufriedenheit der Stakeholder. Es ist aus zwei Gründen ratsam, bei dieser Aktivität eine enge Abstimmung mit den Stakeholdern zu suchen: Zum einen wird durch den Austausch sichergestellt, dass der Erfüllungsgrad der Anforderungen dem der Bedürfnisse tatsächlich entspricht und vom Stakeholder als Erfolgsmessgröße akzeptiert wird. Zum anderen werden bei der Definition von Anforderungen und Messgrößen vielfach implizite oder bisher nicht in Gänze durchdrungene Bedürfnisse erkannt. Die Zusammenarbeit mit den Stakeholdern kann daher auch förderlich für die Vollständigkeit der erfassten Stakeholderbedürfnisse sein. (ISO/IEC/IEEE 15288:2015; Walden et al., 2015)

Am Beispiel des Bedürfnisses nach einem nachhaltig produzierten System lässt sich dies exemplarisch verdeutlichen. Nach dessen Transformation in formale Stakeholderanforderungen ist eine objektive Prüfung möglich. Beispielhafte Erfüllungskriterien sind, dass (1) die Produktionsanlagen mit Strom aus regenerativen Quellen betrieben werden und (2) der Produktionsstandort anhand von Nachhaltigkeitskriterien der ISO 14001 zertifiziert ist. Nun könnte der Stakeholder implizit davon ausgehen, dass der Nachhaltigkeitsanspruch auch faire Arbeitsbedingungen für die Beschäftigten umfasst, obwohl dies nicht explizit geäußert wurde. Im Extremfall kann die fehlende Berücksichtigung solch impliziter Anforderungen dazu führen, dass die Anforderungen an das SoI vollständig erfüllt sind, obwohl die Stakeholderbedürfnisse nur unzureichend befriedigt werden. Rechtlich gesehen ist entscheidend, dass das System richtig entwickelt wurde und die Anforderungen erfüllt werden. Eine unzureichende Bedürfnisbefriedigung kann jedoch den Markterfolg mindern, das Image schädigen und ein Hindernis für Folgeaufträge darstellen. (ISO/IEC/IEEE 15288:2015; Walden et al., 2015)

In der Praxis ist es kaum möglich, alle Bedürfnisse vollständig zu erfassen und präzise in Anforderungen abzubilden. Anzustreben ist daher, die wesentlichen Bedürfnisse zu erkennen und als Anforderung zu definieren. Diese Aktivität zu begleiten und durch das Systemdenken proaktiv auf eine hohe Ergebnisqualität hinzuwirken ist eine zentrale Verantwortung des Systems Engineers. (ISO/IEC/IEEE 15288:2015; Walden et al., 2015)

Die **Analyse von Stakeholderanforderungen** ist eng mit der Definition der Stakeholderbedürfnisse verknüpft. Diese Aktivität zielt darauf ab, ein konsistentes, eindeutiges und vollständiges Anforderungsset zu erarbeiten. Das erfordert insbesondere bei umfangreichen Anforderungssets ein systematisches Vorgehen, um Zielkonflikte oder -synergien sowie Redundanzen und Inkonsistenzen zu erkennen. Außerdem ist die Verhandlung von Anforderungen mit den Stakeholdern Bestandteil dieser Aktivität. Das ist erforderlich, wenn unrealistische, unwirtschaftliche oder konfliktäre Anforderungen benannt werden. (ISO/IEC/IEEE 15288:2015; Walden et al., 2015)

Das **Management von Stakeholderbedürfnissen und Stakeholderanforderungen** ist erforderlich, da Änderungen ein unvermeidbarer Bestandteil jedes Entwicklungsprojekts sind. Nur wenn Änderungen der Bedürfnisse erkannt und integriert werden, bildet das Anforderungsset die tatsächlich vorherrschenden Stakeholderbedürfnisse und damit ein geeignetes Zielsystem ab. Das Management von Stakeholderbedürfnissen und Stakeholderanforderungen ist kontinuierlich durchzuführen. Dabei sind die inhaltlichen und logischen Abhängigkeiten zwischen den Bedürfnissen und Anforderungen zu beachten, die zu einer Änderungsfortpflanzung (Propagation) führen können (Oleff, 2022). Propagation kann große Auswirkungen auf den Projekterfolg haben, beispielsweise wenn durch eine Änderung Inkonsistenzen im Anforderungsset entstehen und diese erst spät erkannt und korrigiert werden (Lindvall, 1997; Wickel, 2017). Zur Identifikation und Handhabung von Anforderungsänderungen sowie derer Propagation können entsprechende Methoden eine sinnvolle Unterstützung bieten (Gräßler et al., 2020; Gräßler, Oleff und Preuß, 2022; Oleff, 2022). (ISO/IEC/IEEE 15288:2015; Walden et al., 2015)

Das zentrale Ergebnis dieses Prozesses ist ein Set von Stakeholderanforderungen, dass die derzeit vorherrschenden Stakeholderbedürfnisse möglichst vollständig abbildet. Dabei wird auch dokumentiert, welche Anforderungen aus welchem Bedürfnis abgeleitet wurden und wie jederzeit die Nachverfolgbarkeit gewährleistet wird. Zu jeder Stakeholderanforderung sind außerdem eines oder mehrere Validierungskriterien definiert worden. Weitere Ergebnisse sind konkrete Lebens-

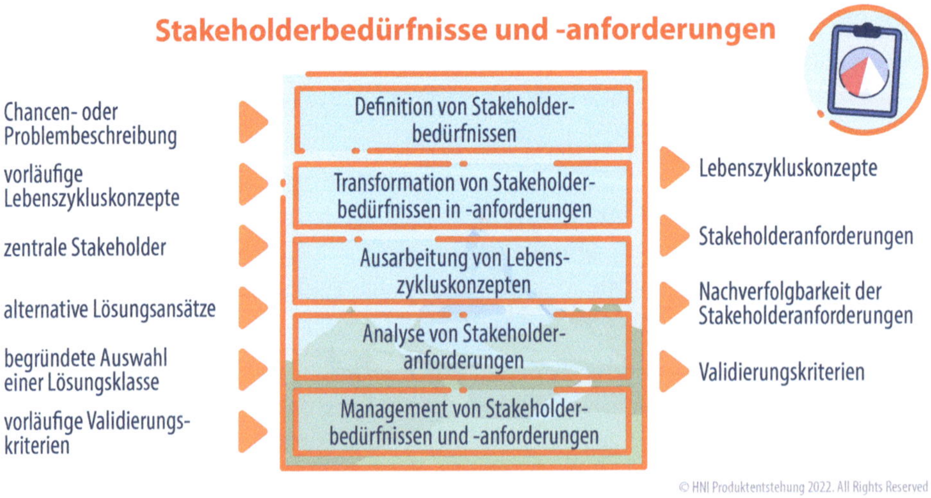

Abbildung 4-7 Prozess zur Definition von Stakeholderbedürfnissen und -anforderungen

zykluskonzepte, die das SoI und dessen Interaktion mit dem Umfeld entlang des gesamten Systemlebenszyklus beschreiben.

4.1.4.3 Definition von Systemanforderungen

Der Zweck des Prozesses zur Definition von Systemanforderungen (engl. System Requirements Definition Process) ist es, die aus der Stakeholderperspektive definierten Stakeholderanforderungen in eine technische Perspektive für die Entwicklung des SoI zu transformieren (Systemanforderungen). Die Systemanforderungen definieren technische Erfordernisse, dank derer das realisierte SoI die Stakeholderanforderungen erfüllen wird. (ISO/IEC/IEEE 15288:2015; Walden et al., 2015)

Das in Kapitel 4.1.4.2 erwähnte Beispiel einer Stakeholderanforderung „Das Produkt ist mit einem ISO 14024 gerechten Nachhaltigkeitssiegel – hier „TCO Certified" für nachhaltige IT-Produkte - versehen" wird wie folgt zu technischen Systemanforderungen transformiert: Die Analyse des Gütezeichens „TCO Certified" ergibt, dass folgende Nachhaltigkeitskriterien zu erfüllen sind: „Nicht wiederverwendbare Verpackungsmaterialien müssen leicht trennbar sein." und „Das Produkt muss über genormte Anschlüsse für das Aufladen und die Datenübertragung verfügen." (TCO, 2022). Um diese Kriterien zu erfüllen, werden die folgenden Systemanforderungen abgeleitet: „Nicht wiederverwendbare Verpackungsmaterialien müssen mit einer Zugkraft von < 50 Newton abgetrennt werden können." und „Die Energiezufuhr des Systems muss über eine USB-C Schnittstelle erfolgen." Diese Anforderungen sind aus Sicht des SoI anstelle des Stakeholders formuliert.

Ausgangspunkt des Prozesses zur Definition von Systemanforderungen sind die Stakeholderanforderungen (Abbildung 4-8). Damit diese konsistent und ganzheitlich abgebildet werden können, werden darüber hinaus die Lebenszykluskonzepte und -restriktionen einbezogen. Während die Lebenszykluskonzepte im Rahmen des Prozesses zur Geschäfts- und Vorhabensanalyse (Kapitel 4.1.4.1) und des Prozesses zur Definition von Stakeholderbedürfnissen und Stakeholderanforderungen (Kapitel 4.1.4.2) erarbeitet werden, resultieren die Lebenszyklusrestriktionen aus den Technischen Prozessen zur Übergabe, Nutzung, Wartung und Außerbetriebnahme des SoI (Kapitel 4.1.4.10). Des Weiteren gehen Informationen zur Nachverfolgbarkeit in den Prozess ein. Sie beschreiben, aus welchen Systemanforderungen welche Architekturelemente abgeleitet werden. Diese Nachverfolgbarkeit ist bei der erstmaligen Prozessdurchführung noch nicht vorhanden, bei jeder darauffolgenden Iteration jedoch ausschlaggebend, um bei Änderungen an den Systemanforderungen oder den Architekturelementen das jeweilige Gegenstück konsistent anzupassen. Systemanforderungen werden während der Systementwicklung regelmäßig geändert, ersetzt und ergänzt. Ursachen sind das mit fortschreitender Entwicklung vertiefte Systemverständnis und die Veränderung äußerer Randbedingungen. Daher erfolgt die Definition von Systemanforderungen iterativ. Die Iterationen erfolgen sowohl auf Ebene des Gesamtsystems als auch auf Ebene der Teilsysteme und Systemelemente. Systemanforderungen sollen möglichst früh und ausführlich definiert werden. Grund dafür ist einerseits, dass die Systemanforderungen die Ausgangslage für die nachfolgend erläuterten Prozesse zur Definition von Architektur und Auslegung des SoI sowie dessen Integration und Verifikation sind. Andererseits ist die Betonung wichtig, um späte und ressourcenintensive Änderungen zu vermeiden (Frontloading).

Die zentrale Aktivität des Prozesses ist die **Definition von Systemanforderungen**. Im Kern steht dieser Schritt für einen Wechsel der Sichtweise. Statt wie bisher die Stakeholderperspektive einzunehmen, wird nun die Perspektive des entwickelnden Unternehmens eingenommen. Die Intention ist, Erwartungen der Stakeholder (Stakeholderanforderungen) in technische Entwicklungsziele zu transformieren und damit eindeutige Zielvorgaben für die nachfolgenden Entwicklungsaktivitäten zu schaffen. Zunächst ist dafür eine Systemgrenze festzulegen. Anschließend sind die erforderlichen Systemfunktionalitäten zu identifizieren. Diese sind lösungsneutral zu beschreiben, um den Lösungsraum nicht vorschnell einzuschränken (ISO/IEC/IEEE 15288:2015; Walden et al., 2015). Außerdem ist die enge Abstimmung mit allen beteiligten Disziplinen erforderlich, um die Vollständigkeit und Güte der Anforderungen sicherzustellen. Bei der Definition von Systemanforderungen empfiehlt sich die Orientierung an etablierten Normen zur Anforderungsdefinition (z. B. ISO/IEC/IEEE 29148, IEEE 1233 oder VDI 2519). In der Produktentwicklung sind erhebliche Ineffizienzen auf fehlerhaft beschriebene Anforderungen zurückzuführen (Almefelt et al., 2006; The Standish Group, 1995, 2017), daher ist der Einhaltung von Qualitätsvorgaben an Anforderungen besondere Aufmerksamkeit zu widmen. Ein qualitativ hoch

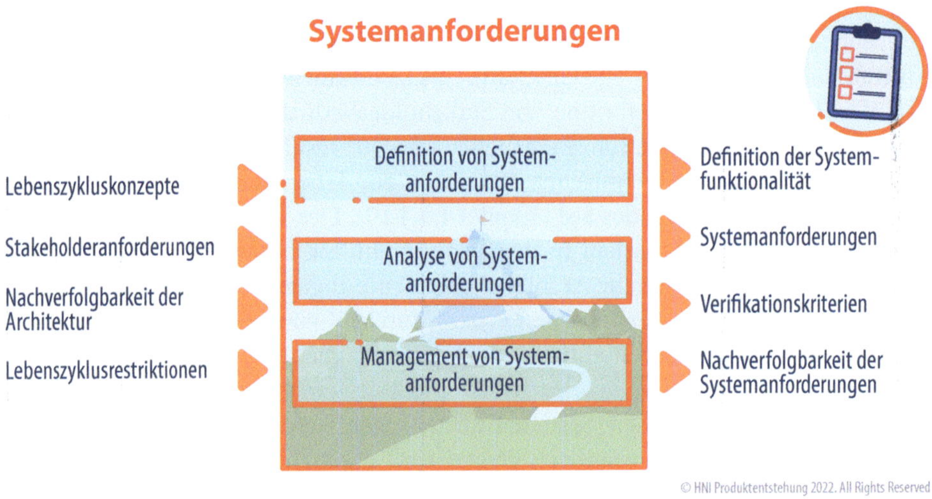

Abbildung 4-8 Prozess zur Definition von Systemanforderungen

wertiges Anforderungsset entspricht den 4 C's vollständig („complete"), eindeutig („clear"), widerspruchsfrei („consistent") und richtig („correct"), (Gräßler et al., 2012) und ist auf den minimalen Umfang reduziert.

Für **Vollständigkeit** sind funktionale und nicht-funktionale Anforderungen, implizit erwartete ebenso wie explizit geäußerte Anforderungen sowie die entsprechend den Zielmärkten variierenden Anforderungen zu erfassen. Bei offenen Fragen werden Erwartungswerte angenommen. Zur Klärung der Annahme wird ein Verantwortlicher benannt und ein Abstimmungstermin (z. B. mit dem Stakeholder) anberaumt. Diese Trennung in Fakten und Annahmen stellt eine wesentliche Grundlage für das Verfolgen, Ergänzen und Korrigieren der einmal erhobenen initialen Anforderungen dar. (VDI/VDE 2206:2021)

Eindeutigkeit wird zumeist durch Quantifizierung der Angaben hergestellt. Auch die Beschreibung der Einbau- und Umgebungsbedingungen trägt zur Eindeutigkeit von Anforderungen bei. **Widerspruchsfreiheit** wird durch den Abgleich gegensätzlicher Anforderungen untereinander und die Verhandlung von Kompromissen erreicht. In der Entwicklungspraxis spielt die Verhandlung von Anforderungen eine zentrale Rolle bei der Definition von widerspruchsfreien und zugleich realistischen Anforderungen. Die **Richtigkeit** von Anforderungen, z. B. der tatsächlich wirkenden Lastkollektive, kann virtuell, durch Simulationen oder vor Ort bei Betrieb, Einbau oder Service ermittelt werden. Auch Nutzungsdaten von Vorgängerprodukten oder z. B. gezielte Testfelder können zur Absicherung der Richtigkeit verwendet werden. Sollten keine entsprechenden Messungen oder Informationen vorliegen, werden die Werte zumindest mit dem Kunden oder dem Marketing abgestimmt und festgelegt (Gräßler et al., 2012). (VDI/VDE 2206:2021)

Der **minimale Umfang des Anforderungssets** wird erreicht, indem ausschließlich die für die Befriedigung der Stakeholderanforderungen notwendigen Anforderungen definiert werden. Alle weiteren Anforderungen, die z. B. aus Vorgängerprojekten übernommen werden, sind zu vermieden, um die Anforderungsanzahl beherrschbar zu halten und den Entwicklungsaufwand auf ein Mindestmaß zu begrenzen. Dementsprechend sollte geprüft werden, ob jeder Anforderung ein Bedürfnis zugeordnet ist. So kann die Vollständigkeit ebenso wie der minimale Umfang bewertet werden.

Hilfreich für die vollständige Erfassung der Anforderungen ist die Verwendung der Hauptmerkmalliste für mechatronische und cyber-physische Systeme nach (Gräßler, Dattner et al., 2018) bzw. (VDI/VDE 2206:2021). Die Hauptmerkmalliste definiert generische Merkmale eines komplexen technischen SoI, die auf situative Relevanz geprüft und zur Definition von Anforderungen verwendet werden. Dafür sind zu jedem Merkmal Leitfragen formuliert. Abbildung 4-9 zeigt die Hauptmerkmale. Eine detailliertere Auflistung mit Nebenmerkmalen sowie die Leitfragen sind (Gräßler, Dattner et al., 2018) oder der VDI/VDE 2206:2021 zu entnehmen.

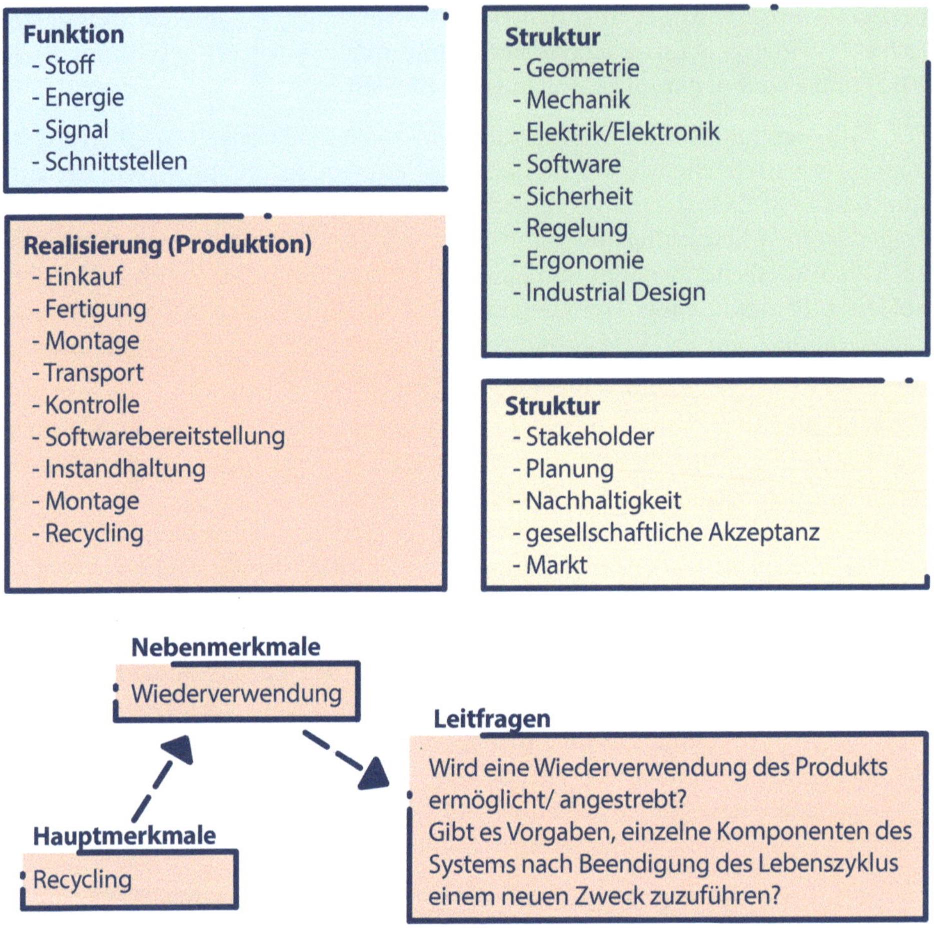

Abbildung 4-9 Übersicht der Hauptmerkmale nach (VDI/VDE 2206:2021)

Eine weitere Prozessaktivität ist die **Analyse von Systemanforderungen**. Die Aktivität ist eng mit der Definition von Systemanforderungen verknüpft. Sie ähnelt der Analyse von Stakeholderanforderungen und zielt auf die Sicherstellung der Akzeptanz und Güte der definierten Systemanforderungen ab. Diese müssen bestmöglich die Stakeholderanforderungen widerspiegeln, damit sie zu deren Erfüllung beitragen. Für die Prüfung des Erfüllungsgrads einer Systemanforderung werden Verifikationskriterien definiert (vgl. Kapitel 4.1.4.8). In der Theorie kann dieser Schritt ohne Einbindung der Stakeholder erfolgen, da die Stakeholderanforderungen deren Bedürfnisse bereits vollständig abbilden und die Lösungsverantwortung beim entwickelnden Unternehmen liegt. In der Entwicklungspraxis ist es jedoch üblich, dass das beauftragende Unternehmen die Systemanforderungen freigibt, da hiermit auch die Kostenübernahme für spätere Änderungen einhergeht.

In der Diskussion mit dem Stakeholder ist es hilfreich zu prüfen, ob die jeweiligen Stakeholdervorgaben eine unnötige Eingrenzung des Lösungsraums darstellen oder ein implizites Bedürfnis widerspiegeln. Beispielsweise wurde bei einer Prüfmaschine vorgegeben, dass Ventile eines hochpreisigen Anbieters verwendet werden müssen. Erst auf Nachfrage wurde klar, dass nur für Ventile dieses Anbieters Wartungsexperten mit den erforderlichen Schulungen beim Auftraggeber beschäftigt waren. Durch die Vorgabe der teuren Ventile sanken die Wartungskosten und damit die Gesamtkosten. Somit handelte es sich um ein Stakeholderbedürfnis.

Das **Management von Systemanforderungen** adressiert die kontinuierliche Prüfung und Anpassung der Systemanforderungen bei Änderungen. Im Zusammenspiel mit dem Änderungsmanagement ist die Nachverfolgbarkeit der Systemanforderungen in Richtung Stakeholder und in Richtung Systemarchitektur sicherzustellen. (ISO/IEC/IEEE 15288:2015; Walden et al., 2015)

Ergebnis des Prozesses zur Definition von Systemanforderungen sind die Systemanforderungen. Diese korrelieren mit den Systemfunktionalitäten und wurden unter Berücksichtigung der Systemintegrität sowie sämtlicher Restriktionen und Wechselwirkungen spezifiziert. Für jede Systemanforderung werden außerdem ein oder mehrere Verifikationskriterien sowie Aspekte der Nachverfolgbarkeit dokumentiert.

4.1.4.4 Definition der Systemarchitektur

Der Zweck des Prozesses zur Definition der Systemarchitektur (engl. Architecture Definition Process) ist die Generierung alternativer Systemarchitekturen sowie die Auswahl und modellhafte Abbildung der favorisierten Alternative (vgl. Abbildung 4-10). Der Prozess markiert den Wechsel von der Zieldefinition (Bedürfnisse und Anforderungen) in die Lösungsentwicklung. (ISO/IEC/IEEE 15288:2015; Walden et al., 2015) Die Architektur stellt die **konzeptionelle Lösung** der Systemanforderungen auf Basis von Lösungsprinzipien dar. Sie ist aus zwei Gründen wichtig: Zum einen hilft eine konzeptionelle Lösung, ein Problem ergebnisoffen zu diskutieren und zu lösen, statt vorschnell Flexibilität aufzugeben und ohne Abwägungsprozess konventionelle Lösungsmuster zu verwenden. In der Praxis gelingt dies insbesondere unter Zuhilfenahme von MBSE (vgl. Kapitel 2.4). Zum anderen gelingt auf konzeptioneller Ebene der fachbereichsübergreifende Austausch deutlich einfacher. So kann eine ganzheitliche Lösung ausgearbeitet werden, bei der zunächst die leistungsfähigste Kombination an Lösungsprinzipien im Vordergrund steht. Erst in den anschließenden Iterationen werden sukzessive die Restriktionen integriert und notwendige Abweichungen diskutiert, z. B. um Kostenvorteile zu realisieren oder um ein technisches Risiko auszuräumen.

Die Architekturgestaltung schließt dabei keine etablierten Lösungen aus, sondern bezieht den Erfahrungsschatz über Vor- und Nachteile bekannter Lösungsansätze ein und sucht ergebnisoffen nach einer optimalen Kombination von Lösungsprinzipien. So wird das Wissen aus der zuvor aufwändig erarbeiteten, ganzheitlichen Anforderungsfestlegung bestmöglich in die Architekturdefinition einbezogen. Damit wird die in der industriellen Praxis verbreitete Tendenz zur Übernahme bewährter Lösungsmuster ergänzt um eine bewusste Erweiterung des Lösungsraums. Ein aktuelles Beispiel dafür ist die Additive Fertigung bzw. der 3D-Druck. Das Fertigungsverfahren ermöglicht völlig neue Bauteilgeometrien, die mit herkömmlichen Fertigungsverfahren wie Drehen, Fräsen oder Spritzguss nicht realisiert werden können. Entwickler und Entwicklerinnen sind an die Restriktionen der herkömmlichen Fertigungsverfahren jedoch so sehr gewöhnt, dass die neuen Potenziale, wie z. B. Funktionsintegration oder Geometrien mit Hinterschneidungen, oftmals ungenutzt bleiben. Ein Grund dafür ist die fehlende Offenheit im Entwicklungsvorgehen. Bestehende Geometrien werden optimiert statt einen Schritt früher zu beginnen und zunächst unabhängig vom Fertigungsverfahren Lösungsalternativen zu erzeugen. In der Architekturdefinition liegt daher großes Potenzial, nachhaltig die Innovationskraft der Systementwicklung zu fördern.

In den Prozess zur Definition der Systemarchitektur fließen Lebenszykluskonzepte, -restriktionen, Systemfunktionalitäten und Systemanforderungen ein. Sowohl Änderungen der Systemanforderungen als auch der Systemauslegung (engl.: „design") lösen eine erneute Anwendung des Prozesses zur Definition der Systemarchitektur aus. Dies gilt ebenso für die Schnittstellendefinition, die im Wechselspiel zwischen Architektur und der in Kapitel 4.1.4.5 erläuterten Systemauslegung erarbeitet und angepasst wird.

Ausgangspunkt bildet die Aktivität zur **Entwicklung von Modellen und Sichten der Architekturalternativen**. Alternative Systemarchitekturen werden in INCOSE als „Architekturkandidaten" bezeichnet. Zunächst wird erarbeitet, welche Architekturelemente, z. B. Funktionalitäten, Eigenschaften, Verhaltensweisen, eingehende und ausgehende Flüsse (Walden et al., 2015), und welche Schnittstellen erforderlich sind, um die Systemanforderungen zu erfüllen. Anhand von Modellen oder Sichten auf das System wird abgebildet, welche Anforderungen und Restriktionen durch welche Architekturelemente erfüllt werden. Die Gesamtheit der Modelle und Sichten bildet die Systemarchitektur.

Die Ausarbeitung einer Architektur ist eine wiederkehrende Aufgabe. Zum einen, um Alternativen auszuarbeiten und zum anderen um mit der fortschreitenden Zergliederung des Systems schrittzuhalten. Die Architektur wird im Entwicklungsverlauf entlang der Hierarchieebenen detailliert während die Systemreife zunimmt. Der jeweils aktuelle Wissensstand schlägt sich in der Architektur nieder. Bei der Ausarbeitung von Architekturalternativen bildet jede Alternative eine individuelle Kombination aus Lösungsprinzipien ab, z. B. Heckantrieb versus Frontantrieb eines Kraftfahrzeugs. In Abhängigkeit von den jeweiligen Lösungsprinzipien unterscheiden sich die Architekturalternativen daher hinsichtlich des

Erfüllungsgrads der Systemanforderungen. In Verifikation und Validierung wird unter Zuhilfenahme von Prototypen und Simulationen die Eignung der Architektur abgesichert. Wichtig ist die Ausarbeitung mehrerer Alternativen, um die bestgeeignete auswählen zu können. Das Vorgehen zur Ausarbeitung der Architektur folgt folgendem Muster:

1. Bewertungskriterien definieren (Systemanforderungen),
2. alternative Lösungsansätze erarbeiten (Architekturalternativen) und
3. auf Basis der Bewertungskriterien den vielversprechendsten Ansatz auswählen (Architektur).

Dieses systematische Entscheidungsmuster hat sich im Rahmen des Entscheidungsmanagements bewährt und führt zu einer höheren Entscheidungsgüte (Walden et al., 2015).

Im Verlauf der Entwicklung resultieren aus der Architekturdefinition zum Teil neue Systemanforderungen für die darunterliegenden Hierarchieebenen, die im Wechselspiel mit dem Prozess zur Definition von Systemanforderungen definiert und abgebildet werden müssen. In der Entwicklungspraxis ist es eine große Herausforderung, dabei die Konsistenz zwischen Architektur und Systemanforderungen sicherzustellen. Aufgrund der Systemkomplexität stoßen herkömmliche Ansätze wie Tabellen, Präsentationen oder Listen schnell an Grenzen. Auch hier bietet MBSE eine sinnvolle Unterstützung, um trotz hoher Komplexität die Nachverfolgbarkeit und Konsistenz zwischen Architekturelementen und Anforderungen herzustellen und zu pflegen. (ISO/IEC/IEEE 15288:2015; Walden et al., 2015)

Bei der nachfolgenden Aktivität zur **Verknüpfung der Architektur mit der Auslegung** wird die Architektur mit bereits bestehenden Elementen in Beziehung gesetzt. Die Auslegung stellt das technologiebezogene Lösungsprinzip dar und bereitet die Implementierung des Systems vor. Für die Verknüpfung werden die Architekturelemente (z. B. eine Systemfunktionalität oder -eigenschaft) einem Element zugeordnet. Falls die Auslegung noch keinen ausreichenden Reifegrad hat und keine direkte Zuordnung erfolgen kann, werden black-box Elemente (z. B. „Kommunikationsmodul" oder „Antriebseinheit") erstellt und zu einem späteren Zeitpunkt konkretisiert. Die Definition von internen Schnittstellen sowie Schnittstellen zum Systemumfeld ist ein wichtiger Bestandteil dieser Aktivität. Schnittstellen und deren Eigenschaften sind ebenfalls Architekturelemente, die durch die Verknüpfung mit der Auslegung definiert werden können. (ISO/IEC/IEEE 15288:2015; Walden et al., 2015)

Im Rahmen der Aktivität zur **Bewertung von Architekturalternativen** wird die bestgeeignete Alternative ausgewählt. Anhand von Prozessen des technischen Managements (vgl. Kapitel 4.1.5) werden die für eine Architekturauswahl erforderlichen Informationen ermittelt und die Auswahl getroffen. Nach der Auswahl

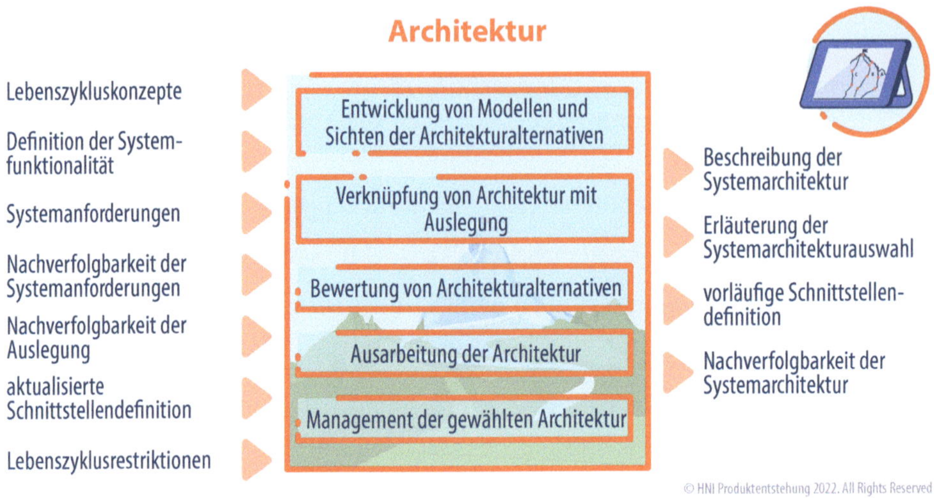

Abbildung 4-10 Prozesses zur Definition der Systemarchitektur

einer Architekturalternative, wird diese im Rahmen der Aktivität zur **Entwicklung von Modellen und Sichten der Architekturalternativen** weiterentwickelt. Die Entscheidungsgrundlage und die Beweggründe für die Auswahl der favorisierten Architektur sind zu dokumentieren. (ISO/IEC/IEEE 15288:2015; Walden et al., 2015)

Begleitend zu den zuvor erläuterten Aktivitäten erfolgt das **Management der gewählten Architekturalternative**. Bei zwischenzeitlichen Änderungen ist anhand der Dokumentation zu prüfen, ob die Entscheidung nach wie vor Bestand hat. Falls Anpassungen erforderlich sind, müssen diese vorgenommen und kommuniziert werden. Außerdem wird im Rahmen dieser Aktivität die fortschreitende Reife der Architektur über die Systemhierarchieebenen hinweg nachgehalten, so dass alle Beteiligten stets auf den aktuellen Entwicklungsstand zugreifen. Ein „Single-Source-of-Truth“ Systemmodell im Sinne des MBSE bietet dafür ideale Voraussetzungen, wenngleich dessen praktische Realisierung anspruchsvoll ist. (ISO/IEC/IEEE 15288:2015; Walden et al., 2015)

Kernergebnis des Prozesses zur Definition der Architektur ist eine Beschreibung der ausgewählten Systemarchitektur. Diese wird bei jeder Prozessdurchführung durch weitere Architekturelemente auf den verschiedenen Systemhierarchieebenen angereichert. Außerdem wird die Auswahlentscheidung erläutert, so dass das Ergebnis nachvollziehbar ist. Anhand der Verknüpfung von Architektur und Systemanforderung sowie Architektur und Auslegung (vgl. Kapitel 4.1.4.5) werden zudem vorläufige Schnittstellendefinitionen ausgearbeitet.

4.1.4.5 Systemauslegung

Der Zweck des Prozesses zur Systemauslegung (engl. „Design Definition Process") ist es, alle Elemente des SoI so weiterzuentwickeln, dass deren Implementierung möglich wird. Bei diesem Prozess wird eine konkrete und realisierbare Lösung erarbeitet, die konsistent mit der Systemarchitektur ist und somit die zugrunde liegenden Systemanforderungen erfüllt (vgl. Abbildung 4-11). (ISO/IEC/IEEE 15288:2015; Walden et al., 2015)

In den Prozess fließen zahlreiche Ergebnisse der zuvor erläuterten Prozesse ein. Zu den Ergebnissen gehören die Lebenszykluskonzepte und -restriktionen ebenso wie die Systemanforderungen, die darauf aufbauende Beschreibung der Systemarchitektur und die vorläufige Schnittstellendefinition. Auch die Erläuterung der Architekturentscheidungen und die Nachverfolgbarkeit der Architektur sind wichtige Eingangsinformationen, um die Systemauslegung konsistent mit den bereits getroffenen Entscheidungen zu halten. Die Nachverfolgbarkeit der Elemente zu Implementierungsaktivitäten ist ebenfalls einzubeziehen, falls der Prozess erneut durchgeführt wird und bereits einzelne Elemente implementiert wurden.

Mit der Auslegung wird eine konkrete technische Lösung zur Erfüllung der gewünschten Systemeigenschaften erarbeitet und dessen Implementierung vorbereitet. Dafür wird im Rahmen der Aktivität zur **Auslegung jedes Systemelements** festgelegt, welche Charakteristika das Systemelement hat und wie es implementiert wird: beispielsweise Bauraum, Form, Material, Gewicht, Datenstrukturen und Persistenz eines Elements sowie sämtliche für die Implementierung erforderlichen Informationen (Walden et al., 2015). Die Systemauslegung erfolgt im Wechselspiel mit der Systemarchitektur. Einerseits werden bei der Auslegung die Architekturvorgaben umgesetzt, andererseits aber auch unrealistische oder suboptimale Vorgaben zurückgespielt und korrigiert (Iteration). Dabei wird, von der ganzheitlichen Systemsicht ausgehend, schrittweise die Auslegung der Teilsysteme und Elemente erarbeitet. So wird die Interoperabilität und Konsistenz der Elemente gefördert. Da bei zunehmendem Detailgrad mehr und mehr disziplinspezifisches Wissen zur Beschreibung der Systemelemente erforderlich ist, ist auf dieser Systemhierarchieebene die Verwendung von disziplinspezifischen Vorgehensweisen, Methoden und Werkzeugen sinnvoll. Hier erfolgt in der Entwicklungspraxis zumeist der Wechsel von Werkzeugen zur Architektur-Modellierung (z. B. Dassault Systèmes Cameo oder IBM Rapsody) hin zu disziplinspezifischen Design-Werkzeugen wie CAx.

Parallel zur Auslegung der Systemelemente werden auch deren Schnittstellen definiert. Neben den internen Schnittstellen sind auch die externen Schnittstellen zwischen dem SoI und seinem Umfeld von Bedeutung. Im Sinne einer ganzheitlichen Lösung wird die Einbettung des Systems in das übergeordnete SoS mit bedacht, z. B. Multimedia-Apps, die in Autos genutzt werden. Abschließend ist zu erwähnen, dass analog zur Architekturerarbeitung auch bei der Systemauslegung

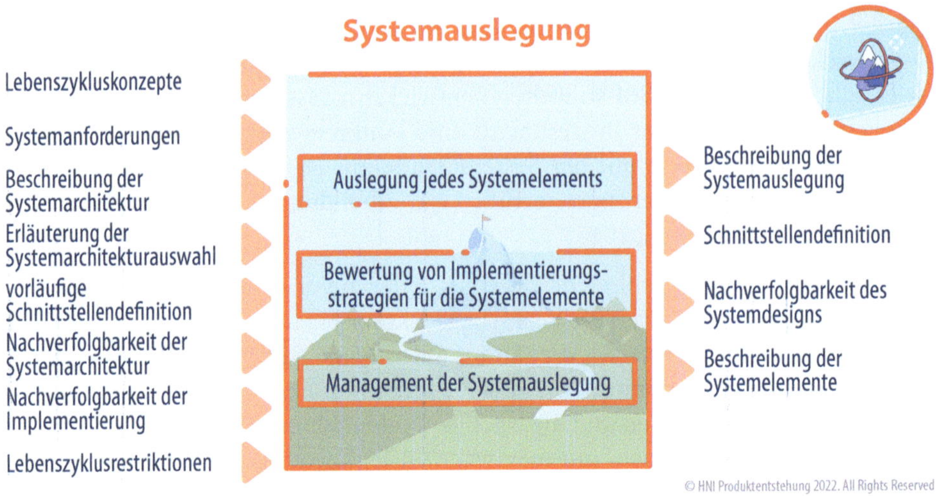

Abbildung 4-11 Prozess zur Systemauslegung

die Entscheidungen dokumentiert werden. Nur so kann bei einer veränderten Entscheidungsgrundlage die Gültigkeit der ursprünglichen Entscheidung geprüft und ggf. angepasst werden. (ISO/IEC/IEEE 15288:2015; Walden et al., 2015)

Auf Basis der Systemauslegung wird die **Bewertung von Implementierungsstrategien** für die Systemelemente durchgeführt. Bei dieser Aktivität wird entschieden, ob das Element im eigenen Unternehmen realisiert oder beschafft werden soll. Auch die Wiederverwendung eigener Elemente aus vorherigen oder parallelen Entwicklungsprojekten ist zu prüfen. Im Rahmen dieser Aktivität werden die verfügbaren Optionen unter Einbeziehung der Fachexperten abgewogen. Die Entscheidung über Eigenfertigung oder Fremdbezug wird zum Teil auch bereits vor der Systemauslegung getroffen. Für die Entscheidungsgüte ist es jedoch förderlich, wenn erst auf Basis der vollständigen Wissensgrundlage (Beschreibung der Systemauslegung) die Bewertung und Auswahl vorgenommen wird. (ISO/IEC/IEEE 15288:2015; Walden et al., 2015)

Das **Management der Systemauslegung** ist eine wichtige Aktivität zur Sicherstellung von Konsistenz und Aktualität der Prozessergebnisse. Da die Systemauslegung regelmäßig mit der Architektur und der Implementierung über alle Systemhierarchieebenen hinweg abgeglichen werden muss, ist diese Aktivität kontinuierlich durchzuführen. (ISO/IEC/IEEE 15288:2015; Walden et al., 2015) Der Prozess zur Systemauslegung resultiert in einer vollständigen Beschreibung der Systemauslegung. Dies schließt Schnittstellen ebenso mit ein wie die Nachverfolgbarkeit. Auf Basis dieser Beschreibung kann die Implementierung der Systemelemente vollzogen werden.

4.1.4.6 Implementierung

Zweck des Prozesses zur Implementierung (engl. Implementation Process) ist es, die spezifizierten Systemelemente zu konstruieren, zu berechnen, zu programmieren sowie Zukaufteile auszuwählen. Der Begriff Implementierung stammt aus der Software-Programmierung und wird hier auf technische Gesamtsysteme übertragen. Implementierung bedeutet, dass materielle Systemelemente wie die Tragstruktur eines Systems und elektronische Steuergeräte berechnet und konstruiert werden und Software programmiert wird. Gehören Dienstleistungen zum System, so wird im Rahmen der Implementierung deren Leistungserbringung vorbereitet.

Hierbei kommen die bei der Systemauslegung (Kapitel 4.1.4.5) erarbeiteten Spezifikationen, Schnittstellendefinitionen und Vorgaben zur Anwendung (vgl. Abbildung 4-12). Bei Bedarf wird zusätzlich auf die Architekturbeschreibung sowie Informationen zur Nachverfolgbarkeit zurückgegriffen. (ISO/IEC/IEEE 15288:2015; Walden et al., 2015) Vor der Implementierung eines Systemelements steht zunächst die **Planung der Implementierung**. Im Rahmen dieser Aktivität werden die Restriktionen und Anforderungen an die spätere Durchführung der Implementierung erarbeitet. Die Planung kann bereits parallel zur Definition der Systemanforderungen erfolgen, so dass die Restriktionen und Anforderungen an die Implementierung mit den Systemanforderungen abgeglichen werden.

Kernbestandteil des Prozesses ist die Aktivität zur **Durchführung der Implementierung**. Materielle Systemelemente werden konstruiert und für die Fertigung vorbereitet. Softwarepakete werden programmiert und die Erbringung von Dienstleistungen wird vorbereitet. Gehört zur Leistungserbringung beispielsweise eine Schulung, so werden hierfür Schulungsunterlagen erstellt und Trainer ausgebildet. Treten im Rahmen der Implementierung Konflikte auf, die in der Implementierung nicht gelöst werden können, erfolgen Rücksprünge in die zuvor beschriebenen Prozesse (Iterationen).

Als Ergebnis der Implementierung liegen neben den Restriktionen und Anforderungen an die Implementierung die implementierten Systemelemente vor. Die implementierten Systemelemente werden beschrieben durch Berechnungen, technische Zeichnungen, Fertigungsvorschriften, den E/E-Entwurf inkl. PCB, ASIC und elektrischer Infrastruktur, die ausgewählten Zukaufteile, den Software-Programmcode und die vorbereiteten Dienstleistungen.

In der INCOSE / ISO/IEC 15288-Prozessbeschreibung wird bei den Ergebnissen mitunter von „umgesetzten" Systemelementen („realized" system elements) gesprochen. Bei Software-Programmen ist nach der Fertigstellung des Software-Codes keine Herstellung mehr erforderlich. Die Software wird lediglich auf die Hardware-Endgeräte aufgespielt („geflashed"). Insofern kann implementierte Software direkt dem Kunden verfügbar gemacht werden. Bei materiellen Systemelementen hingegen liegt zwischen der Implementierung und der Verfügbarmachung für

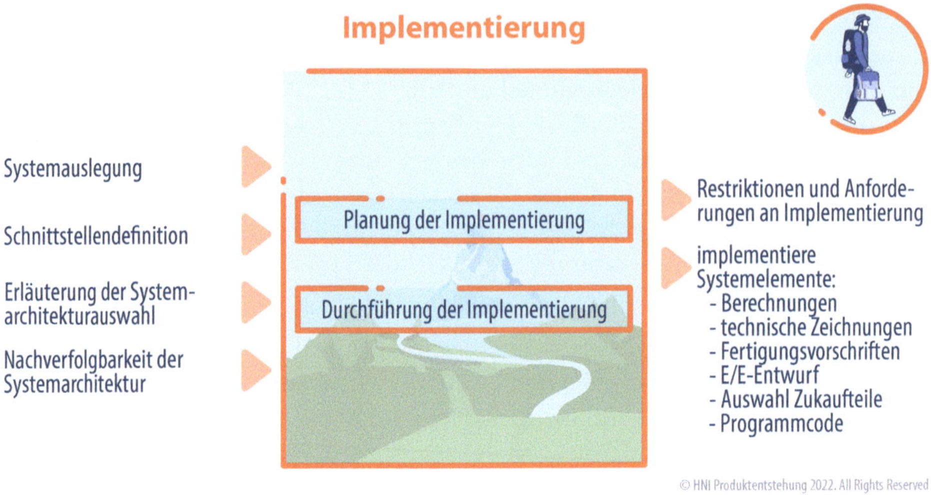

Abbildung 4-12 Prozess zur Implementierung

den Kunden noch die Herstellung. Dementsprechend endet die Implementierung materieller Systemelemente mit allen Angaben, die erforderlich sind, um das System spezifikationsgerecht herzustellen. Die Übergabe erfolgt in dem Fall nicht direkt an den Kunden, sondern an die Produktion bzw. Produktionsvorbereitung.

4.1.4.7 Integration

Der Zweck des Integrationsprozesses (engl. Integration Process) ist es, die bereits implementierten Systemelemente zusammenzuführen. Die Integration erfolgt schrittweise von den unteren Systemhierarchieebenen auf die nächsthöheren und mündet hinsichtlich der Software in einem funktionsfähigen System (vgl. Abbildung 4-13). (ISO/IEC/IEEE 15288:2015; Walden et al., 2015) Materielle Teilsysteme weisen ihre Funktionsfähigkeit experimentell oder simulativ nach, da die Auslieferung an den Kunden erst nach der Herstellung erfolgt. Eingangsgrößen des Integrationsprozesses sind die implementierten Systemelemente. Im Falle vorangegangener Verifikations- und Validierungsaktivitäten sind es die akzeptierten Systemelemente. Ergänzend wird die Schnittstellendefinition der Systemelemente benötigt, um entsprechend der Vorgaben die Zusammenführung vorzunehmen.

Der Integrationsprozess setzt sich aus Planung und Durchführung der Integration zusammen. Bei der **Planung der Integration** werden zunächst Restriktionen und Anforderungen an die Integration erarbeitet. Dies betrifft insbesondere die Schnittstellen zwischen den Systemelementen. Daher ist die Planung der Integration bereits bei der Erarbeitung von Architektur und Auslegung intensiv einzubeziehen. Dies gilt für komplexe technische Systeme in besonderem Maße. In diesem Zuge ist auch eine geeignete Integrationsstrategie zu definieren: z. B. eine globale, inkrementelle oder kriteriengestützte Integration (Walden et al., 2015)), die gegebenenfalls auch für Architektur- oder Auslegungsentscheidungen bedeutsam ist.

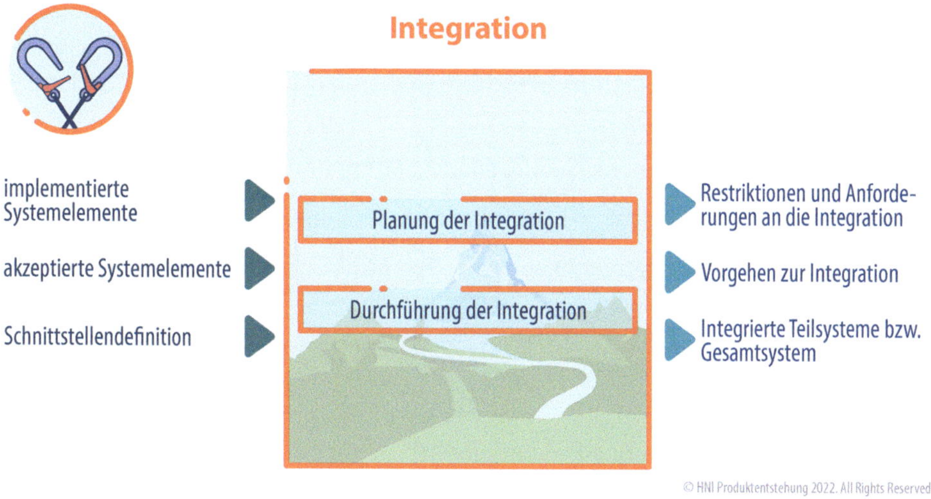

Abbildung 4-13 Prozess zur Integration

Die **Durchführung der Integration** erfolgt im Anschluss an die Implementierung der Systemelemente. Die Integration kann Zusammenbauuntersuchungen materieller Systemelemente ebenso beinhalten wie die Kopplung von Software zu Programmpaketen oder die Integration materieller und immaterieller Systemelemente. Bei jedem Integrationsvorgang wird geprüft, ob das neu entstandene Teilsystem die Systemanforderungen einhält (Verifikation). Wo möglich und sinnvoll wird zusätzlich geprüft, ob die Stakeholderanforderungen erfüllt werden (Validierung). So fließen bei nachfolgenden Integrationsschritten nur geprüfte Elemente und Teilsysteme in die weitere Integration ein. Nicht erfüllte Systemeigenschaften werden auf diese Weise unmittelbar erkannt und können frühzeitig angegangen werden. (ISO/IEC/IEEE 15288:2015; Walden et al., 2015)

Ergebnis des Integrationsprozesses sind die Teilsysteme und das Gesamtsystem. Auf dem Weg dahin werden Restriktionen und Anforderungen an die Integration ebenso wie ein geeignetes Vorgehen zur Integration erarbeitet.

4.1.4.8 Verifikation

Zweck des Verifikationsprozesses (engl. Verification Process) ist es, objektiv den Erfüllungsgrad der Systemanforderungen für ein beliebiges Systemelement, Teilsystem oder das Gesamtsystem zu belegen (vgl. Abbildung 4-14). Die Verifikation beantwortet die Frage: „Wurde das System(-element) richtig umgesetzt?" (ISO/IEC/IEEE 15288:2015; Walden et al., 2015)

Eingangsgröße für die Verifikation bildet das betrachtete (Teil-)System oder Systemelement, die Systemanforderungen sowie die Verifikationskriterien. Diese werden im Rahmen der Definition von Systemanforderungen erarbeitet. Abhängig vom Reifegrad kann in einem konzeptionellen (z. B. Architektur), modellhaften

(z. B. Auslegung) oder implementierten Zustand geprüft werden. Informationen zur Nachverfolgbarkeit werden für das Management der Verifikationsergebnisse benötigt. Folgende Verifikationsmethoden sind möglich (Graessler und Hentze, 2020):

1. Theoretische Analyse: Berechnung, Modellierung und Simulation
2. Inspektion: für leicht sichtbare, messbare und erkennbare Eigenschaften
3. Demonstration: qualitativer Nachweis der Funktionalität, in der Regel mit minimaler Instrumentierung
4. Test: quantitativer Nachweis, in der Regel in einer definierten Testumgebung

Welche Methode geeignet ist, hängt von den Anforderungen, dem Reifegrad und den Wünschen/Vorgaben des Stakeholders ab. Die Festlegung des Verifikationsvorgehens (Methode, Zeitpunkt, Verantwortlichkeit etc.) und der Verifikationskriterien (Beschreibung, wann das Element als verifiziert gilt) erfolgt im Rahmen der Aktivität zur **Planung der Verifikation**. Die Planung geschieht im Zuge der Definition der Systemanforderungen. Die Verifikationsplanung hat große Bedeutung für das Projektrisiko, da abhängig von der Verifikationsmethode und den Verifikationskriterien das Risiko einer Nicht-Erfüllung der Systemanforderungen variiert. Der rechtlichen Bedeutung entsprechend ist diese Aktivität häufig geprägt von intensiven Verhandlungen zwischen Hersteller und Abnehmer.

Die **Durchführung der Verifikation** sollte bereits begleitend zur Implementierung und Integration stattfinden, um Korrekturen unmittelbar durchführen zu können. Verifikationen lassen sich mit Hilfe einer Systemerprobung in Virtual Reality Umgebung oder eines additiv gefertigten Prototypen zeitlich vorverlagern. Darüber hinaus birgt die Verifikation ein großes Effektivitäts- und Effizienzpotenzial, indem beständig die Ergebnisgüte bisheriger Entwicklungsaktivitäten geprüft und wiederhergestellt werden kann. Auch wenn dadurch der Verifikationsaufwand steigt, wirkt sich dies – dem Konzept des Frontloadings folgend – positiv auf die Lebenszykluskosten aus. (ISO/IEC/IEEE 15288:2015; Walden et al., 2015)

Die Ergebnisse der Verifikation sind über den Lebenszyklus hinweg zu managen. Im Falle von Anforderungsänderungen müssen im **Management der Verifikationsergebnisse** Verifikationskriterien und das Verifikationsvorgehen angepasst werden. Außerdem wird im Rahmen dieser Aktivität die Nachverfolgbarkeit der Verifikationsergebnisse sichergestellt. Dies ist ein kritischer Aspekt, da viele Normen (z. B. ISO/IEC 15504 – SPICE) oder Kundenvorgaben eine Rückverfolgbarkeit für jede Anforderung verlangen (vgl. Kapitel 2.5). Durch die systematische und hierarchieebenen-übergreifende Dokumentation und Pflege der Verifikationsergebnisse kann laufend belegt werden, welche Anforderung anhand welcher Verifikationsmaßnahme auf Erfüllung überprüft und bestätigt wurde. Insbesondere in der Software-Entwicklung wird anhand dieses Kennwerts eine kontinuierliche

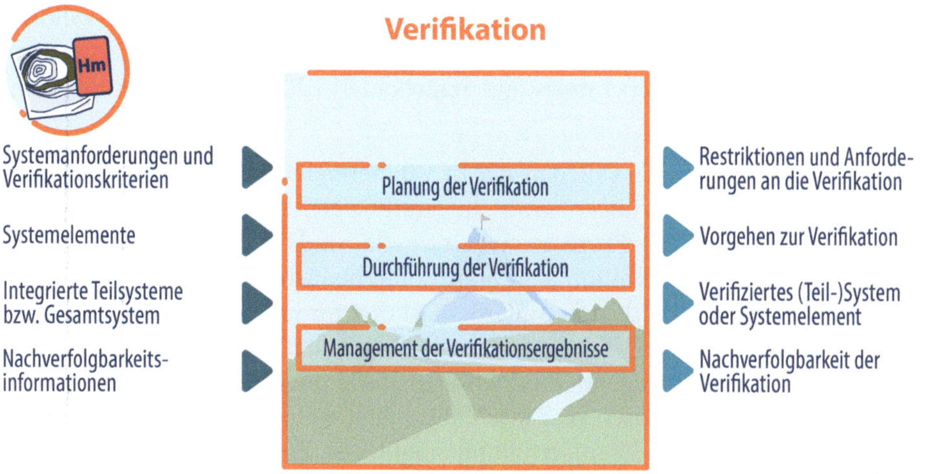

Abbildung 4-14 Prozess zur Verifikation

Fortschrittskontrolle etabliert und damit zusätzlicher Nutzen aus dem Verifikationsprozess gezogen. (ISO/IEC/IEEE 15288:2015; Walden et al., 2015)

Das Ergebnis des Verifikationsprozesses ist in erster Linie ein verifiziertes Systemelement oder (Teil-) System sowie die dazugehörige Dokumentation der Nachverfolgbarkeit. Als Ergebnis der Planung liegt das gewählte Verifikationsvorgehen und die daraus resultierenden Restriktionen und Anforderungen vor.

4.1.4.9 Validierung

Der Zweck des Validierungsprozesses (engl. Validation Process) ist es, die Erfüllung der Stakeholderbedürfnisse durch das System, ein Teilsystem oder ein Systemelement objektiv zu belegen (vgl. Abbildung 4-15). Die Validierung beantwortet die Frage: „Wurde das richtige System(-element) entwickelt?" (ISO/IEC/IEEE 15288:2015; Walden et al., 2015)

Die Validierung ähnelt der Verifikation in vielen Aspekten, verfolgt jedoch ein anderes Ziel. Während die Verifikation die Erfüllung der Systemanforderungen belegen soll, soll die Validierung die Erfüllung der Stakeholderbedürfnisse und Wünsche nachweisen. Es kann durchaus vorkommen, dass ein System erfolgreich verifiziert wird, also alle Systemanforderungen erfüllt, zugleich aber bei der Validierung Defizite aufweist. Dieser Fall liegt vor, wenn sich entweder seit Entwicklungsbeginn die Stakeholderbedürfnisse verändert haben oder Fehler in der Transformation von Stakeholderbedürfnissen zu Systemanforderungen passiert sind, Bedürfnisse also unvollständig oder falsch durch die Systemanforderungen repräsentiert werden. Solche Fehler sind entweder auf das Nicht-Erkennen von impliziten Bedürfnissen und Anforderungen oder die fehlerhafte Formalisierung expliziter Bedürfnisse und Anforderungen zurückzuführen. Dementsprechend können sowohl Stakeholderanforderungen als auch Stakeholderbedürfnisse validiert werden: Stakeholderanforderungen hinsichtlich der vollständigen und korrekten Repräsentation eines Bedürfnisses und Stakeholderbedürfnisse hinsichtlich ihrer Erfüllung.

In den Validierungsprozess fließen die zu validierenden Stakeholderbedürfnisse und Stakeholderanforderungen sowie die zugehörigen Validierungskriterien ein. Dies sind Ergebnisse der Prozesse zur Geschäfts- und Vorhabensanalyse (Kapitel 4.1.4.1) und zur Definition von Stakeholderbedürfnissen und Stakeholderanforderungen (Kapitel 4.1.4.2). Außerdem ist es erforderlich, dass ein funktionsfähiges System verfügbar ist. „Funktionsfähig" bedeutet in diesem Kontext, dass die vom System zu erbringenden Funktionen sowie die Umgebungsbedingungen späterer Lebenszyklusphasen realistisch abgebildet werden können und dadurch eine Aussage über die Bedürfniserfüllung möglich ist. Zusätzlich sind Informationen über die Nachverfolgbarkeit von den Bedürfnissen bis hin zum betrachteten System(-element) erforderlich.

Der Validierungsprozess gliedert sich in die drei Aktivitäten Planung, Durchführung und Management der Validierung. In der **Planung der Validierung** werden Restriktionen und Anforderungen an die Validierung sowie das Validierungsvorgehen festgelegt. Dies beinhaltet die Validierungsmethode ebenso wie die Zeitpunkte und Verantwortlichkeiten und wird in Abstimmung mit den Stakeholdern definiert. Die Validierungsplanung erfolgt parallel zur Erhebung und Definition der Stakeholderbedürfnisse und -anforderungen. Die verfügbaren Methoden überlappen mit denen der Verifikation (z. B. Stichprobenanalyse, Inspektion, Demonstration, Simulation oder diverse Analysemethoden) (Walden et al., 2015).

Die **Durchführung der Validierung** erfolgt, sobald das System funktionsfähig ist. Dies gilt über alle Systemhierarchieebenen hinweg. Vergleichbar mit der Verifikation liegen große Effizienz- und Effektivitätspotenziale in der frühzeitigen Validierung von Entwicklungsergebnissen. So kann geprüft werden, ob die Stakeholder zufrieden sein werden und ihre Bedürfnisse verstanden wurden. Für die Validierung ist eine enge Einbindung der Stakeholder von besonderer Bedeutung. Nur so lässt sich die Zufriedenheit der Stakeholder verlässlich beurteilen und vorhersagen. Das Ergebnis der Validierung ist in den späten Lebenszyklusabschnitten der Gradmesser für den Projekterfolg. In den frühen Phasen zeigt die Validierung Fehlinterpretation und -annahmen auf und hilft dabei, ein korrektes Verständnis der Stakeholderbedürfnisse zu entwickeln. (ISO/IEC/IEEE 15288:2015; Walden et al., 2015) Der entwicklungsbegleitenden Validierung sind dadurch Grenzen gesetzt, dass Stakeholder auf der Ebene von Systemelementen und Teilsystemen nicht immer beurteilen können, ob das spätere Gesamtsystem ihre Erwartungen und Wünsche erfüllen wird.

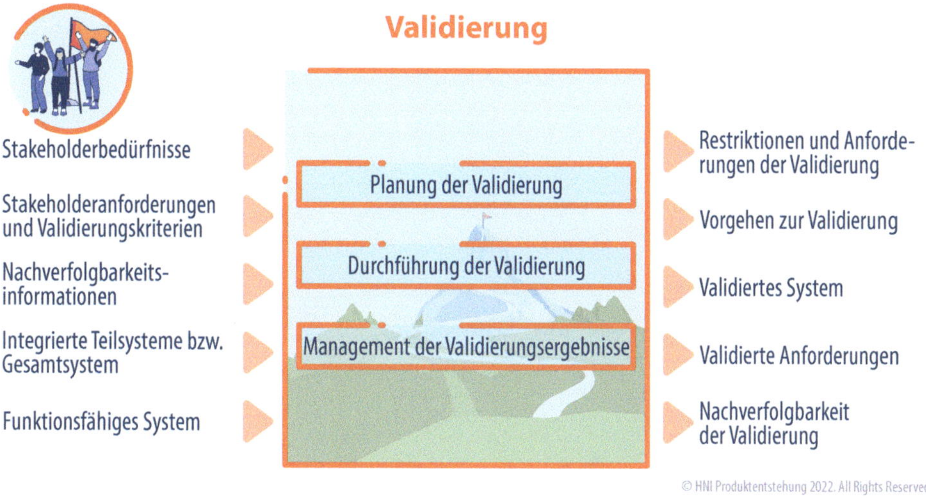

Abbildung 4-15 Prozess zur Validierung

Das **Management der Validierungsergebnisse** deckt die bedarfsgerechte Anpassung des Validierungsvorgehens und die für eine Nachverfolgbarkeit erforderliche Dokumentation ab. Außerdem werden im Rahmen dieser Aktivität Maßnahmen zur Korrektur von Abweichungen veranlasst, sofern die Validierungsergebnisse dies erfordern. (ISO/IEC/IEEE 15288:2015; Walden et al., 2015)

Der Prozess zur Validierung mündet in einem validierten (Teil-)System oder Systemelement und der für die Nachverfolgbarkeit erforderlichen Dokumentation. Zusätzlich werden im Rahmen der Planung Restriktionen und Anforderungen erarbeitet und ein adäquates Validierungsvorgehen für die Entwicklungsergebnisse festgelegt.

4.1.4.10 Zusammenspiel der Technischen Prozesse

Neben den bereits erläuterten Technischen Prozessen (vgl. Seite 142-143) gibt es einige weitere Technische Prozesse, die direkt zur Wertschöpfung beitragen (vgl. Abbildung 4-5). Der Systems Engineering Prozess, der alle anderen Prozesse mit Informationen versorgt, ist die Systemanalyse. Im Rahmen dieses Prozesses werden Daten und Informationen generiert, die dem Systemverständnis und der Entscheidungsfindung dienen (ISO/IEC/IEEE 15288:2015). Der Prozess wird ausgelöst, wenn für die Durchführung eines anderen Prozesses Daten oder Informationen benötigt werden, z. B. für die Auswahl einer favorisierten Architekturalternative. Abhängig vom Bedarf wird eine geeignete Erhebungsmethode, z. B. Messung, ausgewählt und angewandt. Die neu generierten Informationen werden anschließend dem auslösenden Prozess bereitgestellt.

Die übrigen Technischen Prozesse bilden die Lebenszyklusabschnitte nach der Implementierung und Integration des Systems ab. Dies sind die Prozesse zur

Technische Prozesse

Übergabe (engl. Transition), **Betrieb/Nutzung** (engl. Operation), **Wartung** (engl. Maintenance) und **Außerbetriebnahme** (engl. Disposal). Alle diese Prozesse haben zwei wesentliche Aktivitäten: die Planung und die Durchführung des Prozesses. Die Planung resultiert in Anforderungen und Restriktionen an die Durchführung. Die Durchführung der Prozesse zielt auf Folgendes ab:

1. Übergabe: Die Funktionsfähigkeit des implementierten und integrierten Systems in der intendierten Systemumgebung bereitstellen.
2. Betrieb/Nutzung: Die Funktionalität nutzen
3. Wartung: Die Funktionalität aufrechterhalten.
4. Außerbetriebnahme: Das System am Ende des Lebenszyklus möglichst weitgehend wiederverwenden

Wichtig ist, dass die Durchführung der vier Prozesse nicht erst nach Abschluss der Entwicklung für nachfolgende Produktgenerationen relevant ist, sondern beispielsweise bereits bei Prototypen, Zwischenergebnissen oder Vorserien wertvolles Wissen in die laufenden Entwicklungsaktivitäten einspeist.

Das Zusammenspiel der Technischen Prozesse wird in der Landschaftsgrafik auf der vorherigen Doppelseite illustriert. Darin werden die in den IPO-Diagrammen enthaltenen Piktogramme aufgegriffen und innerhalb des V-Modells positioniert. Zu Beginn konkretisieren die Beteiligten auf der linken oberen Bergkuppe stehend Chancen und Risiken des Entwicklungsvorhabens und leiten daraus ihre Zielstellung ab. In der hier verwendeten Symbolsprache kann dies das Vorhaben sein, naturliebenden Menschen einen schönen Ausblick über die Bergwelt zu ermöglichen. Es folgt die systematische Erhebung der Stakeholder-Bedürfnisse und deren schrittweise Übersetzung in messbare Zielgrößen in Form von Stakeholderanforderungen. Hierzu zählt die Auswahl eines geeigneten Berges, der einerseits hoch genug ist und eine tolle Aussicht bietet und andererseits für Hobbywanderer gut zu erklimmen ist. Nachdem die Erfolgsfaktoren verstanden wurden, wird die Perspektive gewechselt. Von nun an steht die Erfüllung der Erfolgsfaktoren durch das technische System im Fokus. Dafür werden zunächst technische Anforderungen an das System definiert (Systemanforderungen) und eine konzeptionelle Lösung erarbeitet (Systemarchitektur). Systemanforderungen sind als Etappenziele beim Aufstieg zu verstehen. Alternative Wanderrouten bilden die Architekturalternativen ab. Nach der Auswahl einer favorisierten Wanderroute wird der Aufstieg für jede Etappe konkret ausgestaltet. Anhand von digitalen Karten wird das Wandertempo und die erforderliche Kletterausrüstung definiert (Auslegung). Anschließend wird anhand von Berechnungen ermittelt, welche Mengen an Proviant erforderlich sind, wie diese beschafft werden und wie viel die Beteiligten jeweils tragen (Implementierung). Im Zuge der Integration werden die implementierten (Teil-)Lösungen schrittweise zusammengesetzt. Dafür werden die Etappenpläne in einem Reiseführer gebündelt. Die Integration wird begleitet durch einen wiederkehrenden Abgleich der Systemeigenschaften mit den Systemanforderungen (Verifikation) und bei Bedarf mit den Stakeholderanforderungen (Validierung). Im Zuge von Verifikation und Validierung wird geprüft, ob alle Etappenziele planmäßig erreicht werden und in Kombination eine stimmige Wanderung ergeben. Bei Bedarf werden besonders herausfordernde Streckenabschnitte erprobt, um die Machbarkeit abzusichern. Das Ergebnis ist ein System, dass nicht nur den technischen Ansprüchen gerecht wird, sondern auch die Stakeholderbedürfnisse befriedigt und so die eingangs definierte Zielstellung erfüllt. Bildlich gesprochen also ein Reiseführer vorliegt, mit dessen Hilfe der Aufstieg gelingt und den Stakeholdern einen schönen Ausblick bietet.

4.1.5 Technische Management Prozesse

Die Technischen Management Prozesse werden zur Koordinierung und Unterstützung der Technischen Prozesse durchgeführt. Die Initiierung und Koordination der Prozesse liegt in der Regel im unmittelbaren Verantwortungsbereich des Systems Engineers. Es werden die folgenden acht Technischen Management Prozesse unterschieden:

- Prozess zur Projektplanung
- Prozess zur Projektbewertung und -kontrolle
- Prozess für das Entscheidungsmanagement
- Prozess für das Risikomanagement
- Prozess für das Konfigurationsmanagement
- Prozess für das Informationsmanagement
- Prozess für die Messung/Messdurchführung
- Prozess zur Sicherstellung der Qualität

Der **Prozess zur Projektplanung** (engl. Project Planning Process) wird zur Erarbeitung und Umsetzung von Plänen durchgeführt. Exemplarische Pläne sind Zeitpläne, Budgetpläne oder Arbeitspläne. In diesem Zuge werden auch relevante Rollen und personelle Verantwortlichkeiten zugewiesen. Details zu Rollen und Verantwortlichkeiten werden in Kapitel 5 erläutert. Ein zentraler Arbeitsplan, der vom Systems Engineer erstellt, gepflegt und verantwortet wird, ist der Systems Engineering Management Plan (SEMP). Im SEMP wird der individuelle Systems Engineering Ansatz und dessen Anwendung auf Organisations- und Projektebene geplant. Die organisatorische Planung beinhaltet, auf welche Weise der Systems Engineering Ansatz in der Unternehmensorganisation verankert und angewandt wird. Das kann beispielsweise umfassen, welchen Verantwortungs- und Aufgabenbereich die Abteilungen haben, wie umfangreich der Systems Engineering Ansatz im Unternehmen anzuwenden ist oder wie die Arbeitsergebnisse zwischen den Unternehmensbereichen kommuniziert und zusammengeführt werden. Auf Projektebene ist der SEMP ein zentrales Arbeitsdokument des Systems Engineers. Darin werden die Systemgrenze sowie der Projektrahmen erläutert. Außerdem werden bedeutende Restriktionen und Vorgaben sowie technische Entwicklungsziele dokumentiert. Ebenso wird die operative Durchführung sämtlicher Systems Engineering Prozesse bedarfsgerecht geplant. Aufgrund der Unsicherheiten in Entwicklungsvorhaben ist der SEMP als „lebende" Arbeitsgrundlage zu verstehen, die im Projektverlauf an die tatsächlichen Erfordernisse angepasst wird. (ISO/IEC/IEEE 15288:2015; Walden et al., 2015)

Der **Prozess zur Projektbewertung und -kontrolle** (engl. Project Assessment and Control Process) bezweckt die kontinuierliche Überprüfung, ob die Projektpläne weiterhin realistisch sind und eingehalten werden. Der Prozess erfasst und kommuniziert somit den Projektstatus. Falls es zu Abweichungen kommt, werden im Rahmen dieses Prozesses Korrekturmaßnahmen (z. B. die erneute Anwendung eines technischen Prozesses) initiiert. (ISO/IEC/IEEE 15288:2015; Walden et al., 2015)

Sämtliche Entscheidungen im Entwicklungsvorhaben werden durch den **Prozess für das Entscheidungsmanagement** (engl. Decision Management Process) unterstützt. Der Prozess fördert eine systematische und ergebnisoffene Entscheidungsfindung, indem folgendes Vorgehensmuster verwendet wird: Zunächst werden Entscheidungskriterien ausgearbeitet, so dass ein grundlegendes Verständnis für die zu treffende Entscheidung vorherrscht und die Prioritäten explizit festgelegt werden können. Auf dieser Basis werden mehrere Entscheidungsalternativen ausgearbeitet. Durch die vorgelagerte Definition von Entscheidungskriterien kann die Gefahr einer vorschnellen Ergebnistendenz und (un-)bewussten Entscheidungsbeeinflussung verringert werden. Außerdem wird durch das Erarbeiten von Alternativen ein umfassendes Verständnis der Vor- und Nachteile einzelner Lösungen geschaffen, so dass eine ganzheitliche Entscheidung begünstigt wird. Als letztes wird anhand der Kriterien die vorteilhafteste Lösungsalternative ausgewählt und die Entscheidungsfindung dokumentiert. Die Dokumentation ist wichtig, um das Wissen explizit zu erfassen und bei Änderungsbedarfen die Gültigkeit der Entscheidung aufwandsarm prüfen zu können. (ISO/IEC/IEEE 15288:2015; Walden et al., 2015)

Der **Prozess für das Risikomanagement** (engl. Risk Management Process) umfasst die kontinuierliche Identifikation, Bewertung, Handhabung und Überwachung von Risiken (ISO/IEC/IEEE 15288:2015). Für jedes Risiko werden die Auswirkungen und die Eintrittswahrscheinlichkeit beurteilt, indem systematisch die zur Verfügung stehenden Informationen und Erfahrungswerte ausgewertet werden.

Der Risikobegriff und im speziellen die Auswirkung eines Risikos wird in diesem Kontext dichotom ausgelegt. Das bedeutet, dass sowohl positive Auswirkungen (Chancen) als auch negative Auswirkungen (Gefahren) als Risiko bezeichnet werden (Vanini, 2012). Das zentrale Ziel des Risikomanagements ist es, die Risiken proaktiv zu steuern, indem die Auswirkungen oder die Eintrittswahrscheinlichkeit des Risikos durch gezielte Maßnahmen verändert werden (z.B. Vertragsgestaltung, Frontloading-Maßnahmen, intensive Projektkontrolle etc.). So soll eine Balance von Chancen und Gefahren und damit eine Annäherung an das ganzheitliche Optimum erreicht werden. In der Praxis kann dies für die Abwägung stehen, eine risikobehaftete, aber sehr leistungsfähige Technologie zu verwenden oder stattdessen auf eine bewährte aber weniger leistungsfähige Technologie zu setzen. In der Summe sollten die Entscheidungen in einem vertretbaren Risiko bei zugleich größtmöglicher Leistungsfähigkeit des SoI münden. Das Risikomanagement zielt dabei nicht ausschließlich auf interne Risiken ab. Auch externe Risiken können sich auf das Entwicklungsvorhaben auswirken. Als externes Risiko sind jene Risiken zu verstehen, die im Umfeld des Projekts ihren Ursprung haben und nicht direkt beeinflusst werden können. Interne Risiken hingegen können und sollen gesteuert werden. Sowohl externe als auch interne Risiken können sehr unterschiedlich ausgeprägt sein. Üblicherweise werden die Risiken in technische, finanzielle oder zeitliche Risiken unterteilt. Das Risikomanagement ist wie das Entscheidungsmanagement kontinuierlich anzuwenden und durch die proaktive Risikosteuerung von großer Bedeutung für den Projekterfolg.

Der **Prozess für das Konfigurationsmanagement** (engl. Configuration Management Process) bezweckt die Handhabung und Überwachung der Konfiguration, sowie die Sicherstellung der Konsistenz zwischen SoI-Konfiguration und dem tatsächlichen SoI Entwicklungs- und Implementierungsstand. Die SoI-Konfiguration ist die Zusammenführung der technischen Konfiguration aller Systemelemente (funktionale, leistungsbezogene und physikalische Eigenschaften) und bildet somit den Reifegrad des SoI ab. Diese Konfiguration wird in Form von einer Baseline in die Entwicklung eingebracht. Die Baseline bildet alle für die Systemintegrität wichtigen Aspekte ab und ist der Ausgangspunkt jeglicher Entwicklungsaktivitäten. Die Baseline umfasst neben den technischen Elementkonfigurationen (Technik-Aspekt) auch den Erfüllungsgrad von Anforderungen, die aus der geschäftlichen und finanziellen Perspektive resultieren (Geschäftsaspekt und Finanzierungsaspekt). Auf welche Art und Weise die Baseline die Entwicklung unterstützt wird in Kapitel 4.2.3.7 detailliert erläutert. (ISO/IEC/IEEE 15288:2015; Walden et al., 2015)

Im Rahmen einer Entwicklung fallen Unmengen an Informationen an. Der **Prozess für das Informationsmanagement** (engl. Information Management Process) deckt die wesentlichen Aktivitäten zur Erzeugung, Bewahrung, Pflege und Verbreitung von Informationen ab. Während Informationen durch Softwarewerkzeuge zunehmend leichter zu erzeugen sind, ist die Pflege und gezielte Bereitstellung relevanter Informationen herausfordernd. Daher sollte die Bedeutung des Informationsmanagements nicht unterschätzt werden. Durch gelungenes Informationsmanagement stehen bei Entscheidungen und sonstigen Entwicklungsaktivitäten alle relevanten Informationen zur Verfügung, ohne den Nutzer durch unwichtige Zusatzinformationen zu überfordern. (ISO/IEC/IEEE 15288:2015; Walden et al., 2015)

Informationen werden unter anderem durch den **Prozess für Messungen** (engl. Measurement Process) erhoben. Ziel des Prozesses ist es, objektive Daten und Informationen zu erzeugen. Zielobjekt können sowohl Arbeitserzeugnisse als auch Systems Engineering Prozesse sein. Hinsichtlich Arbeitserzeugnissen werden beispielsweise die Leistungsfähigkeit, die Einhaltung von Qualitätsvorgaben oder der erforderliche Entwicklungsaufwand gemessen. Prozessseitig wird neben der Einhaltung von Standards und Qualitätsvorgaben beispielsweise auch die Einhaltung von Zeitvorgaben gemessen. Der Prozess für Messungen unterstützt dabei, Defizite aufzudecken, Kompromisse zu finden oder Entscheidungen zu legitimieren. Aus diesem Grund hat der Prozess eine enge Verknüpfung zu den Prozessen Projektbewertung und -kontrolle und Entscheidungsmanagement. (ISO/IEC/IEEE 15288:2015; Walden et al., 2015)

Der **Prozess zur Sicherstellung der Qualität** (engl. Quality Assurance Process) ermöglicht ein effektives Qualitätsmanagement auf übergeordneter Ebene. Der Prozess ist Bestandteil des übergeordneten Qualitätsmanagements (vgl. Organisatorische Projekt-Unterstützungsprozesse). Begleitend zur Entwicklung werden Prozesse und deren Durchführungsgüte unabhängig bewertet. (ISO/IEC/IEEE 15288:2015; Walden et al., 2015)

Die Gesamtheit der Technischen Management Prozesse bildet eine Hilfestellung für die effiziente und effektive Durchführung der Technischen Prozesse. Damit sind die Technischen Management Prozesse zwar nur indirekt an der Wertschöpfung beteiligt, für den Projekterfolg aber von grundlegender Bedeutung. Diese Bedeutung wird im Systems Engineering anerkannt und das Zusammenspiel aus technischen und unterstützenden Prozessen als ebenso bedeutend für den Projekterfolg herausgestellt wie die Lösung der rein technischen Herausforderungen.

4.1.6 Einigungsprozesse

Die Einigungsprozesse sind sowohl auf Organisationsebene als auch auf Projektebene von Bedeutung. Einigungsprozesse können aus der Position als Zulieferer oder als Kunde eines Systemelements heraus angewandt werden. Aufgrund der Komplexität heutiger Wertschöpfungsketten und dem vielfältigen Produktportfolio ist häufig beides für ein Unternehmen relevant. In der ISO/IEC 15288:2015 werden für die zwei Perspektiven einzelne Prozesse beschrieben. Da sich die Prozesse inhaltlich ähneln, wird an dieser Stelle auf die Unterscheidung verzichtet.

Auf Organisationsebene decken die Einigungsprozesse beispielsweise die Etablierung und Pflege strategischer Partnerschaften zu Kunden oder Zulieferern, das Lieferantenmanagement und die Erarbeitung vertraglicher Vorgaben ab. Auf Projektebene ist der Systems Engineer in die Einigungsprozesse einzubinden. Der Systems Engineer hat dabei eine unterstützende Rolle für die Entscheidungsebene inne. Die aktive Einbeziehung des Systems Engineers zielt auf die Einbringung der technischen und systemischen Wissensgrundlage in den Verhandlungsprozess ab. So sollen ausgewogene Entscheidungen, realistische Zielvorgaben und Akzeptanzkriterien sowie eine fallspezifisch angepasste Vertragsgestaltung erreicht werden. Bei der Vertragsgestaltung ist beispielsweise zu berücksichtigen, welche Anforderungen definiert werden, welche Verifikations- und Validierungsmaßnahmen festgelegt werden und wie die Verteilung von Änderungskosten geregelt wird. Solche Einigungen haben eine tiefgreifende Bedeutung für das Entwicklungsvorhaben, da beispielsweise die Systemgrenze davon abhängen kann. Es ist daher Aufgabe des Systems Engineers, proaktiv die Einigungsprozesse zu begleiten. (ISO/IEC/IEEE 15288:2015; Walden et al., 2015)

4.1.7 Organisatorische Projektunterstützungsprozesse

Die Organisatorischen Projekt-Unterstützungsprozesse (engl. Organisational Project-Enabling Processes) werden in der Regel auf Organisationsebene durchgeführt und verantwortet. Die Verantwortung des Systems Engineers ist in diesem Kontext, die verfügbaren Strukturen zu aktivieren, Fachexperten einzubeziehen und den Transfer der organisationsseitigen Prozessdurchführung in das Projekt sicherzustellen. Jeder der im Folgenden erläuterten Prozesse deckt ein umfangreiches Themenfeld ab, so dass an dieser Stelle lediglich grundlegende Aspekte benannt werden. Dies soll ein Verständnis für die Bedeutung der Prozesse und die Integration in ein spezifisches Entwicklungsvorhaben ermöglichen. Es werden die folgenden sechs Organisatorischen Projekt-Unterstützungsprozesse unterschieden:

- Prozess zum Management der Lebenszyklusmodelle
- Prozess zum Infrastrukturmanagement
- Prozess zum Portfoliomanagement
- Prozess zum Personalmanagement
- Prozess zum Qualitätsmanagement
- Prozess für das Wissensmanagement

Der **Prozess zum Management der Lebenszyklusmodelle** (engl. Life Cycle Model Management Process) wird auf organisatorischer Ebene umgesetzt und unterscheidet sich in diesem Punkt von der Definition des Lebenszyklusmodells auf Projektebene, die unmittelbar vom Systems Engineer umgesetzt wird. Verantwortet wird der Prozess zum Management der Lebenszyklusmodelle von der für das Systems Engineering im Unternehmen verantwortlichen Fachabteilung oder Stabsstelle. In dem Prozess werden organisatorische Vorgaben und Vorarbeiten an die projektspezifischen Lebenszyklusmodelle ausgearbeitet, die in das Tailoring des Systems Engineering Ansatzes auf Unternehmensebene einfließen (vgl. Kapitel 2.2). Auf Basis dieser Vorgaben und Vorarbeiten erstellt der Systems Engineer ein projektspezifisches Lebenszyklusmodell, welches konsistent mit der Ausrichtung des Unternehmens ist. Die Vorarbeiten umfassen strategische Vorgaben des Unternehmens (z. B. Kostenführerschaft anstreben) ebenso wie Richtlinien und Ziele, die von der Organisation vorgegeben werden und die Gestaltung des Lebenszyklus beeinflussen (z. B. CO2-Neutralität neu entwickelter Systeme). (ISO/IEC/IEEE 15288:2015; Walden et al., 2015)

Der **Prozess zum Infrastrukturmanagement** (engl. Infrastructure Management Process) bezweckt die Bereitstellung der für die Projektdurchführung erforderlichen Infrastruktur. Die Infrastruktur umfasst alle Ressourcen, die nicht finanzieller oder menschlicher Natur sind. Infrastruktur ist somit sehr weitreichend zu interpretieren und deckt beispielsweise Räumlichkeiten, technisches Equipment und Softwarewerkzeuge ab. Für menschliche und finanzielle Ressourcen werden im Folgenden gesonderte Prozesse erläutert. Die Bereitstellung der Infrastruktur umfasst eine Bedarfsanalyse, die Sicherstellung einer effizienten und effektiven Nutzung der Ressourcen, die Kompromissfindung innerhalb der Organisation im Falle von Interessenskonflikten sowie die Instandhaltung der Infrastruktur. Übergeordnetes Ziel des Prozesses ist es, keine infrastrukturbedingten Ineffizienzen in die Entwicklung einzubringen. Da unzureichende oder fehlende Infrastruktur häufig zu vermeidbaren Verzögerungen von Projekten führt, sollte dieser Prozess frühzeitig berücksichtigt und initiiert werden. (ISO/IEC/IEEE 15288:2015; Walden et al., 2015)

Der **Prozess zum Portfoliomanagement** (engl. Portfolio Management Process) bezweckt die Verfügbarmachung ausreichender Ressourcen für das Entwicklungsvorhaben. Im Fokus stehen dabei finanzielle Mittel. Für die Verteilung wird auf Unternehmensebene orchestriert, dass Projekte mit hohen Nutzen- und Synergiepotenzialen durchgeführt werden. Ziel ist es, dass bei begrenztem Ressourcenaufwand ein möglichst hoher Gesamtnutzen generiert wird und für die einzelnen Entwicklungsvorhaben ausreichende Ressourcen bereitgestellt werden können. Dieser Prozess wird auf Unternehmensebene verantwortet und durchgeführt. Es ist jedoch für den Systems Engineer von entscheidender Bedeutung, den Prozess zu verstehen und in die Entscheidungen für die Entwicklung des SoI einzubeziehen. Beispielsweise ist es wichtig, das Projekt bestmöglich auf Bewertungskriterien wie die Passung der Projektziele zur Unternehmensstrategie auszurichten (vgl. Prozess zur Geschäfts- und Vorhabensanalyse in Kapitel 4.1.4.1). So wird größtmöglicher Projektnutzen und Rückhalt im Unternehmen gefördert. Dafür ist neben der Definition entsprechender Stakeholderanforderungen auch eine klare Kommunikation des Projektnutzens innerhalb des Unternehmens erforderlich. Des Weiteren können proaktiv Synergie- und Nutzenpotenziale im Portfolio gesucht und ausgeschöpft werden. So wird das Risiko eines Projektabbruchs oder eines Ressourcenmangels gemindert, dass auch bei vermeidlich vielversprechenden und erfolgreich verlaufenden Projekten existiert. (ISO/IEC/IEEE 15288:2015; Walden et al., 2015)

Der **Prozess zum Personalmanagement** (engl. Human Resource Management Process) komplettiert das Trio der ressourcenorientierten Prozesse. Neben den infrastrukturellen und den finanziellen Ressourcen sind die menschlichen Ressourcen von großer Bedeutung für den Projekterfolg. Ziel des Prozesses ist es, auf organisatorischer Ebene ausreichend Personalkapazitäten mit entsprechenden Kompetenzen verfügbar zu machen. Das umfasst auch den Aufbau fehlender Kompetenzen durch Weiterbildung, Mentoring oder Recruiting sowie den Erhalt bestehender Kompetenzen. Insbesondere bei Spezialisten und Spezialistinnen kann es zu Kapazitätsengpässen kommen, die im Rahmen dieses Prozesses verhandelt und aufgelöst werden. Der Systems Engineer muss dafür vor und während des Entwicklungsvorhabens die erforderlichen Kompetenzen und Personalkapazitäten abschätzen, und frühzeitig mit der verantwortlichen Organisationseinheit in Kontakt treten, so dass Mangelzuständen vorgebeugt werden kann. Die frühzeitige Planung ist insbesondere für den zeitintensiven Aufbau von Kompetenzen und die Einplanung von Urlaubszeiten etc. entscheidend. Außerdem sind durch eine enge Zusammenarbeit mit der verantwortlichen Organisationseinheit begleitende Maßnahmen auszuarbeiten, die hohen Jobwechselquoten und Unzufriedenheit vorbeugen. Das umfasst beispielsweise Belohnungs-, Trainings- und Karriereprogramme. Auch die Sensibilisierung des Systems Engineers und weiterer Führungspersonen für einen wertschätzenden Umgang mit den Mitarbeitern ist anzustreben. (ISO/IEC/IEEE 15288:2015; Walden et al., 2015)

Im Rahmen der Technischen Management Prozesse wurde bereits der Prozess zur Sicherstellung der Qualität erläutert. Dieser ist dem auf Organisationsebene verhafteten **Prozess zum Qualitätsmanagement** (engl. Quality Management Process) untergeordnet. Das Qualitätsmanagement bezweckt primär die Erzeugung eines Systems in der gewünschten Qualität. Um dies zu erreichen, werden Vorgaben zur Kundenzufriedenheit und der Einhaltung von Qualitätsstandards ausgearbeitet. Solche Standards sind beispielsweise die Normenreihe EN ISO 9000, Total Quality Management (TQM) oder Six Sigma. Bei erfolgreichem Qualitätsmanagement sollte sich jeder Beteiligte an diese Vorgaben halten. Der Systems Engineer muss sicherstellen, dass die entsprechenden Qualitätsstandards auch im Rahmen des spezifischen Entwicklungsvorhabens eingehalten werden.

Der **Prozess für das Wissensmanagement** (engl. Knowledge Management Process) bezweckt die Bewahrung und Wiederverwendung von Wissen innerhalb der Organisation. In einer Organisation ist viel Wissen vorhanden, das nur in Teilen wiederverwendet wird. Häufig besitzen Mitarbeiter und Mitarbeiterinnen einen einzigartigen Erfahrungsschatz und Fachwissen. Dieses Wissen geht verloren, wenn sie aus dem Projekt abgezogen werden oder das Unternehmen verlassen. Daher liegt großes Effizienzpotenzial in der Bewahrung und Wiederverwendung von Wissen. Zunächst muss dafür das Wissen explizit gemacht werden, beispielsweise indem es dokumentiert oder an weitere Mitarbeiter vermittelt wird. Dieser Prozess wird organisationsübergreifend durchgeführt, ist aber auch für den Systems Engineer von unmittelbarer Bedeutung. Der Systems Engineer sollte verfügbare Angebote und Vorgaben des Wissensmanagements aktiv in das Entwicklungsvorhaben einbringen. Beispielhafte Möglichkeiten zur Bewahrung und Wiederverwendung des Wissens sind Dokumentationsrichtlinien, Informationsplattformen, Veranstaltungen zum Wissenstransfer oder die Erarbeitung von Good Practice. Ebenso bietet MBSE eine vielversprechende Möglichkeit für Wissensmanagement, da in den Diagrammen und Modellen das Entwicklungswissen explizit, formalisiert und systematisch dokumentiert ist. Im Rahmen des Entwicklungsvorhabens kann durch die Ausschöpfung solcher Möglichkeiten nicht nur der Wissenspool erweitert und besser ausgeschöpft, sondern auch das Risiko von Wissensabfluss reduziert werden. (ISO/IEC/IEEE 15288:2015; Walden et al., 2015)

4.1.8 Systems Engineering Prozesse in der Praxis

Für den Praxistransfer und die Anwendung der Prozesse sind gedanklich zwei Aspekte zu unterscheiden. Zum einen das prozessspezifische Tailoring, um im jeweiligen Fall den richtigen Zuschnitt zu finden. Zum anderen die Etablierung von Grundprinzipien des Systems Engineering im Entwicklungsvorgehen durch die Anwendung der Systems Engineering Prozesslandschaft als Ganzes.

4.1.8.1 Tailoring

Die Systems Engineering Prozesse sind als Hilfestellung und Orientierung zu verstehen. Daher ist es für jedes Projekt erforderlich, die Prozesse zu individualisieren. **Tailoring** selbst wird im INCOSE Handbook als ein separater Prozess erläutert. Aufgrund der durchdringenden Bedeutung wurde das Tailoring in diesem Buch als Befähiger kategorisiert, bleibt jedoch im Kern ein vielfach angewandter Prozess. Ziel des Tailorings ist es in erster Linie, die bestmögliche Balance zwischen Aufwand und Nutzen zu finden (vgl. Kapitel 2.2). Diese Prämisse gilt auch für die Auswahl und Anwendung der Systems Engineering Prozesse. Es ist sowohl bei der Projektplanung als auch in der operativen Entwicklung zu untersuchen, welcher Prozess die Entwicklung voranbringt und welcher Prozessumfang dafür erforderlich ist. Während einige Prozesse intensiv betrieben werden, können andere Prozesse ganz vernachlässigt werden oder sind nur in geringem Umfang sinnvoll. Es ist die Verantwortung des Systems Engineers die Bearbeitungsintensität vorausschauend zu planen, anzustoßen und kontinuierlich zu hinterfragen, ob die

Planung den tatsächlichen Bedarfen gerecht wird. Bei Abweichungen sind Korrekturen vorzunehmen, so dass alle notwendigen Outputs erarbeitet, aber zugleich unnötige Aktivitäten vermieden werden. Im Folgenden sind einige Kontrollfragen aufgelistet, die den Systems Engineer bei der Abwägung unterstützen:

1. Ist der Prozess für das vorliegende Entwicklungsvorhaben von Bedeutung und warum?
2. Welche Prozessoutputs werden benötigt und welche Prozessaktivitäten müssen dafür angewandt werden?
3. Welche Person(en) hat die erforderliche Anwendungskompetenz, um den Prozess bzw. eine spezifische Aktivität durchzuführen?
4. Welche Wechselwirkungen mit anderen Prozessen gibt es und sind diese angemessen berücksichtigt?
5. Wie kann ein effizientes Ineinandergreifen der Prozesse erreicht oder beibehalten werden, indem die erforderlichen Prozessinputs zeitgerecht zur Verfügung stehen?

4.1.8.2 Etablierung von Grundprinzipien des Systems Engineering

Die Prozesse helfen bei der systematischen Lösung bestimmter Aufgabenbündel. Dafür werden bewährte Vorgehensmuster erläutert, die ein gewisses Maß an Systemdenken fordern und fördern. Damit verankern die Prozesse zugleich das Systemdenken in der Entwicklungspraxis und manifestieren eine interdisziplinäre Zusammenarbeit und Lösungsfindung. Interdisziplinarität umfasst an dieser Stelle nicht ausschließlich die technischen Disziplinen, sondern auch alle nicht-technischen Disziplinen, die einen nicht zu unterschätzenden Beitrag zum Entwicklungserfolg leisten.

Die Systems Engineering Prozesse sorgen für die Durchsetzung des Frontloading-Prinzips. Das Wesen der Prozesslandschaft ist die bedarfsorientierte und flexible Anwendung der einzelnen Prozesse zu jedem erforderlichen Zeitpunkt. Nur wenn die konkrete Ausgestaltung der Lösung sorgfältig vorbereitet wird, kann sie am Ende effizient und effektiv durchgeführt werden. Dafür sind die Prozesse von der Implementierung der Systemelemente bis hin zur Außerbetriebnahme des SoI unlösbar mit den Prozessen zur Anforderungserhebung und Lösungsdefinition verbunden. Es ist eine zentrale Aufgabe der Entscheidungsebene, für die Bedeutung des Frontloadings zu sensibilisieren und es als Handlungsprämisse zu verankern. Dabei sollte nicht der Tendenz nachgegeben werden, die Aktivitäten in frühen Phasen einzukürzen, um zügig zu „greifbaren" Fortschritten und Ergebnissen zu gelangen. Auch wenn dies vermeidlich die kurzfristige Zielerfüllung erleichtert, führt es aufgrund der Systemkomplexität unweigerlich zu hohen Folgekosten. Dieses Verständnis muss sich sowohl bei den Entwicklern als auch bei den Entscheidungsträgern durchsetzen und in der Arbeitskultur festgeschrieben werden. Konzeptionelles und nachhaltiges Denken, mit dem Ziel, fundierte Entscheidungen zu treffen, muss ebenso als Projektfortschritt anerkannt werden, wie die Realisierung dieser Konzepte.

Das Frontloading steht dabei nicht im Widerspruch zu einer agilen Projektorganisation. Im Gegenteil, die proaktive Identifikation von Unsicherheiten und sich verändernden Rahmenbedingungen anhand „erlebbarer" Entwicklungsinkremente ist ein Grundgedanke des agilen Vorgehens und als Maßnahme des Frontloadings zu verstehen, die einer umfangreichen Vorausplanung vielfach überlegen ist.

Abschließend ist zu betonen, dass weder der Systems Engineering Ansatz noch die Systems Engineering Prozesse auf eine vollständige Ablösung und Ersetzung etablierter Vorgehensweisen abzielen. Das würde der heutigen Leistungsfähigkeit wettbewerbsfähiger Unternehmen nicht gerecht. Stattdessen ist es ein elementarer Bestandteil des Praxistransfers, das vorhandene Erfahrungswissen und gut funktionierende Strukturen zu nutzen. Ziel ist es, eine Synthese aus der Bewahrung von leistungsfähigen Strukturen und der Anreicherung/Anpassung dieser Strukturen durch Systems Engineering Elemente zu realisieren. Vor dem Hintergrund der heutigen und zukünftigen Herausforderungen einer Entwicklung komplexer, interdisziplinärer Systeme ist ein solcher synergetischer Entwicklungsansatz unerlässlich.

4.2 Das V-Modell als Denkstruktur

In diesem Kapitel wird das zweite Element der Entwicklungsmethodik vorgestellt: das V-Modell. Das V-Modell ist eine **sachlogische Verknüpfung** von Entwicklungsaufgaben (VDI/VDE 2206:2021; Graessler und Hentze, 2020). Wie Kapitel 4.1 gezeigt hat, enthalten die 30 Prozessbeschreibungen eine große Bandbreite an Aufgabenbündeln, die sich nicht unmittelbar in einen Projektplan bringen lassen. Die Systems Engineering Prozesse sind so formuliert und strukturiert, dass sie per se ein **enges Geflecht** an wechselseitigen Input-/ Output-Relationen ergeben. Einerseits umfasst das Prozessgeflecht iterative Vorwärts-/ Rückwärtssprünge, wie sie bereits aus den klassischen Konstruktionsmethodiken bekannt sind, z. B. zwischen den Technischen Prozessen Architektur, Systemauslegung und Implementierung. Diese dienen dem schrittweisen Abgleich der Lösungen auf unterschiedlichen Konkretisierungsebenen. Andererseits folgen aus den Prozessbeschreibungen auch Verflechtungen, die nur durch eine zwingend iterative Bearbeitung mit hohem Zeitversatz zwischen den Aktivitäten auflösbar sind. Beispiele hierfür sind die Prozesse Implementierung, Integration, Verifikation und Validierung. Diese enthalten jeweils eine Planung und Durchführung. Die Planung liefert Randbedingungen und Anforderungen an die Durchführung. Zur Erzielung von Systemintegrität und Frontloading soll die Planung von Implementierung, Integration, Verifikation und Validierung bereits in den frühen Phasen der Systementwicklung durchgeführt werden – lange vor der jeweiligen Durchführung. Wie dies gelingen kann, zeigt das V-Modell, indem es die Aktivitäten und Prozessinhalte in eine sachlogische Abhängigkeit bringt. Von hier aus kann der zeitliche Ablauf geplant werden. Das V-Modell befähigt dabei sowohl einen agilen Ansatz als auch eine klassische meilensteingetriebene Projektorganisation. Das V-Modell liefert damit den **inhaltlich fundierten Brückenschlag** zwischen den Systems Engineering Prozessen und dem praktischen Einsatz.

4.2.1 Flexible Denkstruktur

Das V-Modell ist der Rahmen für das Zusammenspiel der Entwicklungsprozesse (Gräßler et al., 2016; Gräßler, 2017). Die Logik des Zusammenspiels führt zu einer V-Form, die namensgebend ist und einige Vorteile in sich vereint. Im Systems Engineering ist das V-Modell nicht als herkömmliches Schritt-für-Schritt Vorgehensmodell zu verstehen. Vielmehr ist es eine Denkstruktur, die dem Systems Engineer bei der Entwicklung des SoI eine zielführende und auf die Systems Engineering Prinzipien abgestimmte Verknüpfung der erforderlichen Aufgaben bietet. Im Gegensatz zu konventionellen Vorgehensmodellen ist das V-Modell flexibler. Es gibt keine eindeutige Reihenfolge von Aktivitäten vor, sondern erlaubt eine bedarfsgerechte Ausgestaltung des Projektablaufs. Diese Offenheit ist erforderlich, da aufgrund der Komplexität und Vielfalt heutiger Systeme ein allgemeingültiges und zugleich optimales Schritt-für-Schritt „Kochrezept" nicht mehr realistisch ist und eine unzulässige Vereinfachung darstellen würde.

Da das V-Modell eine Denkstruktur ist, kann es für jede beliebige Entwicklungsaufgabe angewendet werden. Für die Entwicklung eines SoI gibt es ein übergeordnetes V-Modell und innerhalb dessen untergeordnete V-Modelle für die Entwicklung der zugehörigen Teilsysteme und Systemelemente (Abbildung 4-16). Darüber hinaus kann für ein anspruchsvolles Teilsystem, wie einen Spurhalteassistenten im Kraftfahrzeug, das V-Modell zur Steigerung der Systemreife und Zuverlässigkeit mehrfach durchlaufen werden (iterative Anwendung). Ebenso ist das mehrfache Durchlaufen des V-Modells auf unterschiedlichen Detaillierungsebenen oder für unterschiedliche SoI-Reifegrade möglich (repetitive Anwendung). Beispielsweise wenn erst ein Prototyp erarbeitet wird (Durchlauf 1), dieser in einem neuen V-Modell als Ausgangspunkt zur Erarbeitung eines Vorserienprodukts genutzt wird (Durchlauf 2) und abschließend in einem erneuten Durchlauf zur Serienreife weiterentwickelt wird (Durchlauf 3). Innerhalb jedes Durchlaufs ist zu entscheiden, welche Entwicklungsaufgaben zu lösen sind und wie diese sachlogisch zusammenhängen. Zur Lösung der Entwicklungsaufgaben werden dazu passende Systems Engineering Prozesse genutzt, so dass eine Synthese aus V-Modell und Prozesslandschaft entsteht.

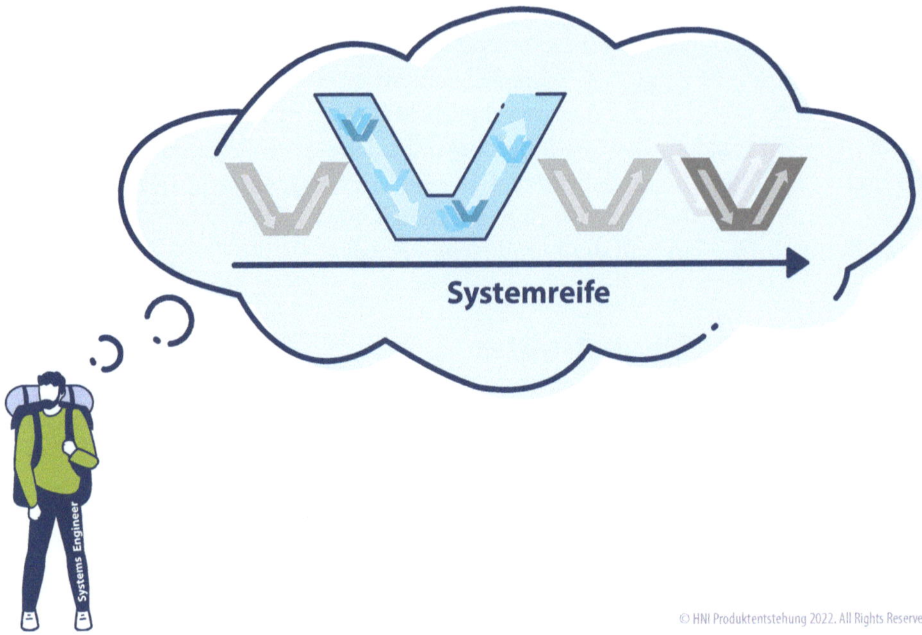

Abbildung 4-16 Das V-Modell als flexibel und bedarfsgerecht anwendbare Denkstruktur

4.2.2 Merkmale des V-Modells

Das V-Modell vermittelt zentrale Prinzipien des SE. Zur Erläuterung werden nachfolgend drei charakteristische Merkmale herausgegriffen:

1. Anforderungsentwicklung
2. Dekomposition und Integration
3. Verifikation und Validierung

4.2.2.1 Anforderungsentwicklung

Die ganzheitliche Betrachtung eines Systems, das sogenannte „Systemdenken", stellt ein Kernelement des V-Modells dar. Betrachtet werden alle Anforderungen aus vor- und nachgelagerten Produktlebenszyklusphasen. Unter Anforderungsentwicklung (engl. Requirements Engineering) wird die systematische Anforderungserhebung und das kontinuierliche Management von Anforderungsänderungen durch die Analyse, Dokumentation, Prüfung und Verwaltung von Anforderungen verstanden. ((VDI 2221:2019) in Anlehnung an (Pohl und Rupp, 2015)

Die Neuauflage der VDI 2206 trägt der im Systems Engineering beigemessenen Bedeutung der Anforderungsentwicklung Rechnung und repräsentiert diese als eigenen inneren Strang, bestehend aus Anforderungserhebung und Anforderungsmanagement (vgl. Abbildung 4-20). Neben der vollumfänglichen Darstellung der

Anforderungsentwicklung ist auch die Repräsentation des zugrunde liegenden Geschäftsmodells neu (vgl. Kapitel 4.2.3.1). Diese greift den Technischen Prozess „Geschäfts- und Vorhabensanalyse" (Kapitel 4.1.4.1) auf.

4.2.2.2 Dekomposition und Integration

Die ursprüngliche Idee des V-Modells wurde 1979 erstmalig in der Softwareentwicklung durch Boehm aufgebracht (Boehm, 1979) und 1995 von BRÖHL und DRÖSCHEL aufgegriffen (Bröhl, 1995; VDI/VDE 2206:2021; Gräßler, 2018). Das Symbol des „V" steht dabei für die Zerlegung des Systems in seine Elemente auf dem einen Schenkel (Dekomposition) und die schrittweise Zusammenführung von Elementen und Teilsystemen zum technischen Gesamtsystem (Integration) auf dem anderen Schenkel (Gräßler, 2018) (vgl. Abbildung 4-17). Dekomposition und Integration sind notwendig, um die hohe Komplexität heutiger Systeme zu erfassen und für die Entwicklung beherrschbar zu machen (vgl. Kapitel 1). Durch die Zergliederung einer komplexen Entwicklungsaufgabe in mehrere Teilaufgaben wird deren Umfang beherrschbar. Mit der Komplexitätsreduktion sinkt auch die Anzahl der gleichzeitig beteiligten Fachdisziplinen, so dass die Aufgaben einfacher durch einzelne Teams oder Fachexperten gelöst werden können. Am Ende der Dekomposition ist das System in beherrschbare Systemelemente heruntergebrochen, die ausgearbeitet werden. Danach erfolgt eine schrittweise Integration der Lösungselemente zu Teilsystemen und letztendlich einem Gesamtsystem, dem SoI.

Die **Dekomposition** beginnt auf der linken Seite des V-Modells mit der Zergliederung der Entwicklungsaufgabe in Stakeholderbedürfnisse und -anforderungen. Im nachfolgenden Dekompositionsschritt werden aus den Stakeholderanforderungen die Systemanforderungen abgeleitet. Bei beiden Schritten wird einerseits das Systemumfeld berücksichtigt und andererseits die Art und Weise, in der das SoI innerhalb der übergeordneten SoS agiert bzw. agieren soll. An diesem Punkt wird die Komplexität der Entwicklungsaufgabe in den Fokus gestellt und beherrschbare Elemente (Anforderungen) erarbeitet. Die nachfolgenden Dekompositionsaktivitäten fokussieren sich überwiegend auf die Lösungsdefinition. Im Wechselspiel mit der fortwährenden Dekomposition der Systemanforderungen werden

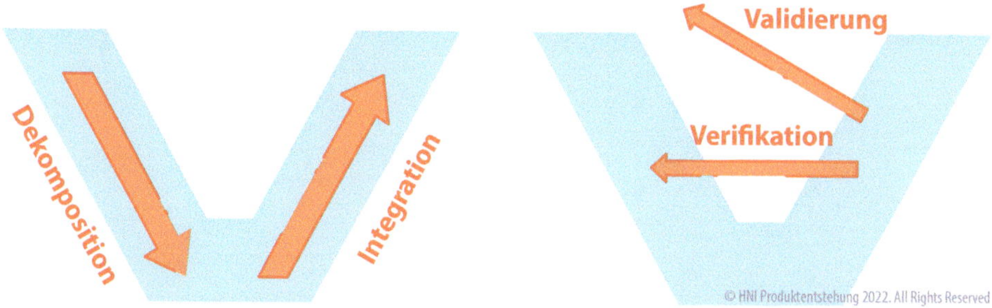

Abbildung 4-17 Dekomposition, Integration, Verifikation und Validierung im V-Modell (Gräßler, 2018)

Lösungen definiert. Die Lösungen sind zunächst Funktionen, die anschließend durch logische Lösungselemente (z. B. erforderliche Systemfunktionalitäten und -eigenschaften) realisiert werden. Den logischen Lösungselementen werden dann physische Lösungselemente zugewiesen. Für diese Dekompositionsschritte setzt sich in Praxis und Wissenschaft zunehmend die Begrifflichkeit RFLP (Requirements – Functions - Logics – Physics) durch (M. Eigner et al., 2012; Martin Eigner, 2021; Gräßler, Wiechel und Oleff, 2022; Pohl et al., 2012), (Abbildung 4-18).

Falls die Komplexität eines Lösungselements zu hoch für eine unmittelbare Realisierung ist, wird es nicht mehr als Element, sondern als Teilsystem behandelt und erneut in untergeordnete Lösungselemente zergliedert. Die Dekomposition von Teilsystemen in Elemente erfolgt solange, bis die Realisierung des Elements möglich ist. Dieses Prinzip gilt sowohl für die Systemanforderungen als auch für die funktionalen, logischen und physischen Lösungselemente. Da manche Teillösungen weniger komplex sind als andere, kann der Dekompositionsgrad variieren. In bestimmten Fällen kann die Dekomposition auch entfallen. Beispielsweise wenn Teilsysteme wiederverwendet werden oder als Zukaufteil beschafft werden, so dass deren innere Struktur für die Entwicklung unbedeutend ist.

Sobald ein Lösungselement als beherrschbar angenommen wird, erfolgt die Ausarbeitung (Systemarchitektur und -auslegung) und Implementierung. Die Ausarbeitung geschieht vorwiegend im unteren Teil des V-Modells und ist die Verbindung zwischen Dekomposition und Integration. Manche Lösungselemente sind disziplinspezifisch, andere interdisziplinär. Disziplinspezifische Elemente werden von den jeweiligen Fachexperten entwickelt und realisiert. Interdisziplinäre

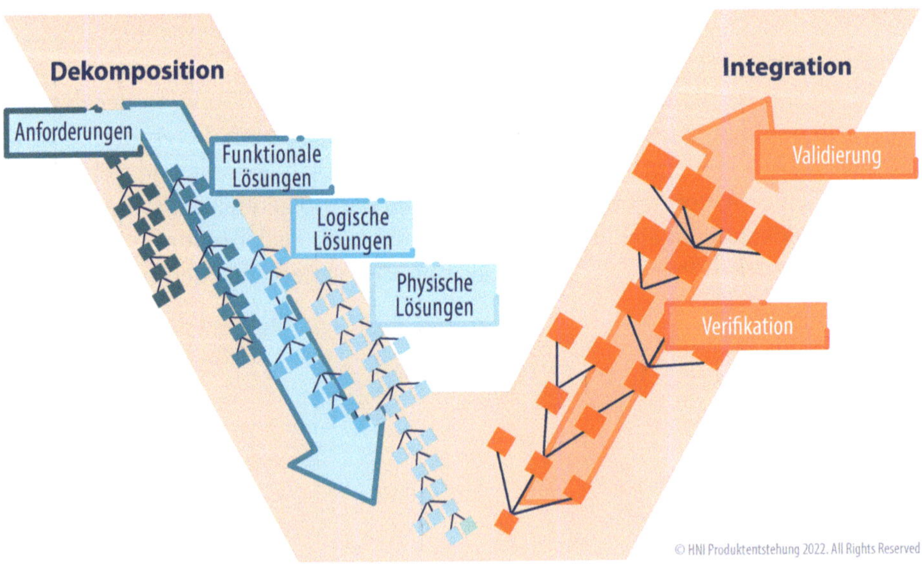

Abbildung 4-18 Mehrdimensionale Dekomposition der Entwicklungsaufgabe und anschließende Integration der implementierten Teilsysteme und -elemente

Elemente werden durch ein Team aus Fachexperten der beteiligten Disziplinen bearbeitet. In beiden Fällen ist im Hinblick auf die nachfolgende Integration eine systemische Perspektive einzunehmen, um auf ein ganzheitliches Optimum hinzuwirken. Dazu dient die zuvor erarbeitete Systemarchitektur.

Anschließend folgt die **Integration** der Elemente. Nur die Summe der einzelnen Lösungselemente ist in der Lage, die an das SoI gestellten Bedürfnisse zu befriedigen. Dafür werden die Lösungselemente sukzessive zu Teilsystemen integriert. Die Teilsysteme werden anschließend zu Teilsystemen höherer Ordnung zusammengeführt, so dass in einem letzten Schritt das Gesamtsystem entsteht. Das Gesamtsystem wird anschließend verifiziert und validiert, um zu belegen, dass sämtliche Systemanforderungen erfüllt sind und die zugrunde liegenden Stakeholderbedürfnisse befriedigt werden. Falls im Rahmen der Tests ein Defizit erkannt wird, lässt sich dies aufgrund der Systemkomplexität zum Teil nur schwerlich auf eine eindeutige Ursache zurückführen. Wenn beispielsweise die angestrebte Fahrzeuggeschwindigkeit nicht erreicht wird, können dafür einzelne Teilsysteme oder -elemente (Motorleistung, Rollwiderstand der Reifen) ebenso verantwortlich sein wie Fehler in deren Zusammenspiel (Kraftübertragung von Motor auf Antriebsachse). Eine vollständige Fehleranalyse wäre in diesem Fall sehr aufwändig. Daher werden bereits während der Integration Verifikations- und Validierungsaktivitäten auf Ebene der Teilsysteme durchgeführt und Fehlerquellen frühzeitig erkannt (vgl. Kapitel 4.1.4).

4.2.2.3 Verifikation und Validierung

Zwischen den beiden Schenkeln des „V" werden die Eigenschaften des in Entwicklung befindlichen Systems kontinuierlich verifiziert und validiert. So wird sichergestellt, dass das „richtige" System (Validierung) auf die „richtige" Art und Weise entwickelt wird (Verifikation). Anforderungserhebung und Verifikation erfolgen auf der gleichen Systemebene (horizontaler Pfeil in Abbildung 4-17). Die Validierung erfolgt gegenüber der nächsthöheren Systemebene (schräger Pfeil in Abbildung 4-17). Verifikation und Validierung werden von Anfang an durchgeführt. Diese Idee wurde in der ersten Ausgabe der VDI-Richtlinie 2206 (VDI 2206:2004) erfolgreich auf die Mechatronik übertragen. (Gräßler, 2018)

Die Interaktion der Entwicklungsaktivitäten auf jeder Systemhierarchieebene (SoI-Level) fördert das effektive und effiziente Zusammenspiel zwischen der Ausarbeitung und der Realisierung einer Lösung. Daher wird bei der Definition von RFLP bereits die spätere Integration, Verifikation und Validierung der Systemelemente berücksichtigt. Defizite, die anderenfalls erst spät sichtbar würden, werden durch das horizontale Wechselspiel frühzeitig erkannt und ausgemerzt. Beispielsweise werden Anforderungen identifiziert und nachgebessert, für die aufgrund einer ungenauen Formulierung keine aussagekräftige Verifikation möglich wäre. Auf der linken Seite des V-Modells wird eine fehlerfreie Zergliederung und Ausarbeitung von Lösungselementen angestrebt, so dass im Umkehrschluss auf der rechten Seite des V-Modells deren Integration erfolgreich verifiziert und validiert wird.

Im Laufe der Entwicklung werden zahlreiche Dekompositions- bzw. Integrationsschritte durchgeführt. Die Restriktionen eines Integrationsschrittes und der damit verbundenen Verifikation und Validierung müssen daher in den Dekompositionsschritt auf gleicher Detaillierungsebene eingebracht werden. Die Interaktion zwischen linkem und rechtem Schenkel des V-Modells beruht dementsprechend auf einem gemeinsamen Detaillierungsgrad des SoI und verläuft horizontal im V-Modell. Dieser gemeinsame Detaillierungsgrad für die horizontale Interaktion ist das **SoI-Level**. Die bewusste Benennung und Differenzierung von SoI-Leveln unterstützt Anwender bei der Strukturierung und Durchführung der Entwicklungsaktivitäten. Das gilt insbesondere für Integration, Verifikation und Validierung. Es können beliebig viele SoI-Level definiert und für die Kommunikation und Zusammenarbeit genutzt werden. Grundlegend zu unterscheiden sind die folgenden drei SoI-Level, die für jedes SoI gültig sind (vgl. Abbildung 4-19):

1. Stakeholder-Level
2. System-Level
3. Teilsystem- und Element-Level

Auf dem **Stakeholder-Level** werden die Entwicklungsaufgabe, die zugrunde liegenden Stakeholderbedürfnisse und -anforderungen sowie deren Erfüllung durch das SoI betrachtet. Auf dem **System-Level** wird das technische Gesamtsystem in den Fokus gerückt. Falls es Bestandteil eines SoS ist, wird auf diesem SoI-Level die Interaktion mit dem Umfeld untersucht. Auf das System selbst bezogen, sind zusätzlich zu den Systemanforderungen, die Systemarchitektur und -auslegung

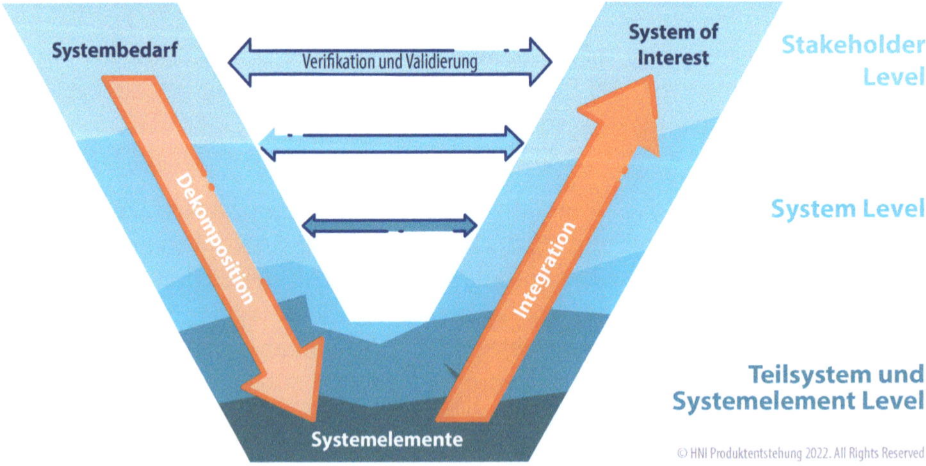

Abbildung 4-19 kontinuierliche Interaktion der Entwicklungsaktivitäten auf den SoI-Leveln

von Bedeutung. Gleiches gilt für das **Teilsystem- und Element-Level**, wobei hier der Fokus auf dem Zusammenspiel der Teilsysteme und Elemente innerhalb des Systems liegt. Auf diesem Level kann es hilfreich sein, zusätzliche SoI-Level zu definieren. Ein Beispiel aus der Entwicklungspraxis ist Gesamtsystem, Teilsystem, Hauptbaugruppe, Unterbaugruppe und Bauteil. Ebenso kann eine Hierarchisierung entlang der Funktionen erfolgen (z. B. Kundenfunktion, Systemfunktion und Teilfunktion).

Aufgrund des ungleichmäßigen Prozessfortschritts sind mehrere SoI-Level parallel in Bearbeitung. Beispielsweise ist für einen Teil des Systems die Definition von Stakeholderanforderungen noch nicht abgeschlossen, während für einen anderen Teil des Systems bereits Systemanforderungen definiert werden. Diese Überlappung ist unvermeidbar, aber unproblematisch. Wichtig ist lediglich, das für die jeweilige Aufgabe passende SoI-Level zu wählen und durch explizite Kommunikation Missverständnisse zu vermeiden.

Die Interaktion auf einem SoI-Level beruht im Wesentlichen auf zwei Aktivitäten: Planung und Durchführung. Die **Planung** von Verifikation und Validierung wird gemeinsam mit der Definition von Anforderungen, Systemarchitektur und -auslegung umgesetzt. Bei jedem Dekompositionsschritt wird sichergestellt, dass die Anforderung(en) verifizierbar und validierbar ist/sind und dass die Architektur- bzw. Auslegungsvorgaben eine effiziente Integration ermöglichen. Bei der Systemarchitektur und –auslegung sind dabei insbesondere die Schnittstellen und Wechselwirkungen zwischen den einzelnen Elementen im Fokus der Prüfung. Die **Durchführung** von Verifikation und Validierung wiederum greift auf die Pläne der Anforderungsdefinition, Systemarchitektur und Systemauslegung zurück. Diese Pläne werden umgesetzt, so dass ein konsistentes System entsteht, das die Vorgaben und dadurch auch die Anforderungen erfüllt. Letztendlich ist die Interaktion auf einem SoI-Level daher ein vorstrukturiertes Zusammenspiel der entsprechenden Systems Engineering Prozesse.

4.2.3 Der Entwicklungsablauf im V-Modell

Im Folgenden wird erläutert, wie der Entwicklungsablauf anhand des V-Modells gestaltet werden kann. Beginnend beim Einstieg am oberen linken Punkt des V-Modells bis hin zu Übergabe des funktionsfähigen SoI am oberen rechten Punkt. Als Grundlage werden Forschungsarbeiten zum V-Modell (Graessler und Hentze, 2020; Gräßler, 2015; Gräßler et al., 2016; Gräßler, 2017, 2018; Gräßler und Hentze, 2015b, 2015a; Gräßler, Hentze und Bruckmann, 2018; Gräßler und Hentze, 2020) und dessen Darlegung in der VDI/VDE 2206 (VDI/VDE 2206:2021) verwendet.

Das V-Modell (vgl. Abbildung 4-20) ist konsistent mit dem Systems Engineering Ansatz und bietet Kontrollpunkte, anhand derer der Entwicklungsfortschritt überprüft werden kann. Im Gegensatz zu Meilensteinen oder Gates, die z. B. aus dem

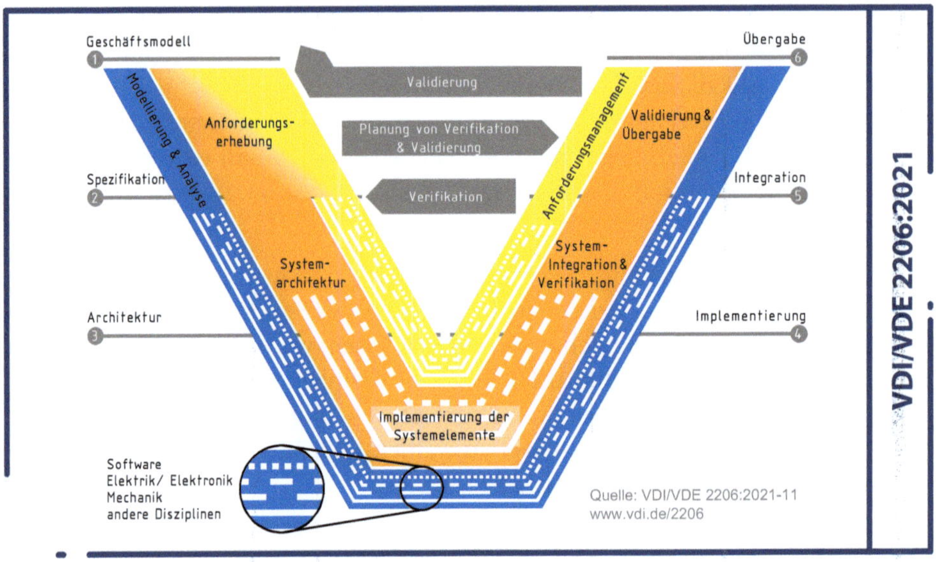

Abbildung 4-20 V-Modell der VDI/VDE 2206:2021 mit Kontrollpunkten (VDI/VDE 2206:2021) (Download unter: https://www.vdi.de/richtlinien/programme-zu-vdi-richtlinien/vdi-2206)

Stage-Gate-Prozess von Cooper (Cooper, 2008) bekannt sind, haben die Kontrollpunkte keinen zeitlichen Bezug. Sie sind nur durch ihren Inhalt in Bezug auf die zugehörige Aufgabe im V-Modell definiert. Die Kontrollpunkte enthalten alle relevanten Fakten zu der jeweiligen Engineering-Aufgabe und dienen als Checkliste für Reviews. Sie geben somit Hinweise für den Entwicklungsfortschritt. (Gräßler, 2018)

Das V-Modell der VDI/VDE 2206 unterscheidet innerhalb des V-Modells drei parallel verlaufende Stränge. Die Kernaufgaben bilden den mittleren Strang. Parallel dazu werden die Modellbildung und Analyse (äußerer blauer Strang), und die Anforderungsentwicklung (innerer gelber Strang) durchlaufen.

4.2.3.1 Kontrollpunkt 1 „Geschäftsmodell"

Vor dem Eintritt in das V-Modell gilt es zunächst das Entwicklungsvorhaben aus der Perspektive des Unternehmens zu verstehen (Abbildung 4-21). Die Unternehmensperspektive spiegelt die intrinsische Motivation für das Entwicklungsvorhaben wider (Ziele des Unternehmens) und mündet in der Entscheidung, ob und wie das Entwicklungsvorhaben initiiert wird. Neben den Projektzielen ist zu klären, wie sich das Projekt in die Unternehmensstrategie eingliedert, welches Geschäftsmodell zugrunde liegt und ob elementare Vorbedingungen erfüllt sind (z. B. ausreichende Ressourcen, Verfügbarkeit erforderlicher Technologien oder adäquates Marktpotenzial). Hier findet der Technische Prozess zur Geschäfts- und Vorhabensanalyse Anwendung. Wenn die Entscheidung zur Durchführung des Projekts getroffen wurde, wird ein Entwicklungsauftrag (intern oder extern) (VDI

Kontrollpunkt 1
Geschäftsmodell

- ☐ Entwicklungsauftrag trägt zum Geschäftsmodell und zur Rendite bei?
- ☐ Zweck der Produktentwicklung bekannt?
- ☐ Impulse für das Anforderungsprofil aufgenommen? (Use Cases,Stakeholderanalyse, Abgrenzung aus Sicht der Produktprogrammplanung etc.)
- ☐ digitales Geschäftsmodell oder Einbindung in Dienste eines solchen Modells liegt vor?
- ☐ Beteiligten ist klar, welches Geschäftsmodell warum verfolgt wird?
- ☐ sämtliche relevante Stakeholder identifiziert und eingebunden?
- ☐ erfolgversprechende Use Cases identifiziert? (Marktrelevanz, funktionaler Mehrwert etc.)
- ☐ Impulse aus Technologieentwicklung, Marktbetrachtung, Wettbewerbsanalyse, Benchmark etc. berücksichtigt?
- ☐ Produkt- und Prozessideen fördern und unterstützen das verfolgte Geschäftsmodell?
- ☐ notwendige Produkt-/Produktionstechnologien sind bekannt?
- ☐ Technologie ist verfügbar und wird beherrscht?
- ☐ erster theoretischer Entwurf erstellt, um den Umfang, Folgen und Investitionskosten abzuschätzen?
- ☐ adäquates Risiko-, Anforderungs- und Änderungsmanagementkonzept aufgesetzt?
- ☐ Zuständigkeiten in der Planung festgelegt? (z. B. interne Experten, externe Berater und Projektleitung)

Anwendung von MBSE:

- ☐ Vorgehen zur Nachverfolgbarkeit im Systemmodell festgelegt?
- alle relevanten existierenden Informationen (Anwendungsszenarien,
- ☐ Konfig.-Management, Baselines, Änderungshistorie...) bereitgestellt?
- Umweltfaktoren, Akteure und Systeme im Systemkontext spezifiziert?

Simultane Entwicklung des Produktionssystems:

- ☐ Wirtschaftlichkeitsprüfung unter Berücksichtigung der bestehenden/verfügbaren Produktionssysteme durchgeführt?
- ☐ Ziele der Entwicklung von Sol und Produktionssystem klar definiert? Alle Dimensionen der zu erreichenden Ziele definiert? (organisatorische Ziele,
- ☐ technische Ziele, Kostenziele ...)
- Aktivitäten / Meilensteine der Produktentwicklung und Produktionssystementwicklung geplant? Synchronisierung der Entwicklung
- ☐ (Simultaneous Engineering)?

Abbildung 4-21 Kontrollfragen zum Geschäftsmodell ((VDI/VDE 2206:2021; Gräßler, 2018) angereichert durch (Gräßler et al., 2021; Gräßler, Wiechel und Thiele, 2022))

2220, VDI 2221) erarbeitet und die Aktivitäten auf dem Stakeholder-Level können beginnen. Vor dem Übergang sind die Kontrollfragen des ersten Kontrollpunkts zu beantworten.

4.2.3.2 Kontrollpunkt 2 „Spezifikation"

Anschließend kann die Identifikation und Definition von Stakeholderbedürfnissen beginnen. Deren ausreichende Vollständigkeit und Korrektheit ist nur zu erreichen, wenn der gesamte Systemlebenszyklus vorgedacht und proaktiv implizite Bedürfnisse ermittelt werden. Die Anwendung von geeigneten Methoden (z. B. Personas, Prototypen oder Simulationen) wird daher empfohlen.

Sowohl die zuvor (Kontrollpunkt 1) identifizierten Stakeholder als auch deren Bedürfnisse sind zu dokumentieren, so dass die Bedürfnisse jederzeit auf Gültigkeit und Erfüllung geprüft werden können. Dabei ist der Prozess zur Definition von Stakeholderbedürfnissen und -anforderungen eine wichtige Unterstützung. Zeitgleich ist die Planung der späteren Verifikation und Validierung vorzunehmen.

Der Übergang vom Stakeholder-Level zum System-Level erfolgt auf der linken Seite des V-Modells durch die Transformation der Stakeholderanforderungen in Systemanforderungen (Prozess zur Definition von Systemanforderungen). Dabei findet der Perspektivwechsel von den zu befriedigenden Stakeholderbedürfnissen hin zu den dafür erforderlichen Charakteristika des SoI statt (Systemperspektive). Der Perspektivwechsel markiert den Start in die Entwicklung des SoI und mündet in einer Liste von Systemanforderungen, welche die Basis für eine norm- und spezifikationsgerechte Entwicklung sind (siehe IEEE 610.12.1990) (VDI/VDE 2206:2021). Die Systemanforderungen werden in den nachfolgenden Schritten sukzessive detailliert.

Die zu Kontrollpunkt 2 vorliegende Systemspezifikation (Abbildung 4-22) kann aufgrund von Informationslücken und Volatilitäten in manchen Fällen noch nicht abgeschlossen werden. Das Ziel ist es aber, spätestens nach der vollständigen Definition der Systemarchitektur (Kontrollpunkt 3) die wesentlichen Systemanforderungen ermittelt und berücksichtigt zu haben (VDI/VDE 2206:2021). Die Anforderungen werden in der Spezifikation des SoI zusammengefasst, die bei der Übergabe an den Auftraggeber geprüft und abgenommen wird (VDI/VDE 2206:2021; Lindemann, 2007).

4.2.3.3 Kontrollpunkt 3 „Architektur"

Auf Basis der Spezifikation wird eine Systemarchitektur ausgearbeitet und ausgelegt (Abbildung 4-23). Hierbei gilt das Prinzip des Frontloadings und der 10er-Fehlerkostenregel in besonderem Maße. Bei der Architekturerarbeitung besteht großer Entscheidungsfreiraum. Obwohl wenig Kosten anfallen, haben die hier

Kontrollpunkt 2
Spezifikation

2

- ☐ Anforderungen aus der Hauptmerkmalliste abgeleitet? (alle Nebenmerkmale erfasst oder überprüft?)
- ☐ Anforderungen eindeutig formuliert und/oder messbar?
- ☐ Anforderungen sind vollständig, richtig und widerspruchsfrei?
- ☐ in den Anforderungen geforderte Spezifikationen nachvollziehbar und realistisch?
- ☐ Spezifikation lösungsneutral formuliert?
- ☐ Anforderungen absicherungsfähig und Methoden und Mittel zur Verifikation und Validierung bekannt und verfügbar?
- ☐ unterschieden zwischen Fest- und Wunschforderungen oder Optimierungszielen?
- ☐ Prozess zur Änderung der Anforderungen vereinbart?

Anwendung von MBSE:

- ☐ Stakeholder-Anforderungen als Use Cases abgebildet?
- ☐ Systemanforderungen kategorisiert und modelliert?
- ☐ Abhängigkeiten zwischen Anforderungen und weiteren Modellelementen modelliert?
- ☐ Erfüllungskriterien und Methoden zur Verifikation der Anforderung modelliert und terminiert?

Simultane Entwicklung des Produktionssystems:

- ☐ Produktionsprogramm (Produktportfolio, Typen, Varianten, ...) auf der Grundlage der definierten Ziele festgelegt?
- ☐ Definiert, wie die Anforderungen im späteren Prozess verifiziert und validiert werden?
- ☐ Grenzen des betrachteten Produktionssystems definiert?

Abbildung 4-22 Kontrollfragen zur Spezifikation ((VDI/VDE 2206:2021; Gräßler, 2018) angereichert durch (Gräßler et al., 2021; Gräßler, Wiechel und Thiele, 2022))

getroffenen Entscheidungen weitreichende Auswirkungen aus die Lebenszykluskosten des SoI. Um die Architekturdefinition systematisch durchzuführen, müssen die Prozesse des Technischen Managements Anwendung finden, insbesondere der Prozess für das Entscheidungsmanagement.

Die Systemarchitektur bildet die interdisziplinären Zusammenhänge zwischen den RFLP Ebenen und den darin enthaltenen Elementen, Beziehungen und notwendigen Prinzipien eines Systems ab (Walden et al., 2015). Dazu gehören die Baustruktur (Mechanik), Signalflussstrukturen und Schaltpläne (Elektrik/ Elektronik) sowie die Strukturierung eines Softwareprogramms in seine Module und Komponenten einschließlich der jeweiligen Schnittstellen (Software). Die Systemarchitektur wird anschließend ausgelegt, so dass nach diesem Kontrollpunkt die Implementierung erfolgen kann. (Graessler und Hentze, 2020; VDI/VDE 2206:2021)

Vor der Festlegung einer Lösung wird ein kriterienbasierter Vergleich vorgenommen. Die bestmögliche Zuordnung der einzelnen Funktionen zu den beteiligten Disziplinen wird iterativ auf Basis einer Systempartitionierung ermittelt (Gräßler, 2004). Die Aufgabe des Systems Engineers ist die Zerlegung des SoI in implementierbare Einheiten entlang des RFLPV[2]. Das Ergebnis sind verifizierbare Systemelemente mit zugeordneten Systemanforderungen und Schnittstelleninformationen. Die Anzahl und Gestaltung der Schnittstellen innerhalb einer Architektur und zur Systemgrenze beeinflusst maßgeblich die Einfachheit, Anpassbarkeit und Testbarkeit eines Systems. (Graessler und Hentze, 2020; VDI/VDE 2206:2021)

4.2.3.4 Kontrollpunkt 4 „Implementierung"

Auf Basis der Systemarchitektur werden die Systemelemente ausgelegt und implementiert (Abbildung 4-24). Das umfasst die Neuentwicklung ebenso wie die ressourcenschonende Wiederverwendung von eigenen oder am Markt verfügbaren Lösungen sowie die Auswahl von Fremdbezugsteilen. Die Systemauslegung resultiert in einer Sammlung aller für die Implementierung erforderlichen Vorgaben, die dann umgesetzt werden. Bei der Implementierung werden Systemelemente ausgewählt, dimensioniert, konstruiert, detailliert, die elektrische/elektronische Infrastruktur entworfen und die zugehörige Software programmiert.

Mechanische Systemelemente werden mit Hilfe von Computer Aided Design (CAD), Finite-Elemente-Methoden (FEM), Berechnungen und Simulationen dimensioniert. So werden z. B. statische und dynamische Grundgesetze bei der Konstruktion angewendet, Spannungen berechnet, Verformungen und Erwärmungen unter Last analysiert und Lebensdauern berechnet. Es folgt eine Detaillierung der Bauteile bis hin zur Bestimmung der für die Funktionserfüllung erforderlichen Toleranzen und Passungen sowie aller Fertigungsvorschriften. Zu den mechanischen Bauteilen gehören Gehäuse, Deckel und Flansche von Steuergeräten sowie Elemente, die zur Übertragung von Kräften oder Momenten dienen. (Graessler und Hentze, 2020; VDI/VDE 2206:2021)

Für elektrische und elektronische Komponenten werden beispielsweise zugehörige Leiterplatten entworfen und die elektronischen Bauteile ausgewählt, anwendungsspezifische integrierte Schaltungen (ASICs) spezifiziert oder rekonfigurierbare Schaltungen (Field Programmable Gate Arrays, FPGAs) als Zukaufteile (Commercials of the Shelf, COTS) ausgewählt. Die klassische Leiterplatte (Printed Circuit Board, PCB) ist eine gedruckte Schaltung und dient der mechanischen Befestigung und elektrischen Verbindung der Bauteile. Zur Entwurfsautomatisierung

Kontrollpunkt 3
Architektur

- ☐ (Sub-)Systeme und Elemente vollständig spezifiziert?
- ☐ Schnittstellen spezifiziert und Übergabeinformationen beschrieben?
- ☐ Schnittstellen zur globalen Vernetzung des Systems (mit dem Internet der Dinge und Dienste) bekannt und beschrieben?
- ☐ alternative logische und physische Strukturen analysiert und bewertet?
- ☐ Bewertungs- und Gewichtungsfaktoren für die Auswahl der Systemarchitekturalternativen vom Kunden bestätigt? Bestgeeignete Systemarchitekturalternative ausgewählt?
- ☐ Anforderungen in der Funktionsstruktur repräsentiert?
- ☐ bestehende Elemente (durch geringe Anpassung) wiederverwendet?
- ☐ Planung der Eigenschaftsabsicherung abgeschlossen?
- ☐ Abweichungen von der Spezifikation und erforderliche Änderungen kommuniziert?

Anwendung von MBSE:

- ☐ Architektur des Systemmodells modellbasiert abgebildet?
- ☐ Verhalten des Systems modelliert?
- ☐ logische und physische Architektur des Systems vollständig abgebildet?
- ☐ Abhängigkeiten zwischen den Modellelementen auf architektonischer Ebene modelliert?

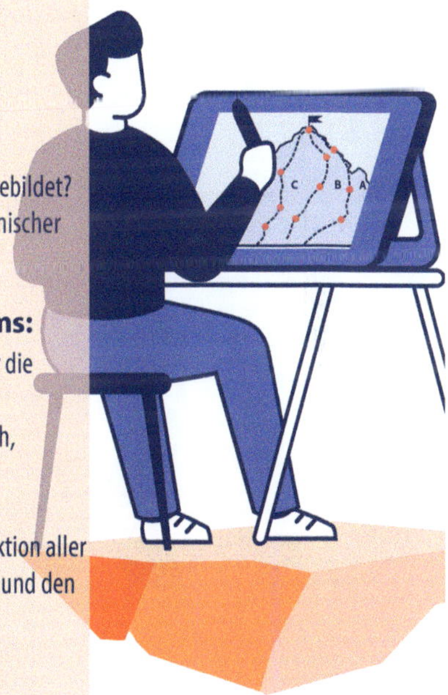

Simultane Entwicklung des Produktionssystems:

- ☐ relevante Prinzipien (z. B. Lean Manufacturing, Design for X) für die Entwicklung von SoI und Produktionssystem berücksichtigt?
- ☐ Lösungsvarianten liegen innerhalb des Lösungsraums (technisch, wirtschaftlich und hinsichtlich der Mitarbeiterfähigkeiten)?
- ☐ Make-or-Buy-Entscheidungen getroffen?
- ☐ Vorbereitungen für die Prozessabläufe einschließlich der Produktion aller Bauteile, deren Montage, den verwendeten Assistenzsystemen und den Montageprozessen abgeschlossen?
- ☐ Produktionstechniken anhand derer Qualität (z. B. Toleranzen), Stückzahl, Material und Kosten ausgewählt?
- ☐ Arbeitsplätze und Arbeitsabläufe festgelegt und detailliert erläutert?
- ☐ Materialien, Teile, Werkzeuge, Ausrüstungen, Prüf- und Messgeräte festgelegt, die zur Verfügung gestellt werden müssen?
- ☐ angestrebter Grad der Automatisierung festgelegt?
- ☐ Schnittstellen zur globalen Vernetzung der Systems (IoT) und Schichten (z.B. Konfig.-Ebene, Verbindungsebene) bekannt und beschrieben?

Abbildung 4-23 Kontrollfragen zur SoI-Architektur ((VDI/VDE 2206:2021; Gräßler, 2018) angereichert durch (Gräßler et al., 2021; Gräßler, Wiechel und Thiele, 2022))

Kontrollpunkt 4
Implementierung

- ☐ projektspezifische Vorgaben zu Umsetzungs- / Fertigungsverfahren beachtet?
- ☐ einheitliche Beschreibungssprache zur Darstellung der Abhängigkeiten zwischen den Systemen / Subsystemen / Systemelementen verwendet?
- ☐ Regularien, Gesetze und Standards (Normen, Richtlinien etc.) für die Implementierung berücksichtigt?
- ☐ Vorhandene Maschinen und Anlagen berücksichtigt?
- ☐ bestehende Module (durch geringe Anpassung) wiederverwendet?
- ☐ vorgesehene Zulieferteile verfügbar?
- ☐ Abweichungen von der Spezifikation und erforderliche Änderungen kommuniziert?

Anwendung von MBSE:

- ☐ Prüfungen zur Verifikation der Anforderungen durchgeführt und modellbasiert abgebildet? (test case)
- ☐ alle Schnittstellen des Systems bei der Implementierung berücksichtigt?
- ☐ technische Änderungen an den Systemelementen analysiert und implementiert?

Simultane Entwicklung des Produktionssystems:

- ☐ virtuelle und reale Planung verfügbar und freigegeben von den Entscheidungsträgern?
- ☐ alle Beschaffungen eingeleitet?
- ☐ vorgegebener Automatisierungsgrad erreichbar?
- ☐ Layouts, Abmessungen, Designs und Details von Sensoren, Aktoren, Software und Schnittstellen zum Internet der Dinge und Dienste implementiert?
- ☐ Informationen über die Handhabung, den Datentransfer und integrierte Dienste verfügbar?
- ☐ alle erforderlichen Mitarbeiterqualifikationen festgelegt?

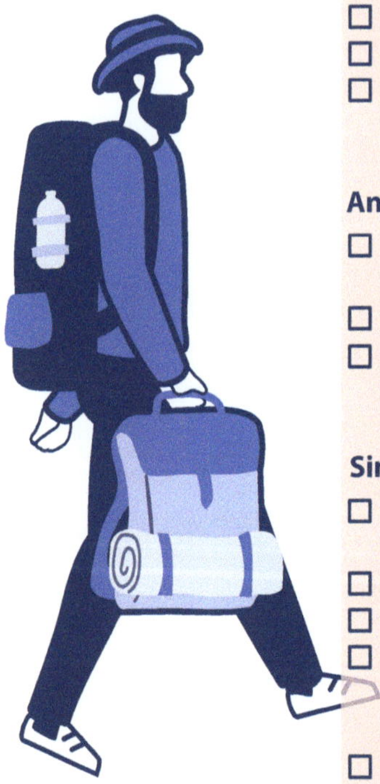

Abbildung 4-24 Kontrollfragen zur Implementierung ((VDI/VDE 2206:2021; Gräßler, 2018) angereichert durch (Gräßler et al., 2021; Gräßler, Wiechel und Thiele, 2022))

werden Electronic Design Automation (EDA) oder Electronic CAD (ECAD) sowie Simulationen der Elektronik und des Elektromagnetismus (FEM, FDTD, FIT) eingesetzt. Neben den Schaltungen werden auch Sensoren und Aktoren entwickelt oder ausgewählt und die elektrische Infrastruktur entworfen. (Graessler und Hentze, 2020; VDI/VDE 2206:2021).

Bei Softwareelementen sind Auslegung und Implementierung eng verwoben. Hier erfolgt die Umsetzung eines Algorithmus oder Softwareentwurfs in ein Computerprogramm. Auf der Grundlage der Softwarearchitektur werden Funktionen mit Hilfe von Algorithmen ausgestaltet und der zugehörige Code generiert. Ebenso werden die Datenbankmodelle und die Nutzerschnittstelle implementiert. Abgeschlossen wird die Implementierung mit Kontrollpunkt 4.

4.2.3.5 Kontrollpunkt 5 „Integration"

Die Integration führt die implementierten Systemelemente schrittweise zu Subsystemen und zum System zusammen (Abbildung 4-25). Ziel ist, dass das integrierte Gesamtsystem die zuvor spezifizierten Systemanforderungen erfüllt. Bei der Integration werden Mechanik, Hardware, Software sowie Dienstleistungsangebote zu Subsystemen und schrittweise zum SoI zusammengeführt. Die Systemintegration erfolgt in enger Wechselwirkung mit der Systemauslegung und der Implementierung, so dass auftretende Probleme sofort behoben werden können. Das Zusammenspiel der Elemente aus den beteiligten Disziplinen wird in Form einer Systemsimulation oder virtuellen Inbetriebnahme umfassend untersucht. Die Integrationsstrategie muss im Vorfeld mit allen relevanten Stakeholdern abgestimmt werden. Die Verifikation wird entwicklungsbegleitend durchgeführt. Die zu erwartenden Systemeigenschaften werden frühzeitig anhand von Modellen prognostiziert. Die entwicklungsbegleitende Verifikation dient der kontinuierlichen Überprüfung der angestrebten Lösung anhand von Untersuchungen mit virtuellen Prototypen (Computersimulation), physikalischen Prototypen (Hardware Experiment) oder deren Kombination (z. B. Hardware-in the-Loop, HiL). Der Entwicklungsfortschritt wird so in einer virtuellen und/oder physischen Umgebung anhand der geforderten Systemeigenschaften überprüft. Anforderungen werden auf derselben Systemebene verifiziert, auf der sie spezifiziert wurden. (Graessler und Hentze, 2020; VDI/VDE 2206:2021)

4.2.3.6 Kontrollpunkt 6 „Übergabe"

Während und nach der Integration der implementierten Systemelemente zum SoI erfolgt die Absicherung der Eigenschaften (Abbildung 4-26). Im V-Modell erfolgt dieser Schritt im gesamten rechten Schenkel, da bereits auf dem Level der Teilsysteme und der Elemente eine Absicherung erfolgt. Verifikation und Validierung stützen sich auf die Planungen aus dem linken Flügel des V-Modells. Während auf Element- und Teilsystem-Level die Verifikation im Fokus steht, nimmt die Bedeutung der Validierung mit zunehmenden Integrationsgrad zu.

Die Validierung eines Systemelements erfolgt mit den übergeordneten Anforderungen (nächsthöheres Systemlevel) und dient als Nachweis für die Erfüllung der Stakeholder-Bedürfnisse bzw. des Kundennutzens. Jede Anforderung muss verifiziert und validiert werden. Bei unscharfen Anforderungen werden in der

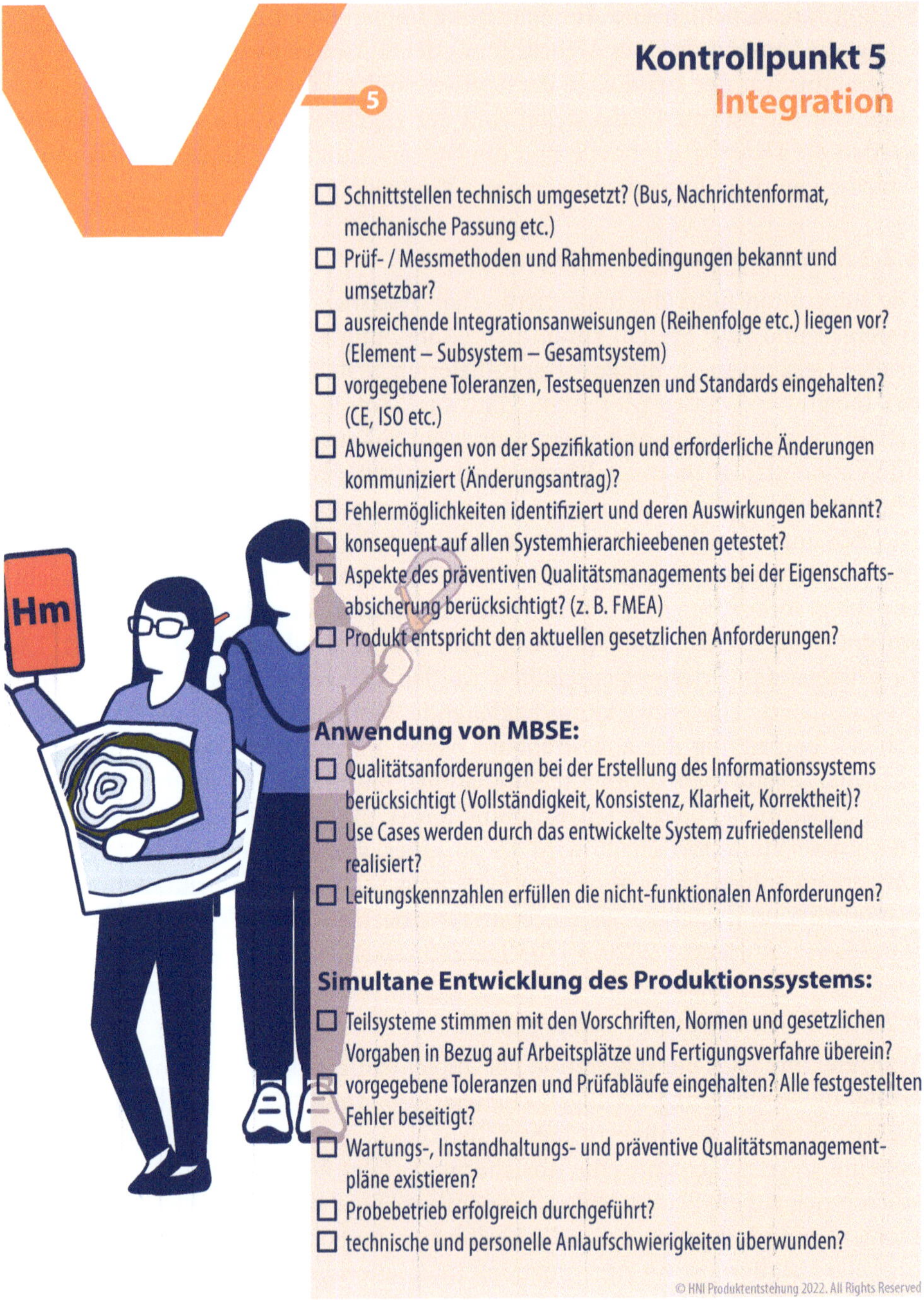

Abbildung 4-25 Kontrollfragen zur Integration ((VDI/VDE 2206:2021; Gräßler, 2018) angereichert durch (Gräßler et al., 2021; Gräßler, Wiechel und Thiele, 2022))

Planungsphase mit den Stakeholdern geeignete Validierungsmaßnahmen, wie z. B. Akzeptanztests, vereinbart. Bei großen Stückzahlen und sicherheitskritischen Anwendungen wird das Produkt nicht nur durch Modelle spezifiziert, sondern auch durch Prototypen funktional abgesichert. (Graessler und Hentze, 2020; VDI/VDE 2206:2021)

Entlang des Systementwicklungsprozesses werden alle notwendigen Modelle und Dokumente für die nachfolgenden Phasen des Produktlebenszyklus mit Hilfe des Produktdatenmanagements (PDM) gespeichert und strukturiert. Darauf aufbauend wird die endgültige Produktdokumentation aufgebaut und vervollständigt. Als Voraussetzung für einen späteren digitalen Zwilling werden Partialmodelle erstellt, welche die Simulation der Systemgeometrie und des Systemverhaltens erlauben. Dies wird auch als Digitaler Master bezeichnet (Rainer Stark, Thoben et al., 2020). Erst wenn eine konkrete, kundenspezifische Ausführung des Produkts, also eine Instanz, um eine digitale Repräsentation erweitert und mit dieser verbunden wird, spricht man von einem Digitalen Zwilling (Rainer Stark, Anderl et al., 2020; R. Stark und Damerau, 2019; Rainer Stark, Thoben et al., 2020). (Graessler und Hentze, 2020; VDI/VDE 2206:2021)

Am Ende des logischen V-Modell Durchlaufs wird das SoI, egal ob es sich um ein physisches System, einen Prototyp oder eine Simulation handelt, an eine andere Einheit oder einen Stakeholder übergeben. Dies kann ein Kunde, aber auch eine andere Abteilung, ein Kollege oder eine nachfolgende Projektphase zur iterativen Entwicklung sein. (Graessler und Hentze, 2020)

Die Art der Bereitstellung hängt davon ab, um welche Art von Systemen es sich handelt. Materielle (Teil-)systeme werden an die Produktion bzw. Produktionsvorbereitung übergeben, da sie zunächst hergestellt werden müssen. Immaterielle (Teil-)systeme können direkt dem Kunden in der dafür vorgesehenen Systemumgebung verfügbar gemacht werden. Dies schließt in der Regel den Transport und gegebenenfalls die Inbetriebnahme ein. Ziel der Bereitstellung ist es, die Leistung des Systems verfügbar zu machen und so die Stakeholderbedürfnisse befriedigen zu können. Bei komplexen Systemen kann dies auch mit der Durchführung von Trainings oder Schulungen sowie abschließenden Verifikations- und Validierungsaktivitäten (z. B. Testanwendungen) einhergehen. Mindestanforderungen an die Bereitstellung ist eine vollständige Dokumentation des Systems und ein Übergabeprotokoll.

Abbildung 4-26 Kontrollfragen zur Übergabe des SoI ((VDI/VDE 2206:2021; Gräßler, 2018) angereichert durch (Gräßler et al., 2021; Gräßler, Wiechel und Thiele, 2022))

4.2.3.7 Entwicklungsfortschritt dokumentieren

Um zu bestimmten Zeitpunkten wie beispielsweise Kontrollpunkten den Entwicklungsfortschritt zu dokumentieren, kann die **Baseline** verwendet werden. Als Baseline wird ein zu einem bestimmten Zeitpunkt vorherrschender Entwicklungsstand des Systems bezeichnet, der von den relevanten Stakeholdern akzeptiert wurde (EIA649C:2019). Üblicherweise erfolgt das kundenseitige Akzeptieren bei Meilensteintreffen. Im V-Modell wird die Baseline als vertikale Linie dargestellt, die mit zunehmender Systemreife nach rechts verschoben wird (vgl. Abbildung 4-27). Die Baseline ist in der Anwendung des V-Modells wichtig, da sie einen referenzierbaren Systemreifegrad darstellt, auf dessen Basis Entscheidungen getroffen und weitere Entwicklungsaktivitäten geplant werden. Zu bestimmten Zeitpunkten wird die Baseline durch Zuhilfenahme des Prozesses für das Konfigurationsmanagement formal dokumentiert. Das heißt konkret, dass die aktuellen Konfigurationen sämtlicher Systemelemente in Modellen, Diagrammen oder sonstigen Dokumenten erfasst und zusammengeführt werden. Auf Basis der Systemkonfiguration kann sowohl eine Zwischenvalidierung mit den Stakeholdern als auch eine gezielte Risikoabsicherung erfolgen.

Die **Zwischenvalidierung** (in-process validation) ist als eine Aufwärtsbewegung entlang der Baseline zu verstehen. Ziel ist es, den erwarteten Erfüllungsgrad der Stakeholderanforderungen und -bedürfnisse auf Basis der derzeitigen Systemkonfiguration zu antizipieren und gegebenenfalls Korrekturmaßnahmen einzuleiten. Dafür können unterschiedliche Validierungsmethoden angewandt werden wie z. B. die Demonstration der Systemfunktionalität anhand eines Prototypen oder eine Simulation.

Ebenso kann anhand der Baseline ein gezieltes **Risikomanagement** betrieben werden. Dies ist als Abwärtsbewegung entlang der Baseline zu interpretieren und dient der selektiven Absicherung kritischer Systemelemente. Beispielsweise können Lösungsprinzipien, deren technische Realisierbarkeit unklar ist, vorab aus-

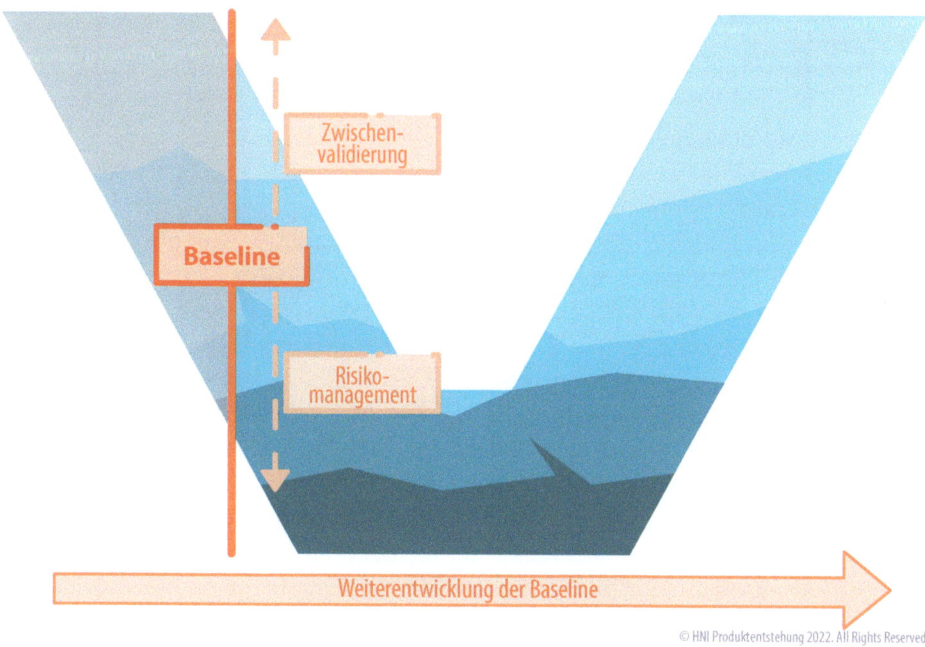

Abbildung 4-27 Baseline zur Dokumentation des Entwicklungsfortschritts

gearbeitet und getestet werden. So wird frühzeitig das Risiko minimiert, dass die Weiterentwicklung der Systemarchitektur oder der Systemauslegung auf falschen Annahmen beruht und hoher Korrekturaufwand droht.

Zusätzlich zur Zwischenvalidierung und dem Risikomanagement ist die Baseline für die Kollaboration innerhalb eines Entwicklungsteams von zentraler Bedeutung. Für die Baseline-Dokumentation werden alle Konfigurationen der Systemelemente zusammengeführt. Inkonsistenzen, die z. B. durch die Verwendung veralteter Informationen hervorgerufen werden, können bei der Baseline-Ziehung erkannt und behoben werden. Die Baseline ermöglicht bei komplexen und schwer zu überblickenden Systemen eine Gelegenheit zur ganzheitlichen Betrachtung des SoIs und der gezielten Wiederherstellung von Systemkonsistenz zwischen allen Akteuren. Die Baseline bildet stets den Ausgangspunkt für nachfolgende Entwicklungsaktivitäten und muss daher innerhalb des Entwicklungsteams kommuniziert und als neuer Referenzpunkt verankert wird. Modellierungswerkzeuge und Produkt-Lifecycle/Data-Management (PLM/PDM) Werkzeuge bieten dafür entsprechende Funktionalitäten (Rainer Stark, 2022).

4.2.4 Das V-Modell für ein projektspezifisches Vorgehen

Der Entwicklungsablauf im V-Modell zeigt, dass im V-Modell eine sachlogische Vernetzung von Systems Engineering Aufgaben abgebildet werden kann. In der Praxis wird daher vielfach die Vereinfachung vorgenommen, dass das V-Modell ein Vorgehensmodell ist und eine allgemeingültige Abfolge der Systems Engineering Prozesse vorgibt. Diese Vereinfachung greift aber zu kurz und steht dem iterativen und repetitiven Charakter der Prozessanwendung innerhalb des V-Modells entgegen. Das V-Modell ist daher stets als Denkstruktur zu verwenden, die bei der bedarfsgerechten Anwendung der Systems Engineering Prozesse und der Einhaltung zentraler Systems Engineering Prinzipien unterstützt. Zu den Beispielen zählen interdisziplinäre Zusammenarbeit, Frontloading, Komplexitätsbeherrschung durch Dekomposition und Integration sowie lebenszyklusgerechte Entwicklung. Über die zeitliche Anordnung der Aufgaben im Projekt muss abhängig von Volatilität, Unsicherheiten, Projektgröße, Neuheitsgrad, Risiken u. a. Randbedingungen separat entschieden werden. Das V-Modell kann genauso für eine agile Projektorganisation wie für ein klassisches meilensteinbasiertes Projektmanagement eingesetzt werden. Die **Wahl der Projektorganisation** sollte kompatibel zu den Kernelementen des Systems Engineering sein, aber zugleich auch zu den sonstigen Rahmenbedingungen des Unternehmens passen. Solche Rahmenbedingungen können beispielsweise die verfügbaren Kompetenzen, Vorgaben zum Projektmanagement, Good Practice oder die Vereinbarkeit mit Kontroll- und Verantwortungsstrukturen sein.

Die vorherrschenden Rahmenbedingungen sind ein Grund, weshalb in vielen Unternehmen der Stage-Gate-Prozess mit einer „Schritt-für-Schritt" Ablauflogik angewandt wird. Dieses Vorgehensmodell scheint aufgrund der fehlenden Flexibilität wenig vorteilhaft für eine interdisziplinäre und lebenszyklusgerechte Zusammenarbeit in der Entwicklung. Es bietet aber auch einen zentralen Vorteil: alle Beteiligten können das Vorgehen leicht nachvollziehen und sich daran orientieren (Komplexitätsreduktion). Daher ist die Fehleranfälligkeit und der Organisationsaufwand im Vergleich zu flexiblen Vorgehensmodellen geringer. Insbesondere für die Projektplanung und -kontrolle, die Umsetzung von Normen oder Richtlinien, das Rechnungswesen im Unternehmen oder die Zusammenarbeit mit Entwicklungsdienstleistern ist ein sequenzielles Vorgehen gut geeignet. Das ist einer der Gründe, warum sequenzielle Vorgehensmodelle im Maschinen- und Anlagenbau weiterhin dominieren. Flexible Vorgehensmodelle wie beispielsweise das Spiralmodell (Ludewig und Lichter, 2013) bieten zwar Vorteile für den Entwicklungsprozess und die Anwendung des Systems Engineering, erfordern dafür aber weitreichende Umstellungen und Anpassungen im Unternehmen.

In der Softwareentwicklung ist die Beherrschung höchster Komplexität bereits seit geraumer Zeit Voraussetzung für den Erfolg von Entwicklungsprojekten. Deshalb ist in der Softwareentwicklung der Nutzen flexibler Vorgehensmodelle größer als ihre Nachteile. Dementsprechend haben flexible Vorgehensmodelle in Software-Branchen weite Verbreitung gefunden. Im Maschinen- und Anlagenbau sind aufgrund der wachsenden Bedeutung des interdisziplinären Zusammenspiels von Mechanik, Elektrik/Elektronik und Software und der Vernetzung mit dem Internet der Dinge und Dienste (IoT) die Herausforderungen vergleichbar. Dementsprechend werden agile Projektmanagementmethoden und flexible Vorgehensmodelle in der Entwicklung zunehmend attraktiver. Nichtsdestotrotz sind klassische Projektmanagementmethoden nach wie vor verbreitet und dürfen nicht vorschnell als veraltet abgetan werden. Es ist projektspezifisch abzuwägen, welche Projektorganisation den Rahmenbedingungen und Zielen des Projekts am besten gerecht wird. Ein Ergebnis kann auch die Kombination von Projektorganisationsformen sein, z. B. das NexGen Stage Gate Modell, bei dem "Build-Test-Feedback-and-Revise"-Spiralen in das Stage-Gate Modell integriert werden (Cooper, 2010; DelVecchio et al., 2013) oder Stage-Gate XPress und Lite für kleine Projekte mit geringeren Risiken.

4.2.5 Das V-Modell in der Praxis

Der Anwendungstransfer des V-Modells ist auf dessen Vermittlung als Denkstruktur und die darin abgebildeten Systems Engineering Prinzipien auszurichten. Da im V-Modell ein großer Teil der Systems Engineering Entwicklungsmethodik visualisiert und somit „greifbar" gemacht werden kann, ist es gut als Lösungsstruktur für unterschiedlichste Entwicklungsaufgaben geeignet.

Bei der Dekomposition und Integration ist auf eine ausgewogene Balance zwischen Komplexitätsanerkennung und -beherrschung zu achten. Die Komplexitätsanerkennung (Systemverständnis) durch Dekomposition verhindert, dass unzulässige Vereinfachungen hinsichtlich der Anzahl und dem Wechselspiel der Lösungselemente vorgenommen werden. Je weitreichender die Dekomposition betrieben wird, desto komplexer werden auch vermeintlich simple Systeme. Zum Teil ist erst durch diese granulare Betrachtung die Ausarbeitung einer ganzheitlichen Lösung möglich. Dennoch sollte die Komplexitätsbeherrschung das primäre Ziel bleiben. Die Dekomposition dient letztendlich der Erzeugung beherrschbarer Betrachtungsobjekte und der Ermittlung aller relevanten Wechselwirkungen. Nutzen generiert erst die daraus entstehende Möglichkeit, die Komplexität zu beherrschen und eine ganzheitliche Lösung zu erarbeiten. Das bedeutet auch, dass keine unnötigen Dekompositionsschritte vorzunehmen sind. Sobald eine zufriedenstellende Lösung existiert (z. B. Zukaufteil) oder das erforderliche Systemverständnis vorhanden ist, sollte von einer weiteren Dekomposition abgesehen werden.

Abschließend ist zu betonen, wie hilfreich das V-Modell bei der Definition eines projektspezifischen Vorgehens ist. Indem es eine auf das Systems Engineering abgestimmte Struktur bietet, können die erforderlichen Systems Engineering Prozesse einfacher erkannt und in den größeren Entwicklungskontext eingeordnet werden. Bei der Definition eines individuellen Vorgehens sind dabei neben den Systems Engineering Prinzipien auch die bisherigen Erfahrungen und Rahmenbedingungen im Unternehmen zu berücksichtigen. Erst durch deren Einbringung kann das passende Maß an Systems Engineering gefunden, in einem Entwicklungsprozess abgebildet, kommuniziert und angewandt werden.

Literatur

Almefelt, L., Berglund, F., Nilsson, P. und Malmqvist, J. (2006). Requirements management in practice: Findings from an empirical study in the automotive industry. Research in Engineering Design, 17(3), 113–134. https://doi.org/10.1007/s00163-006-0023-5

Boehm, B. W. (1979). Guidelines for Verifying and Validating Software Requirements and Design Specifications. In P. A. Samet (Hrsg.), Euro IFIP 79 (S. 711–719). North Holland.

Bröhl, A.-P. (1995). Das V-Modell: Der Standard für die Softwareentwicklung mit Praxisleitfaden (2. Aufl.). Software - Anwendungsentwicklung - Informationssysteme. Oldenbourg.

Cooper, R. G. (2008). Perspective: The Stage-Gate ® Idea-to-Launch Process—Update, What's New, and NexGen Systems. Journal of Product Innovation Management, 25(3), 213–232. https://doi.org/10.1111/j.1540-5885.2008.00296.x

Cooper, R. G. (2010). The Stage-Gate Idea to Launch System. In J. N. Sheth und N. K. Malhotra (Hrsg.), Wiley international encyclopedia of marketing. Wiley. https://doi.org/10.1002/9781444316568.wiem05014

DelVecchio, J., White, F. und Phelan, S. E. (2013). Tools for Innovation Management: A Comparison of Lean Startup and the Stage Gate System. SSRN Electronic Journal. Vorab-Onlinepublikation. https://doi.org/10.2139/ssrn.2534138

Eigner, M., Gilz, T. und Zafirov, R. (2012). Proposal for Functional Product Description as Part of a PLM Solution in Interdisciplinary Product Development. In Design Society (Hrsg.), DS: Bd. 70. Proceedigns of the DESIGN 2012 (S. 1667–1676).

Eigner, M. (2021). System Lifecycle Management: Engineering digitalization (engineering 4.0). Springer Vieweg.

Eversheim, W. (1998). Organisation in der Produktionstechnik 2 (3. Aufl.). VDI-Buch. Springer.

Graessler, I. und Hentze, J. (2020). The new V-Model of VDI 2206 and its validation. at - Automatisierungstechnik, 68(5), 312–324. https://doi.org/10.1515/auto-2020-0015

Gräßler, I. (2004). Kundenindividuelle Massenproduktion: Entwicklung, Vorbereitung der Herstellung, Veränderungsmanagement. Springer Verlag.

Gräßler, I. (2015). Umsetzungsorientierte Synthese mechatronischer Referenzmodelle: Implementation-oriented synthesis of mechatronic reference models. In Konferenzband der VDI Mechatronik: Fachtagung Mechatronik 2015, Dortmund.

Gräßler, I. (2017). A new V-Model for interdisciplinary product engineering. In Ilmenau Scientific Colloquium, Ilmenau.

Gräßler, I. (2018). Competitive Engineering in the Age of Industry 4.0 and Beyond. In Proceedings of TMCE, Las Palmas de Gran Canaria.

Gräßler, I., Dattner, M., Bothen, M. und Bothen, M. (2018). Main Feature List as core success criteria of organizing Requirements Elicitation. In R&D Management Conference, Mailand, Italien.

Gräßler, I., Haas, V. und Suchowerskyj, W. (2012). Innovation Based on Applying Design Methodology. In I. Horváth, Z. Rusák, A. Albers und M. Behrendt (Hrsg.), International Symposium on Tools and Methods of Competitive Engineering, Karlsruhe, Deutschland.

Gräßler, I. und Hentze, J. (2015a). Enriching Mechatronic V-Model by Aspects of Systems Engineering. In M. S. Araujo (Hrsg.), Smart Structures and Materials (S. 80–86).

Gräßler, I. und Hentze, J. (2015b). A V-model based comparison of Systems Engineering approaches. In ECEC 2015 (S. 80–88). EUROSIS-ETI.

Gräßler, I. und Hentze, J. (2020). Anchoring Points as a Method for Interdisciplinary Systems Engineering with the new V-Model. In I. Horváth und G. Keenaghan (Hrsg.), Proceedings of TMCE 2020.

Gräßler, I., Hentze, J. und Bruckmann, T. (2018). V-Models for Interdisciplinary Systems Engineering. In Design Society (Hrsg.), DESIGN Conference, Dubrovnik.

Gräßler, I., Hentze, J. und Yang, X. (2016). Eleven Potentials for Mechatronic V-Model. In F.-J. Villmer & E. Padoanao (Hrsg.), 6th International Conference Production Engineering and Management, Lemgo, Germany.

Gräßler, I., Oleff, C. und Preuß, D. (2022). Proactive Management of Requirement Changes in the Development of Complex Technical Systems. Applied Sciences, 12(4), 1874. https://doi.org/10.3390/app12041874

Gräßler, I., Oleff, C. und Scholle, P. (2020). Method for Systematic Assessment of Requirement Change Risk in Industrial Practice. Applied Sciences, 10(23), 8697. https://doi.org/10.3390/app10238697

Gräßler, I. und Pottebaum, J. (2022). From Agile Strategic Foresight to Sustainable Mechatronic and Cyber-Physical Systems in Circular Economies. In D. Krause und E. Heyden (Hrsg.), Design Methodology for Future Products (S. 3–26). Springer International Publishing. https://doi.org/10.1007/978-3-030-78368-6_1

Gräßler, I., Pottebaum, J. und Scholle, P. (2017). Integrated Process and Data Model for Agile Strategic Planning. In S. Vajna (Hrsg.), IDE Workshop, Magdeburg.

Gräßler, I., Scholle, P. und Pottebaum, J. (2017). Integrated process and data model for applying scenario-technique in requirements engineering. In A. Maier, S. Škec, H. Kim, M. Kokkolaras, J. Oehmen, G. Fadel, F. Salustri und M. van der Loos (Hrsg.), ICED: Bd. 17, DS 87-Abstracts: Proceedings of the 21st International Conference on Engineering Design (S. 261–270). Design Society.

Gräßler, I., Scholle, P. und Thiele, H. (2022). Szenario-Technik. In S. Vajna (Hrsg.), Integrated Design Engineering: Ein interdisziplinäres Modell für die ganzheitliche Produktentwicklung (2. Aufl., S. 544–566). Springer Berlin.

Gräßler, I., Wiechel, D. und Oleff, C. (2022). Extended RFLP for complex technical systems. In IEEE (Hrsg.), Proceedings of 8th IEEE International Symposium on Systems Engineering. IEEE.

Gräßler, I., Wiechel, D., Roesmann, D. und Thiele, H. (2021). V-model based development of cyber-physical systems and cyber-physical production systems. Procedia CIRP, 100, 253–258. https://doi.org/10.1016/j.procir.2021.05.119

Gräßler, I., Wiechel, D. und Thiele, H. (2022). Fortschrittskontrolle der Modellierung mechatronischer Produkte: Controlling of the Modeling of Mechatronic Products. In T. Bertram, B. Corves, K. Janschek und S. Rinderknecht (Hrsg.), Fachtagung VDI Mechatronik 2022 (S. 49–54). Technische Universität Darmstadt. https://doi.org/10.31224/2444

IEEE. (2015). IEEE Participants: 15288 Working Group. IEEE. https://standards.ieee.org/wp-content/uploads/import/download/15288-2015_downloads.zip

ISO/IEC/IEEE 15288:2015. System- und Software-Engineering - System-Lebenszyklus-Prozesse. ISO/IEC/IEEE.

Lindemann, U. (2007). Methodische Entwicklung technischer Produkte: Methoden flexibel und situationsgerecht anwenden (2. Aufl.). VDI-Buch. Springer.

Lindvall, M. (1997). An empirical study of requirements-driven impact analysis in object-oriented software evolution [Dissertation, Linköping University, Linköping]. GBV Gemeinsamer Bibliotheksverbund.

Ludewig, J. und Lichter, H. (2013). Software Engineering: Grundlagen, Menschen, Prozesse, Techniken (3. korrigierte Auflage). dpunkt.verlag.

NASA. (2020). Systems Engineering Handbook (NASA/SP-6105): rev. 2. National Aeronautics and Space Administration. https://nasa.gov/sites/default/files/atoms/files/nasa_systems_engineering_handbook_0.pdf

Oleff, C. (2022). Proaktives Management von Anforderungsänderungen in der Entwicklung komplexer technischer Systeme [Dissertation]. Universität Paderborn, Paderborn. https://digital.ub.uni-paderborn.de/urn/urn:nbn:de:hbz:466:2-43614 https://doi.org/10.17619/UNIPB/1-1600

Pohl, K., Hönninger, H., Achatz, R. und Broy, M. (2012). Model-Based Engineering of Embedded Systems: The SPES 2020 Methodology. Springer Berlin Heidelberg. https://doi.org/10.1007/978-3-642-34614-9

Pohl, K. und Rupp, C. (2015). Requirements engineering fundamentals (2. Aufl.). Rocky Nook.

Ponn, J. und Lindemann, U. (2011). Konzeptentwicklung und Gestaltung technischer Produkte: Systematisch von Anforderungen zu Konzepten und Gestaltlösungen (2. Aufl.). VDI-Buch. Springer-Verlag.

EIA649C:2019. Configuration Management Standard: G-33 Configuration Management. SAE International. Warrendale, PA, United States. SAE International.

The Standish Group. (1995). The CHAOS report. West Yarmouth, USA. The Standish Group.

The Standish Group. (2017). Chaos Manifesto 2018. West Yarmouth, USA.

Stark, R. und Damerau, T. (2019). Digital Twin. In S. Chatti und T. Tolio (Hrsg.), CIRP Encyclopedia of Production Engineering. Springer.

Stark, R. (2022). Virtual Product Creation in Industry: The Difficult Transformation from IT Enabler Technology to Core Engineering Competence. Springer Berlin Heidelberg.

Stark, R., Anderl, R., Thoben, K.-D. und Wartzack, S. (2020). WiGeP-Positionspapier: „Digitaler Zwilling". ZWF Zeitschrift für wirtschaftlichen Fabrikbetrieb, 115(special), 47–50. https://doi.org/10.3139/104.112311

Stark, R., Thoben, K.-D., Gerhard, D., Hick, H., Kirchner, E., Anderl, R., Wartzack, S., Krause, F.-L., Grässler, I., Pottebaum, J., Schleich, B., Stelzer, R., Hick, H. u. K., Klein, P. u. K., Saske, B. u. K., Czwick, C., Gogineni, S., Klimmeck, L., Bajzek, M., . . . Göckel, N. (2020). WiGeP Positionspapier - Digitaler Zwilling. http://www.wigep.de/fileadmin/Positions-_und_Impulspapiere/Positionspapier_Digitaler_Zwilling.pdf

TCO. (2022). Kriterien zur Förderung einer nachhaltigen Entwicklung. https://tcocertified.com/de/industry/criteria-overview/

U.S. Department of Transportation. (2009). Systems Engineering Guidebook for Intelligent Transportation Systems: Version 3.0. U.S. Department of Transportation.

Vanini, U. (2012). Risikomanagement: Grundlagen, Instrumente, Unternehmenspraxis. Schäffer-Poeschel.

VDI 2206:2004. Entwicklungsmethodik für mechatronische Systeme. VDI. Düsseldorf. Beuth Verlag GmbH.

VDI/VDE 2206:2021. Entwicklung mechatronischer und cyber-physischer Systeme. VDI/VDE. Düsseldorf. Beuth Verlag GmbH.

VDI 2221:2019. Entwicklung technischer Produkte und Systeme Modell der Produktentwicklung. Verein Deutscher Ingenieure. Düsseldorf. Beuth Verlag GmbH.

Walden, D. D., Roedler, G. J., Forsberg, K., Hamelin, R. D. und Shortell, T. M. (2015). Systems engineering handbook: A guide for system life cycle processes and activities (4. Aufl.). Wiley.

Wickel, M. C. (2017). Änderungen besser managen: Eine datenbasierte Methodik zur Analyse technischer Änderungen [Dissertation]. Technische Universität München, München.

Wynn, D. C., Eckert, C. M. und Clarkson, P. J. (2007). Modelling iteration in engineering design. In International Conference on Engineering Design.

5 Kernelement Systems Engineer – Rollen und Verantwortlichkeiten

Die tatsächliche Umsetzung des Systems Engineering obliegt den an der Entwicklung beteiligten Personen. Daher wird in diesem Kapitel das dritte Kernelement des Systems Engineering beschrieben: der Systems Engineer (m/w/d). Der Systems Engineer verantwortet die Systems Engineering Umsetzung und bearbeitet die dafür erforderlichen Aufgaben. Da das große Spektrum an Verantwortlichkeiten und Aufgaben nicht von einer einzigen Person bewältigt werden kann, werden die Systems Engineering Rollen auf mehrere Schultern verteilt. Jede verteilte Rolle trägt dazu bei, Systems Engineering in die industrielle Praxis zu bringen.

Das im Folgenden erläuterte Rollenmodell umfasst eine vollständige Übersicht über die Aufgaben und Verantwortlichkeiten im Systems Engineering und dient als Referenz für die bedarfsgerechte Zuordnung von Rollen innerhalb der Unternehmensorganisation. Damit ist das Rollenmodell des Systems Engineers der Schlüssel für die organisatorische SE-Befähigung eines Unternehmens und seiner Entwicklungsteams.

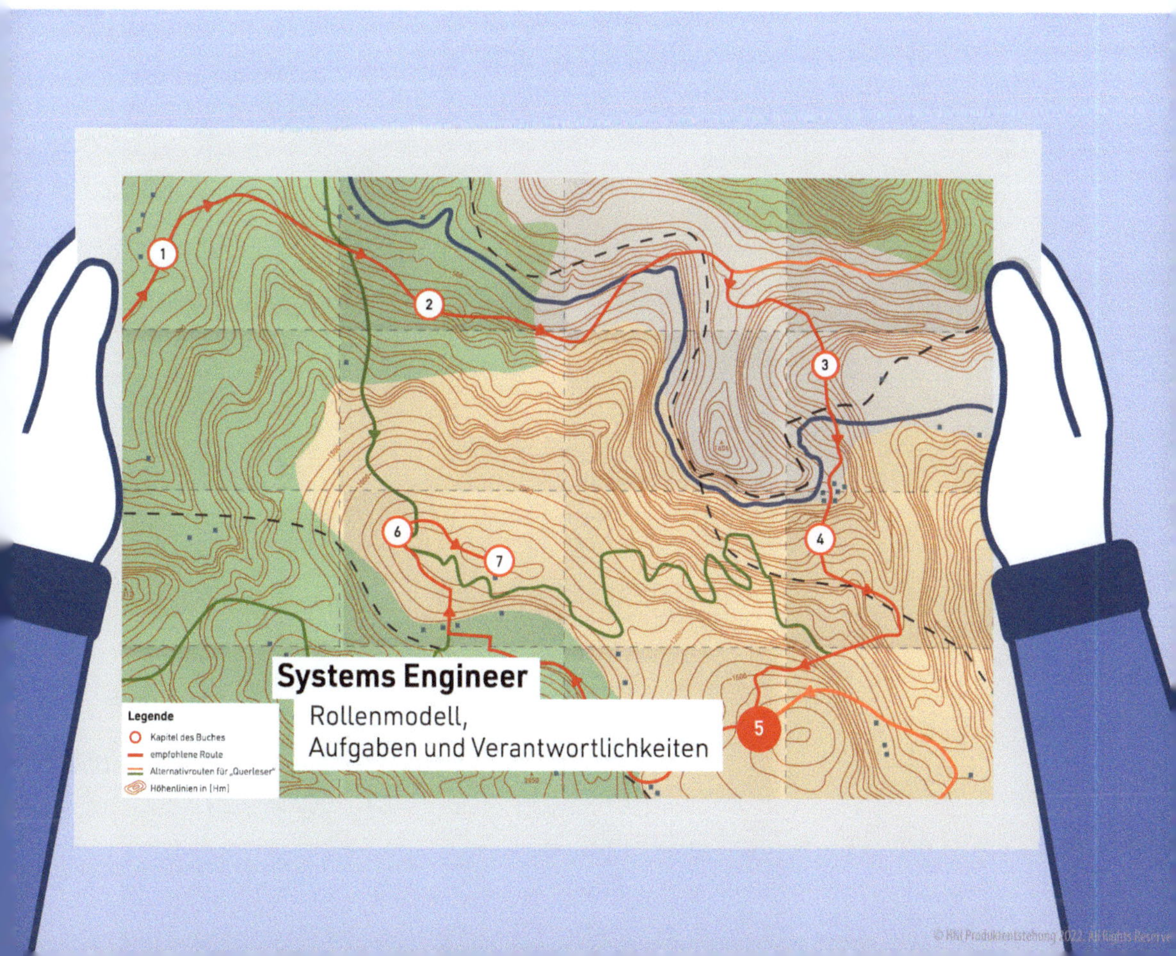

Entrepreneur
Informations-
manager
Konfigurations-
manager
Modellierungs-
ingenieurin
Anforderungs-
manager
SE Prozess-
manager
Projekt-
leiterin
System-
architekt

5

Der Systems Engineer

5.1 Der Systems Engineer – Ein Rollenmodell

Bisher wurde der Systems Engineer als einzelne Person in die Erläuterung des Systems Engineering Ansatzes eingebunden. Das ist eine hilfreiche Vereinfachung in den Erläuterungen, die an dieser Stelle aufgehoben und in ein konkretes Rollenverständnis der am Systems Engineering beteiligten Entwickler und Ingenieure überführt wird. Damit wird in der Formulierung auch das generische Maskulinum durch abwechselnd weibliche und männliche Rollenbezeichnungen ersetzt.

Der Systems Engineer ist nicht als einzeln handelnde Person zu verstehen, sondern als Aggregation von Aufgaben und Verantwortlichkeiten für eine erfolgreiche Anwendung von Systems Engineering. Insgesamt wird zwischen 15 Rollen unterschieden. Abhängig von den Merkmalen des Unternehmens und eines Projekts sind die Rollen im Sinne des Tailorings anzupassen (vgl. Kapitel 2.2). Das Tailoring ist sowohl für das Unternehmen als auch für das jeweils betrachtete Entwicklungsprojekt durchzuführen und regelmäßig auf Passgenauigkeit zu prüfen.

Das in Abbildung 5-1 dargestellte Rollenmodell hat den Anspruch, heutige und zukünftige Herausforderungen in der Entwicklung komplexer technischer Systeme zu berücksichtigen. Daher wurde ein Rollenmodell ausgearbeitet, dass auf wachsende Komplexität, zunehmende Digitalisierung und Vernetzung ausgerichtet ist.

Abbildung 5-1 15 Systems Engineering Rollen

I. Gräßler und C. Oleff, *Systems Engineering*,
https://doi.org/10.1007/978-3-662-64517-8_5

Detaillierte Informationen zur Herleitung des Rollenmodells sind der Publikation (Gräßler et al., 2019) zu entnehmen, in der internationale Forschungsergebnisse[1] zusammenführt, mit Erfahrungen aus Anwendungsprojekten angereichert und an heutige Bedarfe anpasst werden.

5.1.1 Die Anwendung des Rollenmodells

Ziel einer Anwendung des Rollenmodells ist es, dass alle Rollen und die damit verbundenen Verantwortlichkeiten und Aufgaben in angemessenem Umfang von den beteiligten Personen wahrgenommen werden. Dafür sind die Charakteristika des Unternehmens und des Projekts zu prüfen. Hierzu zählen beispielsweise Volatilität, Unsicherheit, Sicherheitsrelevanz der Branche, Projektgröße und verfügbare Mitarbeiterkompetenzen.

Im Sinne einer Checkliste erfolgt ein Abgleich, welche Rollen, Verantwortlichkeiten und Aufgaben bereits zugeordnet sind oder wo Anpassungen der Organisationsstruktur erforderlich sind. So kann der Änderungsbedarf präzise ermittelt werden.

Um im Unternehmen ein realistisches und den Fachkompetenzen entsprechendes Rollenmodell zu etablieren, müssen die Aufgaben und Verantwortlichkeiten den verfügbaren Kompetenzen und Kapazitäten zugewiesen werden. Dies erfolgt ergänzend zu der Gesamtverantwortung, die von einer Führungskraft ausgefüllt wird. Theoretisch könnten auch alle Rollen von derselben Person übernommen werden. Dies ist jedoch nur in seltenen Ausnahmefällen, wie sehr kleinen Projekten, zu empfehlen. Damit öffnet das Rollenmodell auch den Blickwinkel auf das realistisch Machbare und hilft Qualifizierungslücken zu erkennen und durch gezielte Schulungsmaßnahmen zu schließen. Im Gegensatz dazu ist in der Industrie immer wieder die Praxis anzutreffen, dass ausgewählte Personen zum „Systems Engineer" oder „Systems Architect" benannt werden und fortan für die Umsetzung des Systems Engineering im Projekt verantwortlich zeichnen – unabhängig von ihren Kompetenzen und freier Kapazität.

5.1.2 Die 15 Systems Engineering Rollen

Die Beschreibung der 15 Rollen, ihrer Aufgaben und Verantwortlichkeiten ist eng verknüpft mit den in Kapitel 2 dargestellten Befähigern und den in Kapitel 3 und 4 erläuterten Systems Engineering Kernelementen. Die dort beschriebenen Inhalte werden im Folgenden in konkrete Aufgaben und Verantwortlichkeiten überführt. Zudem werden erforderliche Kompetenzen für deren erfolgreiche Ausübung benannt.

---

1 (Abramovici und Herzog, 2016; Gräßler, Hentze und Bruckmann, 2018; Gräßler, Hentze und Oleff, 2018; INCOSE, 2018; INCOSE UK, 2010; Kossiakoff und Sweet, 2005; NASA, 2020; SEBoK Editorial Board, 2022; Sheard, 1996; Trudeau/Ziarko, 2007; Walden, 2007; Walden et al., 2015; Weilkiens, 2014)

5.1.2.1 Technischer Manager

Der Technische Manager ist für technische Entscheidungen auf allen SoI-Leveln zuständig (INCOSE, 2018; INCOSE UK, 2010; Kossiakoff und Sweet, 2005; NASA, 2020; SEBoK Editorial Board, 2022; Sheard, 1996; Walden et al., 2015). In der Symbolwelt der Landschaftsgrafik auf S. 182-183 gibt der Technische Manager bei Weggabelungen die Richtung vor und entscheidet damit über die Wanderroute zum Gipfel.

Dafür müssen Entscheidungskriterien festgelegt, Lösungsalternativen ausgearbeitet und zu einem geeigneten Zeitpunkt die Auswahl einer Lösung durchgeführt werden (Walden et al., 2015). Der technische Manager moderiert und verantwortet den Entscheidungsprozess und die Entscheidung (Abbildung 5-2). Die Ausarbeitung der Lösungsalternativen wird von anderen Rollen und Fachexperten durchgeführt. Um ein möglichst ganzheitliches Systemverständnis zu erzielen, ist eine enge Abstimmung mit der Modellierungsingenieurin hilfreich. Für dezentrale oder große Teams nimmt die organisatorische Verantwortung dieser Rolle zu. Der Technische Manager muss die vielfältigen Entscheidungen koordinieren und auf ein ganzheitliches Entwicklungsoptimum ausrichten. Dazu gehört auch die Zusammenarbeit mit dem SE Prozessmanager, um die zur Erarbeitung einer ganzheitlichen Entscheidungsgrundlage erforderlichen Systems Engineering Prozesse anzustoßen. Eine weitere Aufgabe ist es, in Zusammenarbeit mit der Projektleitung proaktiv technische und organisatorische Konflikte zu erkennen und zu lösen (Sheard, 1996). So wird diese Rolle zum Mittelpunkt des Entwicklungsteams in technischen Belangen.

Um Konflikte zwischen den Disziplinen rechtzeitig erkennen und auflösen zu können, ist neben Verhandlungs- und Kommunikationsgeschick auch interdisziplinäres Fachwissen erforderlich (Kossiakoff und Sweet, 2005). Außerdem geht mit der zentralen Stellung dieser Rolle ein Bedarf nach Führungs- und Moderationsfähigkeit der ausübenden Person einher.

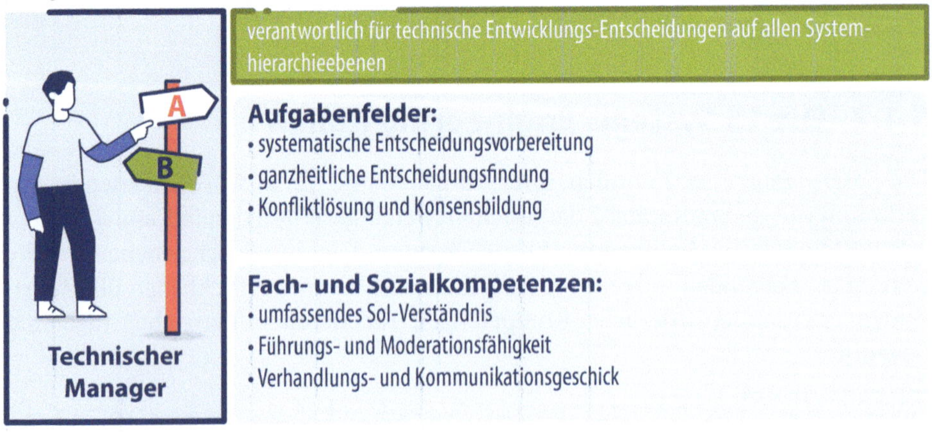

Abbildung 5-2 SE-Rolle „Technischer Manager“

5.1.2.2 Projektleiterin

Die Projektleiterin agiert in enger Abstimmung mit der technischen Leitung und dem Projektmanagement (Abbildung 5-3). Zentrale Aufgabe dieser Rolle ist die Zuweisung der Entwicklungsaufgaben an die Teammitglieder, unter Berücksichtigung der jeweiligen Stärken und Schwächen (INCOSE, 2018; Kossiakoff und Sweet, 2005; SEBoK Editorial Board, 2022; Sheard, 1996; Trudeau/Ziarko, 2007). Während der Technische Manager in der Landschaftsgrafik die Route festlegt, behält die Projektleiterin die Orientierung und zeigt dem Entwicklungsteam die Richtung zum Gipfel.

Dafür sind Arbeitspakete zu definieren, Verantwortlichkeiten zuzuordnen und deren Ausarbeitung zu koordinieren. Außerdem ist es Aufgabe dieser Rolle „Win-Win-Lösungen" zu finden. Systems Engineering zielt auf ein ganzheitliches Optimum ab. Dies kann nur erreicht werden, wenn für alle Beteiligten der Nutzen für das Gesamtsystem und nicht das lokale Optimum eines Teilbereichs im Vordergrund steht. Die Mentalität eines ganzheitlichen Denkens und Handelns ist durch die Projektleiterin im Entwicklungsteam zu etablieren und einzufordern. Eine weitere Aufgabe dieser Rolle ist die Projektkontrolle und -steuerung, sowie die Kommunikation mit der Unternehmensleitung. Die Projektleiterin muss die Einhaltung der Projektpläne absichern und den Projektstatus gegenüber der Unternehmensleitung vertreten. Dazu gehört auch, die Konsistenz zwischen den Projektzielen und der strategischen Ausrichtung des Unternehmens aufrechtzuerhalten (vgl. Geschäfts- und Vorhabensanalyse in Kapitel 4.1.4.1). Aufgrund der Projektplanungs- und Personalverantwortung dieser Rolle ist eine enge Zusammenarbeit mit Zentralstellen wie dem Projektmanagement oder der Personalabteilung im Unternehmen wichtig (vgl. Organisatorische Projektunterstützungsprozesse in Kapitel 4.1) wichtig.

Neben organisatorischen und sozialen Kompetenzen erfordert die Rolle eine hohe Führungskompetenz (Kossiakoff und Sweet, 2005), mit dem Ziel eines situativ

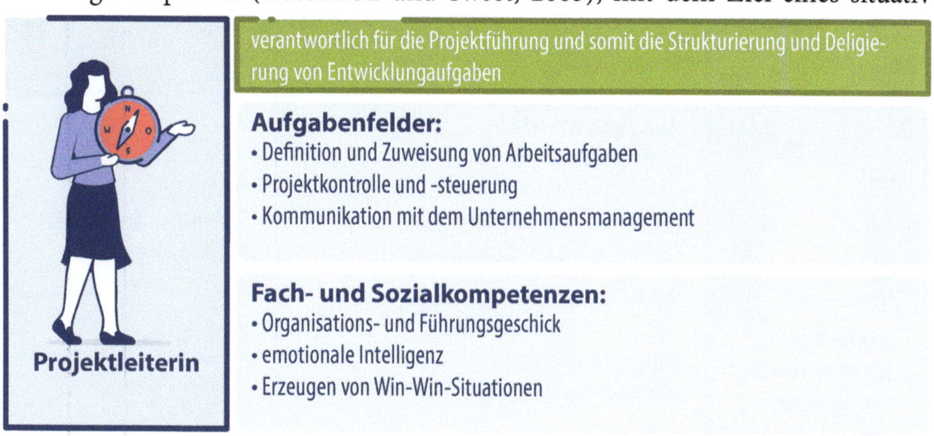

Abbildung 5-3 SE-Rolle „Projektleiterin"

angepassten und zugleich durchsetzungsstarken Führungsstils. Dies ist insbesondere durch die interdisziplinäre Zusammenstellung des Projektteams von großer Bedeutung, um die Motivation und Leistungsfähigkeit der Beteiligten aufrecht zu erhalten.

5.1.2.3 Stakeholderinteraktionsmanagerin

Die Stakeholderinteraktionsmanagerin hat als übergeordnetes Ziel, die größtmögliche Stakeholderzufriedenheit zu erreichen und zu erhalten (INCOSE, 2018; INCOSE UK, 2010; Kossiakoff und Sweet, 2005; NASA, 2020; SEBoK Editorial Board, 2022; Sheard, 1996; Trudeau/Ziarko, 2007; Walden, 2007; Walden et al., 2015). Sie spricht mit den Beteiligten und vermittelt im gesamten Projektverlauf wechselseitig zwischen der Stakeholderperspektive und der Perspektive des Entwicklungsteams (Abbildung 5-4). In die Symbolwelt übertragen wird gemeinsam das Zielbild der Stakeholder entwickelt, den schönen Ausblick über die Bergwelt zu erleben und dass dafür aus Sicht der Entwicklung eine Wanderung auf einen hohen Berg notwendig ist.

Der erste Teil des Aufgabenbereichs ist es, ein repräsentatives Verständnis der Stakeholderbedürfnisse aufzubauen und in die Entwicklung einzubringen (Sheard, 1996). Diese Aufgabe reicht von der vollständigen und korrekten Identifikation der Stakeholderbedürfnisse, über deren Definition und die anschließende Transformation in Stakeholder- und Systemanforderungen (Walden et al., 2015). Die Stakeholderinteraktionsmanagerin verantwortet damit die Erarbeitung und Aufrechterhaltung des Zielbildes für das Projekt. Da sich die Stakeholderbedürfnisse im Laufe der Entwicklung verändern, ist es auch Teil dieser Rolle, die Konsistenz zwischen den tatsächlichen Stakeholderbedürfnissen und den Stakeholder- und Systemanforderungen sicherzustellen. Durch regelmäßige Interaktion mit den Stakeholdern ist die Gültigkeit der Bedürfnisse abzusichern, Änderungen und Umpriorisierungen frühzeitig zu erkennen und in die dokumentierten Anfor-

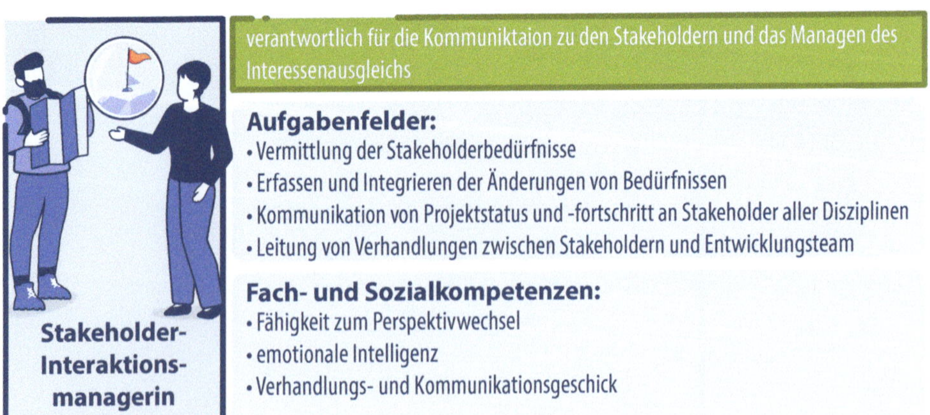

Abbildung 5-4 SE-Rolle „Stakeholderinteraktionsmanagerin"

derungen zu überführen. Durch das umfassende Verständnis der Stakeholderbedürfnisse vertritt diese Rolle innerhalb des Entwicklungsteams die Stakeholderperspektive. Sie repräsentiert beispielsweise deren Interessen im Rahmen von Entscheidungen oder bei internen Diskussionen.

Der zweite Teil des Aufgabenbereichs der Stakeholderinteraktionsmanagerin ist es, das Entwicklungsteam gegenüber den Stakeholdern zu vertreten. Im Rahmen dieser Aufgabe kommuniziert die Stakeholderinteraktionsmanagerin beispielsweise den Projektstatus und -fortschritt sowie technische Entscheidungen des Entwicklungsteams. Beispielsweise werden von dieser Rolle die vertraglich dokumentierten Anforderungen verhandelt, Lösungskonzepte vorgestellt und Planabweichungen begründet. Der Schwerpunkt liegt dabei auf technischen Aspekten. Im Bedarfsfall zieht die Stakeholderinteraktionsmanagerin Marketingexperten, Produktverantwortliche, Fachexperten, die technischen Manager oder sonstige Wissensträger hinzu.

Für den wechselseitigen Austausch muss die Stakeholderinteraktionsmanagerin über eine ausgeprägte Kommunikationsfähigkeit und Sozialkompetenz verfügen. Zudem ist technischer Sachverstand und Verhandlungsgeschick bedeutsam, um die Herausforderungen des Entwicklungsteams beurteilen zu können, die Machbarkeit und Ganzheitlichkeit von Lösungsansätzen abzuschätzen und beide Perspektiven angemessen vertreten zu können. Eine Besonderheit dieser Rolle ist die Erfordernis, unterschiedliche Perspektiven verstehen und vertreten zu können. Hierfür kann es hilfreich sein, selbst bereits unterschiedliche Positionen und Abteilungen durchlaufen zu haben.

5.1.2.4 Anforderungsmanager

Der Anforderungsmanager hat als Aufgabe, die Qualität und Konsistenz der Systemanforderungen sowie deren Erfüllung über alle SoI-Level hinweg sicherzustellen (Gräßler et al., 2022; Gräßler, Oleff und Scholle, 2018, 2020; INCOSE, 2018; INCOSE UK, 2010; NASA, 2020; SEBoK Editorial Board, 2022; Walden, 2007; Walden et al., 2015). Übertragen in die Symbolwelt der Landschaftsgrafik definiert der Anforderungsmanager die Etappenziele der Wanderung, anhand derer der Aufstieg Etappe für Etappe motiviert wird (Abbildung 5-5).

Die Liste der Anforderungen wird entsprechend der jeweiligen Kompetenzen auf Verantwortliche verteilt. Jeder Verantwortliche verantwortet eine oder mehrere Systemanforderungen von dem Stakeholderbedürfnis bis zur Erfüllung. Indem die Dekomposition der Anforderungen vom Stakeholder-Level bis zum Element-Level von derselben Person begleitet wird, werden Fehler in der Transformation vermieden. Über alle Level hinweg ist zu gewährleisten, dass die Systemanforderungen konsistent sind und den Qualitätsansprüchen für Anforderungen genügen, die in dem für das Projekt zugrunde gelegten Standard beschrieben werden (vgl. Definition von Systemanforderungen in Kapitel 4.1.4.3).

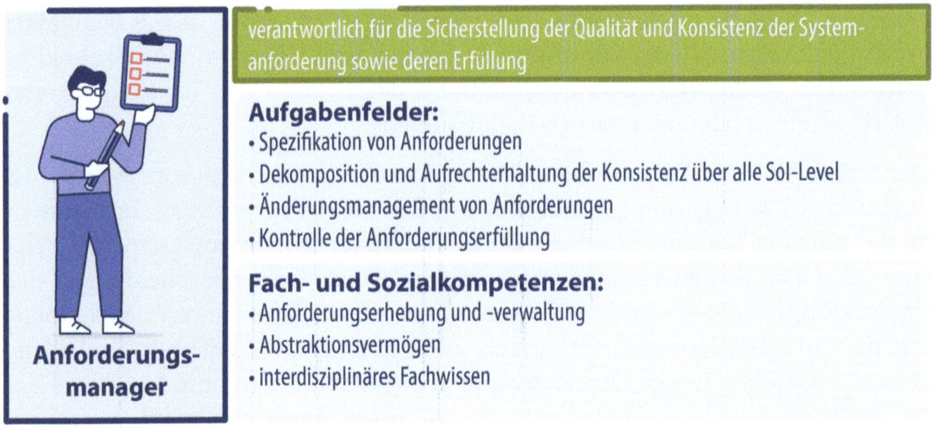

Abbildung 5-5 SE-Rolle „Anforderungsmanager"

In Abstimmung mit den Verantwortlichen für die Verifikation und Validierung sind bereits während der Anforderungsfestlegung geeignete Kriterien und Methoden zur Beurteilung des Erfüllungsgrads der Anforderungen festzulegen. Während der späteren Definition der Systemarchitektur und der Systemauslegung unterstützt der Anforderungsmanager die Überprüfung der Einhaltung der Anforderungen im Zuge der Verifikation und Validierung.

Nach der initialen Anforderungserhebung ist es Aufgabe des Anforderungsmanagers, Anforderungsänderungen zu managen (Gräßler et al., 2022). Das umfasst die präventive Risikosteuerung, Änderungsentscheidungen und deren zügige Umsetzung (Oleff, 2022). Dafür müssen die Auswirkungen einer Änderung beurteilt und deren Implementierung koordiniert werden. Da Anforderungen miteinander in Wechselwirkung stehen, ist die Zusammenarbeit mit dem Systemarchitekten und der Modellierungsingenieurin gefordert. So können die von einer Änderung betroffenen Anforderungen sowie deren Auswirkungen auf weitere Artefakte (Änderungspropagation) ermittelt werden.

Anforderungsmanager müssen ein tiefgreifendes Wissen über die Anforderungserhebung und das Anforderungsänderungsmanagement haben. Anforderungen, welche die Stakeholderbedürfnisse adäquat repräsentieren und zudem qualitativ hochwertig formuliert sind (vgl. 4C's in Kapitel 4.1.4.3), steigern die Zielgenauigkeit der Lösungsfindung und beugen Änderungen vor. Neben der methodischen Kompetenz sind von den Beteiligten auch Abstraktionsvermögen und interdisziplinäres Fachwissen gefordert.

5.1.2.5 Modellierungsingenieurin

Aufgabe der Modellierungsingenieurin ist es, die Anforderungen, die Systemstruktur, das Systemverhalten, relevante Umfeldelemente sowie die internen und externen Schnittstellen des SoI vollständig abzubilden (Gräßler et al., 2021; INCOSE,

2018; INCOSE UK, 2010; Sheard, 1996; Walden et al., 2015). Die Modellierungsingenieurin erzeugt dadurch ein digitales Abbild des zu entwickelnden Systems, das je nach Aufgabe gedreht, gewendet oder auf ein Detail fokussiert wird (vgl. Abbildung 5-6). Es ist die Aufgabe der Modellierungsingenieurin, die modellhafte Abbildung dieser Aspekte vorzunehmen. Sie unterstützt Entwicklerinnen und Entwickler darin, eine ganzheitliche Perspektive bei der Zusammenführung spezifischer Modelle und Sichten einzunehmen (vgl. Kapitel 2.4.1 und (Sheard, 1996)). Dadurch werden Inkonsistenzen ebenso wie Synergiepotenziale aufgezeigt und ein Beitrag zur Ganzheitlichkeit der Lösung geleistet. Ein weiterer Aufgabenbereich ist die kontinuierliche Prüfung und Wiederherstellung der Aktualität, Korrektheit und Konsistenz des Systemmodells. Die Modellierungsingenieurin ist durch den unmittelbaren Zugriff auf das Systemmodell auch die primäre Kontaktperson bei inhaltlichen Problemen oder Unklarheiten in der Entwicklung. (Gräßler et al., 2021)

Beide Aufgabenbereiche führen dazu, dass die Modellierungsingenieurin eine zentrale Bedeutung für die Systems Engineering Anwendung hat. Durch die Modellierung des Systems kann die wachsende Systemkomplexität erfasst und effizient gehandhabt werden. Des Weiteren fördert die Modellbildung unmittelbar die Anwendung vieler Systems Engineering Prinzipien, wie z. B. Identifikation von Wechselwirkungen und Schnittstellen. Damit die beteiligten Entwicklerinnen und Entwickler den Nutzen der Modellbildung erkennen und dieses Hilfsmittel zielführend einsetzen, stärkt die Modellierungsingenieurin deren Verständnis für die modellbasierte Systementwicklung (MBSE). Es liegt im Verantwortungsbereich dieser Rolle, MBSE im Entwicklungsprozess zu verankern (Sheard, 1996).

Beispielsweise wird das Systemdenken durch Abstraktion und Modellierung von Sachverhalten erleichtert (vgl. Kapitel 3). Für die Ausarbeitung unterschiedlicher Diagramme werden verschiedene Sichten auf das System eingenommen. Zugleich muss eine Systemgrenze festgelegt, relevante Elemente innerhalb und außerhalb

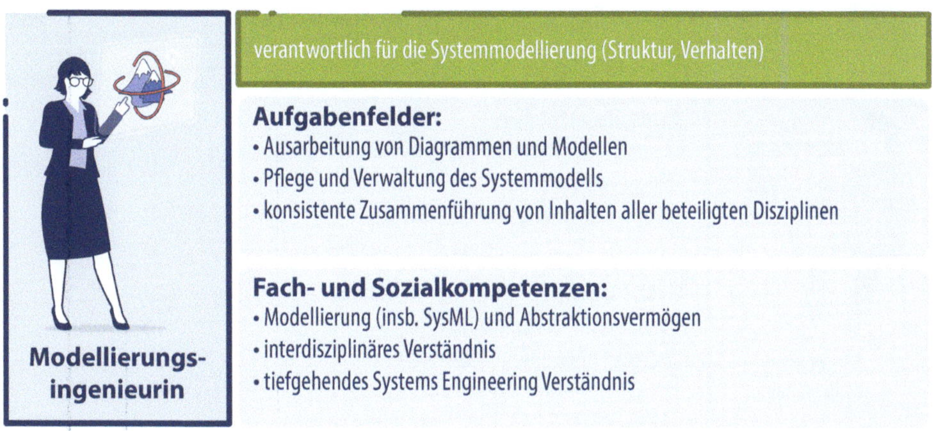

Abbildung 5-6 SE-Rolle „Modellierungsingenieurin"

der Systemgrenze identifiziert und deren Zusammenspiel definiert werden. Die Ziele und Dimensionen des Systemdenkens werden daher durch die Modellierung ein beständiger Bestandteil der Entwicklungsaktivitäten. Entsprechenden Nutzen stiftet die Modellierung auch für die Dekomposition und Integration sowie die interdisziplinäre Zusammenarbeit im V-Modell (vgl. Kapitel 4). Das beständige Zergliedern und Ausgestalten der Teilsysteme ist ebenso immanenter Bestandteil der Modellierung wie die Einbindung des SoI in einen übergeordneten Systemkontext (Weilkiens, 2014). Auch die Nachverfolgbarkeit (engl. traceability) von der Anforderung über die Lösung bis hin zum Test wird durch die Systemmodellierung unterstützt (vgl. Kapitel 2.5). Insgesamt übt die Modellierungsingenieurin eine Kernrolle zur erfolgreichen Anwendung von Systems Engineering aus, die zur Zusammenführung und zielführenden Umsetzung zentraler Systems Engineering Prinzipien beiträgt.

5.1.2.6 Systemarchitekt

Der Systemarchitekt ist im Wesentlichen für die Erarbeitung und das Management von Systemarchitektur und -auslegung zuständig (INCOSE, 2018; INCOSE UK, 2010; NASA, 2020; SEBoK Editorial Board, 2022; Sheard, 1996). Damit ermittelt und dokumentiert der Systemarchitekt alternative Routen zur Entwicklung des SoI (vgl. Abbildung 5-7). Systemauslegung und Systemarchitektur sind dabei eng miteinander verzahnt (vgl. Kapitel 4.14.5 und 4.1.4.6), um die Durchgängigkeit sicherzustellen.

Die Lösung wird auf dem Teilsystem- und Element-Level inhaltlich von den Fachexperten und -expertinnen ausgestaltet. Der Systemarchitekt koordiniert über alle SoI-Level hinweg die Ausarbeitung von Lösungskandidaten und deren Auswahl (Sheard, 1996). Dafür sind in enger Abstimmung mit der Rolle Technische Manager die Technischen Management Prozesse anzuwenden. Dazu gehören beispielsweise das Risiko- oder Entscheidungsmanagement.

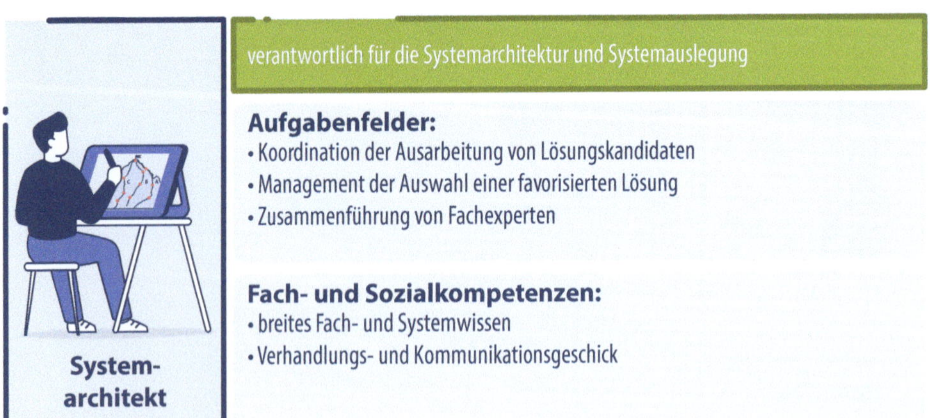

Abbildung 5-7 SE-Rolle „Systemarchitekt"

Auf dem Level der Systemelemente nimmt die Bedeutung der Koordination und Einbeziehung entsprechender Fachexperten zu (Gräßler, Hentze und Bruckmann, 2018). Der Systemarchitekt muss ein breites Fach- und Systemwissen haben. So können die zur Erarbeitung der Inhalte hinzugezogenen Spezialisten ihr Fachwissen einbringen und durch die systemische Sicht sowie das Verhandlungsgeschick des Systemarchitekten zugleich die Ganzheitlichkeit der Lösung sichergestellt werden. Dabei ist eine enge Zusammenarbeit mit dem Anforderungsmanager anzustreben. So wird die Passgenauigkeit der Lösung zu den Anforderungen abgesichert und Änderungen konsistent eingepflegt.

5.1.2.7 Schnittstellenmanagerin

Die Schnittstellenmanagerin ist zuständig für die Definition, Detaillierung und Verwaltung der Schnittstellen innerhalb des SoI sowie zwischen SoI und Systemumfeld (INCOSE, 2018; INCOSE UK, 2010; Kossiakoff und Sweet, 2005; NASA, 2020; SEBoK Editorial Board, 2022; Sheard, 1996; Walden, 2007). Ziel ist das belastbare Ineinandergreifen der Systemelemente, so wie Sicherungskarabiner beim Aufstieg einer steilen Bergetappe (vgl. Abbildung 5-8).

Die Schnittstellenmanagerin wird von Beginn an in die Ausarbeitung von Systemarchitektur und Systemauslegung eingebunden, um Anforderungen an die Integrierbarkeit und die Schnittstellen in den Entwicklungsprozess einzubringen. Schnittstellen sind über alle SoI-Level hinweg von hoher Bedeutung und in der industriellen Praxis eine häufige Fehlerquelle. Daher ist der Aufgabenbereich dieser Rolle anspruchsvoll.

Die Schnittstellenmanagerin wird in besonderem Maße in die Auswahl und Umsetzung einer geeigneten Implementierungsstrategie der Systemelemente eingebunden. Um die Wirtschaftlichkeit sicherzustellen, wird statt einer Eigenentwicklung von Lösungselementen auf Standardelemente zurückgegriffen (Kossiakoff und

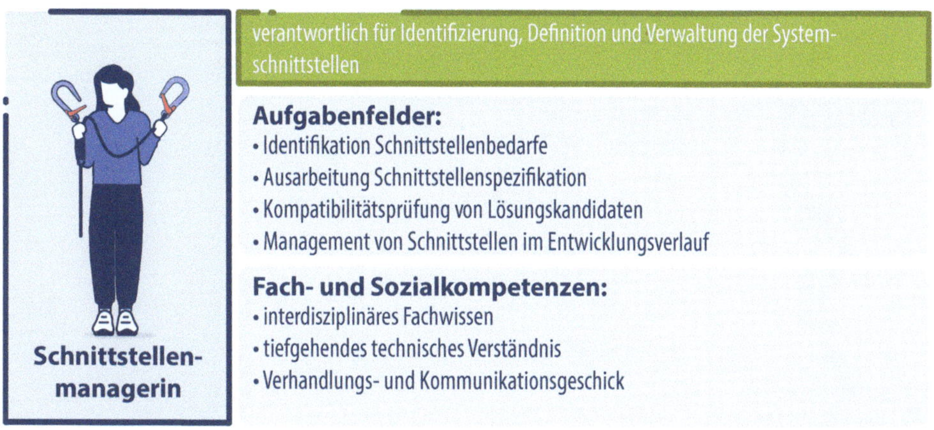

Abbildung 5-8 SE-Rolle „Schnittstellenmanagerin“

Sweet, 2005; Walden, 2007). Die Systemschnittstellenmanagerin muss in solchen Fällen die Kompatibilität der Standardelemente prüfen und gemeinsam mit dem Technischen Manager die bestgeeignete Implementierungsstrategie wählen.

Die Systemschnittstellenmanagerin muss daher ein tiefes technisches Verständnis über die Existenz und Auswirkungen von Wechselwirkungen innerhalb und zwischen den beteiligten Disziplinen haben. Zusätzlich ist ein ausgeprägtes Verhandlungs- und Kommunikationsgeschick erforderlich, da bei den Schnittstellen die individuellen Interessen der beteiligten Fachabteilungen zugunsten eines übergreifenden Optimums aufgegeben werden müssen (SEBoK Editorial Board, 2022).

5.1.2.8 V&V-Ingenieurin

Die V&V-Ingenieurin hat als zentrale Aufgabe, die Verifikation und Validierung des SoI zu planen und durchzuführen (INCOSE, 2018; INCOSE UK, 2010; Kossiakoff und Sweet, 2005; NASA, 2020; SEBoK Editorial Board, 2022; Sheard, 1996). Symbolisch misst sie die bisher zurückgelegten Höhenmeter [Hm] und dokumentiert, welche Etappenziele erreicht wurden (vgl. Abbildung 5-9).

Wie bei der Implementierung ist die Unterscheidung von Planung und Durchführung wichtig. Bereits zum Projektstart sind die Bedarfe und Anforderungen der Verifikation und Validierung im Entwicklungsteam zu vertreten und in die Entscheidungen zu integrieren. Für die Verifikation ist insbesondere die Zusammenarbeit mit dem Anforderungsmanager erforderlich. Im Hinblick auf die Validierung ist eine enge Kooperation mit der Stakeholderinteraktionsmanagerin sinnvoll. Die V&V-Ingenieurin trägt wesentlich dazu bei, geeignete und eindeutige Zielgrößen für das Projekt auszuarbeiten, denn erst mit der Einigung über eine Prüfmethode ist die Anforderungserfüllung objektiv bewertbar.

Um verlässliche und rechtssichere V&V Ergebnisse sicherzustellen, sind die zuvor erarbeiteten Pläne präzise einzuhalten. Im Falle von Abweichungen sind von der

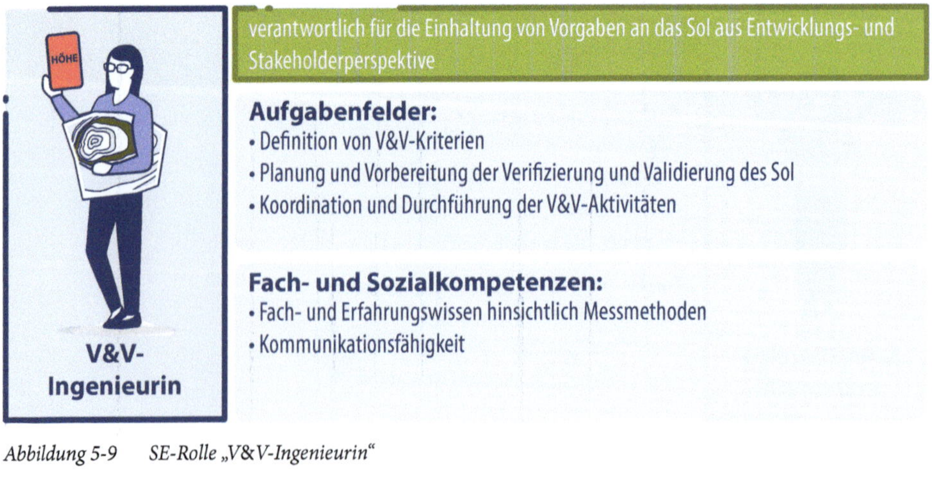

Abbildung 5-9 SE-Rolle „V&V-Ingenieurin"

V&V-Ingenieurin Korrekturmaßnahmen abzustimmen, einzuleiten und anschließend zu dokumentieren. Dafür bedarf es neben Kommunikationsgeschick und Fachwissen auch Erfahrungen im Umgang mit Stakeholdern und den verwendeten Messmitteln und -methoden.

5.1.2.9 Lebenszyklusmanager

Die zentrale Aufgabe des Lebenszyklusmanagers ist es, eine systemlebenszyklusgerechte Entwicklung zu fördern (INCOSE, 2018; INCOSE UK, 2010; Trudeau/Ziarko, 2007; Walden et al., 2015). Symbolisch gesprochen sorgt der Lebenszyklusmanager dafür, dass der Abstieg zurück ins Tal von Beginn an mitbedacht wird, noch genügend Proviant vorhanden ist und dabei keine Schäden an der Berglandschaft entstehen (Abbildung 5-10).

Dafür sind aus dem Systemlebenszyklusmodell die Restriktionen der einzelnen Systemlebenszyklusphasen abzuleiten (INCOSE, 2018). Auf dieser Basis stellt der Lebenszyklusmanager sicher, dass auf allen SoI-Leveln eine systemlebenszyklusgerechte Entwicklung betrieben wird. Dafür wirkt er in allen Entwicklungsentscheidungen darauf ein, dass über alle Systemhierarchieebenen hinweg eine systemlebenszyklusübergreifende Perspektive eingenommen wird (vgl. Kapitel 3.2.2). Des Weiteren sorgt der Lebenszyklusmanager für die aktive Einbeziehung von Fachexperten aus den relevanten Systemlebenszyklusphasen, wie z. B. Nutzung, Wartung oder Außerbetriebnahme.

Um die Lebenszyklusrestriktionen erfassen und einbringen zu können, ist der Austausch mit anderen Rollen und Fachbereichen erforderlich. Wichtige Kompetenzen sind daher Kommunikationsfähigkeit und breites Fachwissen, unter anderem zur Entwicklung nachhaltiger Produkte.

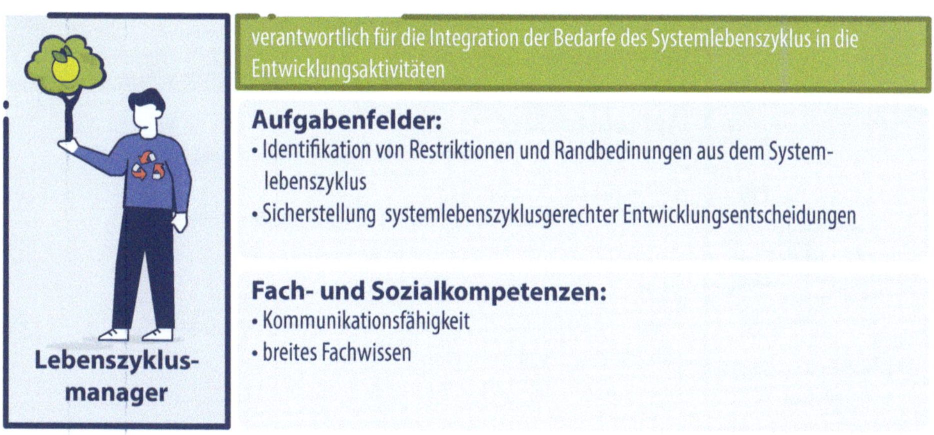

Abbildung 5-10 SE-Rolle „Lebenszyklusmanager"

5.1.2.10 Implementierungsingenieur

Der Implementierungsingenieur hat zwei grundlegende Aufgaben: die Planung einer effizienten Implementierung der Systemelemente und die Umsetzung der Planung (INCOSE, 2018; NASA, 2020; SEBoK Editorial Board, 2022; Trudeau/ Ziarko, 2007). Damit fährt der Implementierungsingenieur in der Landschaftsgrafik voraus, prüft die Begehbarkeit der Route und sorgt für Proviant (vgl. Abbildung 5-11).

Für die Herbeiführung einer effizienten Implementierung achtet der Implementierungsingenieur bereits während der Definition von Systemanforderungen, Architektur und Systemauslegung darauf, dass Aspekte der Implementierung berücksichtigt werden. Neben Restriktionen zeigt er auch Optimierungspotenziale bezüglich bestehender Lösungen auf. Da für die Implementierung hohe Kosten anfallen, trägt der Implementierungsingenieur große Verantwortung für die Lebenszykluskosten.

Neben der frühzeitigen Sensibilisierung für die Bedarfe der Implementierung wird auch deren Umsetzung vom Implementierungsingenieur verantwortet. Dafür koordiniert er die Implementierungsaktivitäten und stellt die Einhaltung der Vorgaben sicher. Um die Rolle als Implementierungsingenieur ausfüllen zu können, sind Wissen und Erfahrungen zu Implementierungsformen und den damit einhergehenden Erfordernissen von Nöten. Des Weiteren ist Koordinations- und Durchsetzungsfähigkeit gefordert, um die Beteiligten aus den Fachbereichen effizient anzuleiten und die Interessen der Implementierung im Rahmen der Entwicklungsentscheidungen zu vertreten.

Implementierungs-ingenieur

verantwortlich für die Sicherstellung der Berücksichtigung von Anforderungen in der Implementierung sowie deren Erfüllung

Aufgabenfelder:
- Integration von Anforderungen in die Entscheidungsfindung der Implementierung
- Koordination der Umsetzung von Implementierungsaktivitäten

Fach- und Sozialkompetenzen:
- Fach- und Erfahrungswissen hinsichtlich Implementierungsformen
- Koordinations- und Durchsetzungsfähigkeit

Abbildung 5-11 SE-Rolle „Implementierungsingenieur“

5.1.2.11 Systemsicherheitsingenieur

Der Systemsicherheitsingenieur gewährleistet die Sicherheit des entwickelten Systems (engl. secure system) (INCOSE, 2018; Trudeau/Ziarko, 2007; Walden et al., 2015). Er setzt den Wanderern bildlich gesprochen die Schutzausrüstung auf, damit diese ohne Blessuren und Verletzungen auf dem Gipfel ankommen und wieder sicher ins Tal herabsteigen (vgl. Abbildung 5-12).

„Sicher" bedeutet in diesem Kontext der Schutz des Systems vor einer böswilligen Beeinflussung des Systemnutzens bzw. des Systemverhaltens (engl.: „security"). Beispiele sind Datendiebstahl, schädigendes Systemverhalten oder die Reduzierung der Leistungsfähigkeit. Die Bedeutung der Systemsicherheit nimmt kontinuierlich zu, da durch die Digitalisierung die Gefahrenquellen vielfältiger geworden sind. Auch die Komplexität und Interdisziplinarität des SoIs erzeugt zahlreiche potenzielle "Einfallstore", die es zu erkennen und zu schließen gilt. Erschwerend kommt hinzu, dass auch die potenziellen Auswirkungen eines erfolgreichen Angriffs größer werden. Durch die Vernetzung der Systeme kann sich der Schaden ausbreiten und multiplizieren (Gräßler, Bodden et al., 2020). Aus dieser Bedrohungslage resultiert aber zugleich auch die Chance, Sicherheit fokussiert in die Entwicklung einzubeziehen und als Alleinstellungsmerkmal gegenüber Wettbewerbsprodukten zu etablieren.

Die Hauptaufgabe des Systemsicherheitsingenieurs ist es, eben jener Sicherheit des Systems ausreichendes Gewicht in den Entwicklungsentscheidungen zu verleihen. Dazu ist einerseits die Sensibilisierung der Entwickler und Entscheidungsträger über Gefahren und Chancen im Kontext der Systemsicherheit erforderlich. Andererseits ist der Systemsicherheitsingenieur für die proaktive Einbringung von Sicherheitsüberlegungen in die Entscheidungsfindung zuständig und muss die Entscheidungsauswirkungen über den gesamten Lebenszyklus hinweg abschätzen.

Für die Entwicklung des SoI ist daher das Antizipieren zukünftiger Gefahren ent-

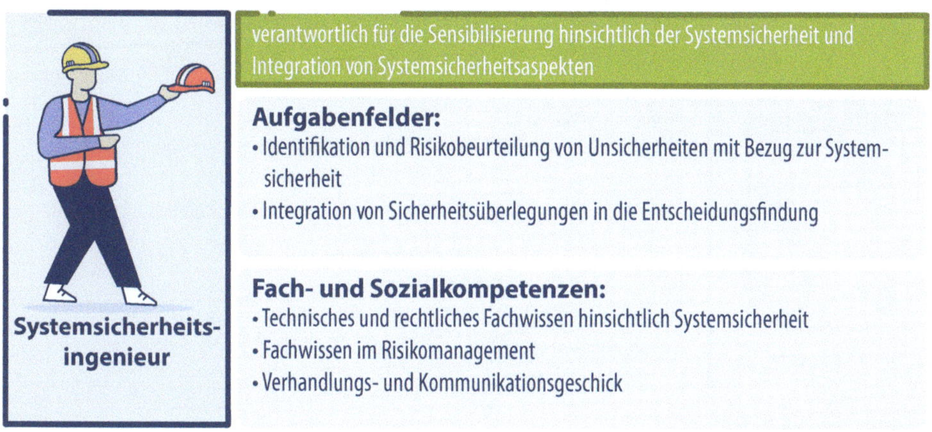

Abbildung 5-12 SE-Rolle „Systemsicherheitsingenieur"

scheidend. Da sich die Bedrohungslage schnell weiterentwickelt und eine verlässliche Vorhersage in manchen Fällen nicht möglich ist, kann dies auch dazu führen, dass das System adaptierbar entwickelt wird. Adaptierbar bedeutet in diesem Kontext, dass nachträglich Sicherheitsmechanismen integriert werden können (z. B. durch Software-Updates), die auf die zukünftigen Gefahren abgestimmt sind und die Systemsicherheit gewährleisten. Solche Überlegungen haben sowohl Bedeutung für das Geschäftsmodell als auch für die Ausgestaltung des Systems.

Um sicherheitsbezogene Zielkonflikte in der Entwicklung aufzulösen, muss der Sicherheitsingenieur über eine ausgeprägte Verhandlungskompetenz verfügen. Es gilt, die Vermeidung zukünftiger Sicherheitsrisiken gegenüber unmittelbar realisierbaren Einsparungspotenzialen beim Entwicklungsaufwand durchzusetzen. Außerdem ist ein breites Wissensspektrum erforderlich, da sowohl die technischen als auch die rechtlichen Auswirkungen einer Entscheidung beurteilt werden müssen. Neben technischen und rechtlichen Belangen ist das Risikomanagement ein wichtiges Kompetenzfeld des Systemsicherheitsingenieurs.

5.1.2.12 SE-Prozessmanager

Der SE-Prozessmanager sorgt für eine bedarfsgerechte Anwendung der Systems Engineering Prozesslandschaft und des Systems Engineering Ansatzes im Gesamten. Die Hauptaufgabe ist das individuelle Tailoring des Systems Engineering (Gräßler, Hentze und Oleff, 2018; INCOSE, 2018; INCOSE UK, 2010; Sheard, 1996; Trudeau/Ziarko, 2007). In der Landschaftssymbolik steckt der SE-Prozessmanager die individuellen Maße der Wanderer ab, beurteilt die Wetterbedingungen und schneidert passgenaue Kleidung (vgl. Abbildung 5-13).

Dafür wird zunächst in enger Abstimmung mit dem Technischen Manager eine Analyse der Projektspezifika durchgeführt. Die Analyse bildet die Grundlage für die Ausarbeitung eines projektspezifischen **Systems Engineering Management**

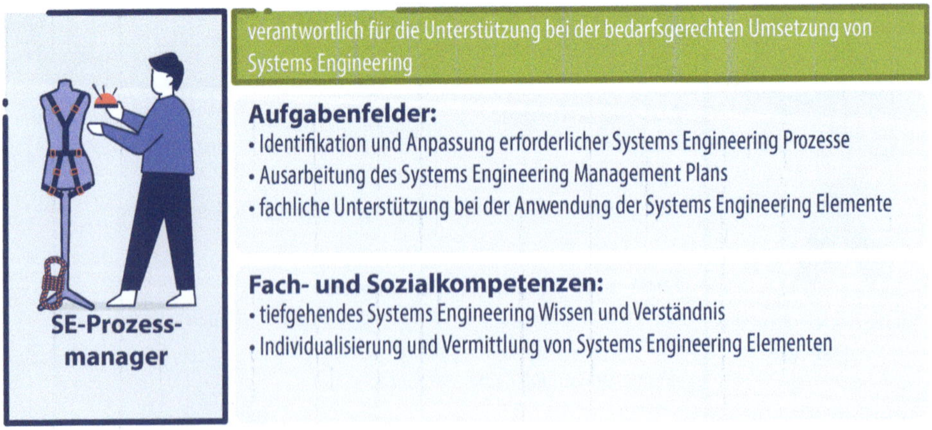

Abbildung 5-13 SE-Rolle „SE-Prozessmanager"

Plans (SEMP). Im SEMP werden die erforderlichen Prozesse definiert und die jeweiligen Aktivitäten und Methoden erläutert. Dabei dient das V-Modell (vgl. Kapitel 4.2) als Strukturierungshilfe. Auf Basis des SEMP wird deren Umsetzung initiiert, unterstützt und kontrolliert. Verbesserungspotenziale werden systematisch ermittelt, realisiert und in den übergreifenden Systems Engineering Ansatz auf Unternehmens- oder Bereichsebene integriert.

SE-Prozessmanager müssen dafür ein tiefgehendes Systems Engineering Wissen haben, um beim Tailoring die Konsistenz zum Unternehmensansatz sicherzustellen und Synergiepotenziale zu erkennen. Neben der Kenntnis unternehmensspezifischer Besonderheiten umfasst das auch ein gutes Verständnis etablierter Systems Engineering Standards wie ISO/IEC/IEEE 15288:2015 und branchenspezifischer Standards wie A-SPICE (Gräßler, Hentze und Oleff, 2018). Darüber hinaus sind didaktische Fähigkeiten wichtig, um den Praxistransfer der SE-Kernelemente für den jeweiligen Anwendungsfall erläutern und SE-Kompetenz bei den Beteiligten aufbauen zu können.

5.1.2.13 Konfigurationsmanager

Der Konfigurationsmanager hat die Aufgabe, die Aktualität und Konsistenz der Systemkonfiguration über alle SoI-Level hinweg sicherzustellen. (INCOSE, 2018; INCOSE UK, 2010; NASA, 2020; SEBoK Editorial Board, 2022; Walden et al., 2015) Daher ist diese Rolle eng in die Erstellung und Verwaltung der Baseline eingebunden (vgl. Kapitel 4.2.3.7). Der Konfigurationsmanager markiert und dokumentiert auf der Landkarte den aktuellen Standort der Wandergruppe (vgl. Abbildung 5-14).

Aufgrund des ganzheitlichen Überblicks über das SoI, ist der Konfigurationsmanager auch für die Aufrechterhaltung der Systemintegrität verantwortlich (Walden et al., 2015). Bei wichtigen Entscheidungen ist in enger Abstimmung

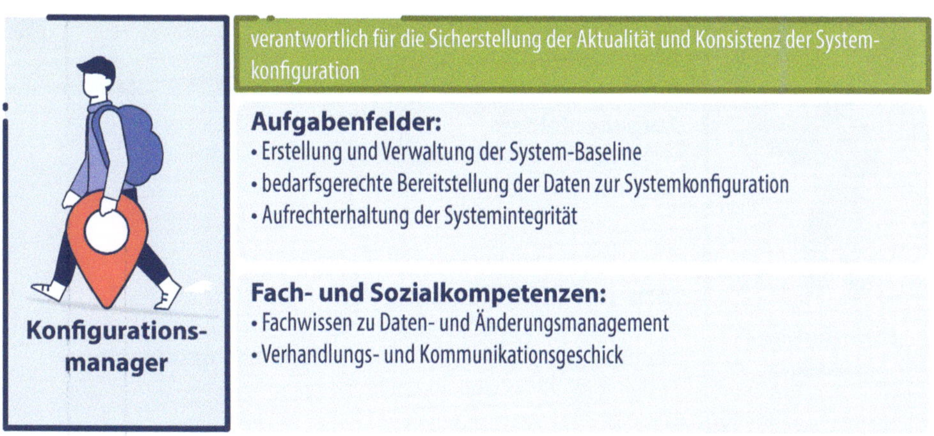

Abbildung 5-14 SE-Rolle „Konfigurationsmanager"

mit dem Technischen Manager die Balance zwischen den drei Dimensionen der Systemintegrität Geschäftsgrundlage, Finanzierung und Technik (vgl. Kapitel 3.2.1) aufrechtzuerhalten. Im Falle von Inkonsistenzen in der Konfiguration oder Abweichungen von der Systemintegrität empfiehlt der Konfigurationsmanager dem Technischen Manager geeignete Korrekturmaßnahmen.

Erforderliche Kompetenzen umfassen neben dem Software- und Datenmanagement auch das Änderungsmanagement. Zudem sind für die Aufrechterhaltung der Systemintegrität Verhandlungsgeschick und rhetorische Fähigkeiten von Vorteil.

5.1.2.14 Informationsmanager

Die Aufgabe des Informationsmanagers ist es, während der Entwicklung die relevanten Informationen verfügbar zu machen. Das umfasst neben der Pflege der Informationen auch die bedarfsgerechte Bereitstellung an die Beteiligten (INCOSE, 2018; Kossiakoff und Sweet, 2005; NASA, 2020; SEBoK Editorial Board, 2022; Sheard, 1996; Walden et al., 2015; Weilkiens, 2014). Der Informationsmanager nutzt bildlich gesprochen das Satellitentelefon, um bei einer Weggabelung die Wettervorhersage zu erfragen und an die Wandergruppe weiterzugeben (vgl. Abbildung 5-15).

Um für Entwicklungsentscheidungen die relevanten Informationen zugrunde legen zu können, muss zunächst eine systematische Erhebung der Informationen stattfinden. Der Informationsmanager verantwortet die bedarfsorientierte Informationserhebung und -pflege. Gemeinsam mit den anderen Rollen wird anschließend ermittelt, welche Personen in welcher Entscheidungssituation welche Information benötigt. Das Herausfiltern erforderlicher Informationen ist eine zunehmend bedeutsame Herausforderung, da die Anzahl der zur Verfügung stehenden Informationen rasant anwächst und nur durch eine angemessene Selektion die Balance zwischen „informiert" und „überflutet" gewahrt werden kann.

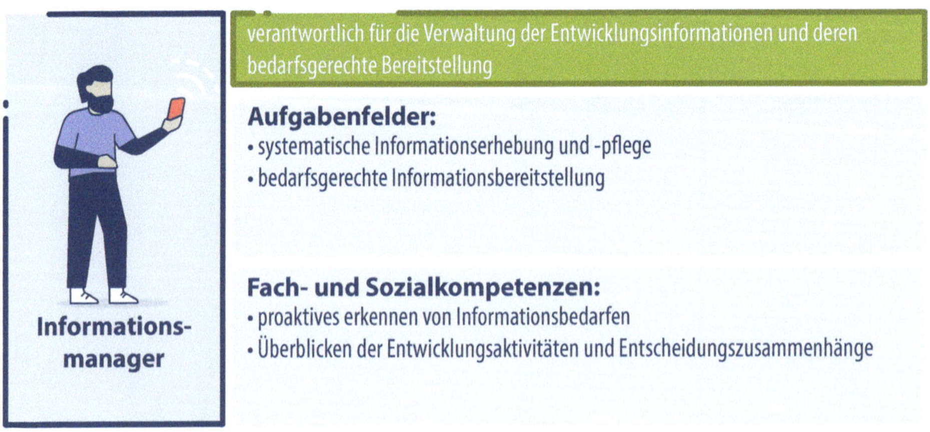

Abbildung 5-15 SE-Rolle „Informationsmanager"

Damit dies gelingt, ist eine enge Abstimmung mit der Modellierungsingenieurin und dem Konfigurationsmanager erforderlich, da beide zentrale Informationsquellen für die Entwicklung verantworten.

Für die Abwägung, welche Informationen in der jeweiligen Situation wichtig sind, ist ein breites Fachwissen ebenso erforderlich wie ein gutes Verständnis der Schnittstellen im System. Mit diesem Wissen können auch die Auswirkungen technischer Entscheidungen sauber dokumentiert werden (Walden et al., 2015).

5.1.2.15 Entrepreneur

Der Entrepreneur fördert das unternehmerische und verantwortungsvolle Handeln im Entwicklungsprojekt. (INCOSE UK, 2010; SEBoK Editorial Board, 2022; Trudeau/Ziarko, 2007) Der ausgeprägte Fokus auf den Geschäftsaspekt (vgl. Systemintegrität) grenzt diese Rolle von der Projektführung ab. Er fliegt über dem Geschehen, behält andere Wandergruppen im Blick, warnt vor Lawinen und informiert die Wanderer am Boden über potenzielle Abkürzungen (vgl. Abbildung 5-16). Dort werden die Erkenntnisse dann in konkrete Handlungen umgesetzt.

Der Entrepreneur schätzt die Auswirkungen von Richtungsentscheidungen auf den wirtschaftlichen Nutzen des Projekts ab. Außerdem ermittelt er vorausschauend ungenutzte Geschäftspotenziale („Abkürzungen beim Aufstieg") und diskutiert diese mit dem Technischen Manager. Gemeinsam mit der Projektleiterin hat der Entrepreneur eine Vorbildfunktion in der Entwicklung inne. Der Entrepreneur ermuntert die Beteiligten dazu, mutige Entscheidungen zu treffen und treibt das Team an, ein bestmögliches Projektergebnis zu erreichen. Dementsprechend sind Verantwortungsbewusstsein, Führungsqualität und Inspirationsfähigkeit wichtige Kompetenzen des Entrepreneurs. Zudem ist es förderlich über das Unternehmen hinaus vernetzt zu sein, um neue Impulse und Chancen frühzeitig zu erkennen.

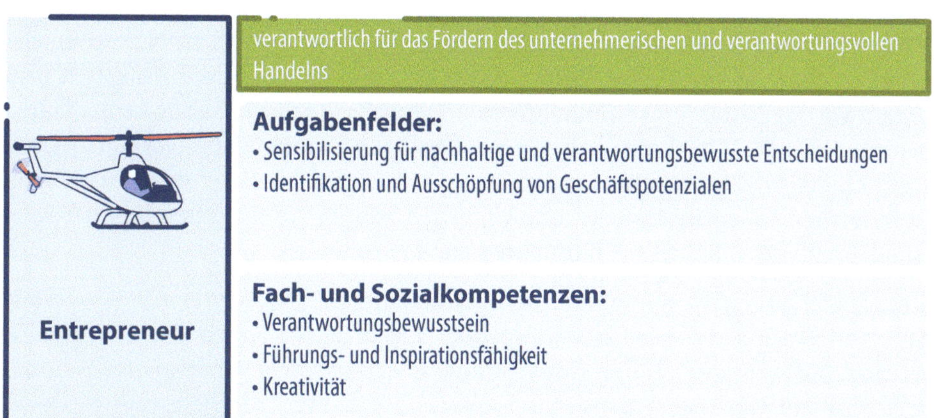

Abbildung 5-16 SE-Rolle „Entrepreneur"

5.2 Systems Engineering Rollen in der Praxis

Die Ausprägung und das Zusammenspiel der Rollen wird für jedes Projekt individuell angepasst. Abhängig von den Notwendigkeiten im Projekt und den personell zur Verfügung stehenden Kompetenzen und Kapazitäten variiert die Bedeutung und der Umfang der Rollen. Grundsätzlich sollte jede Rolle und die damit verbundenen Aufgaben und Verantwortlichkeiten von mindestens einem Teammitglied oder einem Mitglied der Organisation abgedeckt werden, denn nur im Zusammenspiel können die Aufgaben effektiv erfüllt werden. Bei umfangreichen Aufgabenbereichen, wie z. B. der des Anforderungsmanagers oder Architekten, ist es in der Regel zielführend, mehrere Personen mit der Rolle zu betrauen. An anderer Stelle kann die Zusammenlegung von Verantwortlichkeiten sinnvoll sein, z. B. die Rolle der Projektleiterin und des Entrepreneurs in einer Person zusammenlegen oder die des Konfigurations- und Informationsmanagers.

In großen Unternehmen wird die Rollenerarbeitung und -zuweisung häufig auf Basis der im Geschäftsbereich verantworteten Systeme umgesetzt. In einem ersten Schritt werden (logische) Teilsysteme mit einem ähnlichen Verantwortungs- und Arbeitsumfang definiert, z. B. Antriebssystem, Energiesystem, Bremssystem und Cockpitsystem eines Kraftfahrzeugs. Anschließend werden anhand des Rollenmodells generische Teams zur Entwicklung der Teilsysteme definiert. Dabei werden sowohl die Notwendigkeit der einzelnen Rollen als auch deren Umfang (einfache oder mehrfache Besetzung) abgeschätzt.

Als Dokumentationsform für Rollen und Teams haben sich in der Praxis Steckbriefe bewährt. Dort sind für die einzelnen Rollen sowohl Aufgaben und Verantwortlichkeiten als auch Entscheidungsbefugnisse aufgelistet. Solche Rollensteckbriefe können anschließend auch zur inhaltlichen Ausgestaltung von Stellenausschreibungen und Arbeitsverträgen genutzt werden. Bei der Auswahl geeigneter Personen zur Ausübung der Rollen ist auf eine bestmögliche Kombination der erforderlichen Kompetenzen zu achten. Kompetenzen können als Voraussetzung für die Ausübung einer Rolle verstanden werden. Nur wenn die erforderlichen Kompetenzen vorhanden sind, ist es möglich, die Aufgaben und Verantwortlichkeiten einer Rolle hinreichend wahrzunehmen. Falls keine Mitarbeiterinnen und Mitarbeiter mit den notwendigen Kompetenzen verfügbar sind, kann kurzfristig auf externe Unterstützung zurückgegriffen werden. Mittelfristig ist in solchen Fällen auf Projekt- und Unternehmensebene ein systematischer Aufbau der fehlenden Fähigkeiten umzusetzen.

Steckbriefe sind auch auf Ebene der Teams ein probates Mittel zur Ausgestaltung von Organisationsstrukturen. In den Steckbriefen können die Zusammensetzung, die zu erarbeitenden Entwicklungsartefakte sowie vordefinierte Schnittstellen zu anderen Teams und Organisationseinheiten beschrieben werden. Dabei gibt es unterschiedliche Arten von Schnittstellen. Zum einen bestehen Schnittstellen des Entwicklungsteams zu angrenzenden Unternehmensfunktionen, wie z. B. das Qualitätsmanagement. Zum anderen bestehen Schnittstellen innerhalb des Entwicklungsbereichs. Diese können bei großen Unternehmen wiederum in aufgabenbezogene Schnittstellen (z. B. Austauschrunde für leitende Anforderungsmanager der Geschäftseinheit) und koordinative Schnittstellen (z. B. Statusmeetings der Entwicklungsleitung mit Teamleitungen) unterschieden werden. Abhängig von der Anzahl an Beteiligten sind entlang der Systemstruktur Hierarchieebenen festzulegen.

Des Weiteren dient das SE-Rollenmodell dem gezielten Kompetenzaufbau im Unternehmen. Soll beispielsweise eine Systems Engineering Expertenausbildung konzipiert werden, dient das Rollenmodell zunächst zur Erhebung des Ist-Zustands. Anhand der Rollenbeschreibungen wird der aktuelle Status sowie der aktuelle Ausbildungsstand im Unternehmen erhoben. Dies ist insbesondere von Bedeutung, wenn es im Unternehmen schon seit geraumer Zeit Systementwicklungsabteilungen gibt und zunächst die Frage beantwortet werden muss, was sich mit der Einführung von Systems Engineering konkret verändern soll.

Anhand des SE-Rollenkonzepts wird ein detaillierter Abgleich zwischen den verfügbaren Mitarbeiterkompetenzen und den für die einzelnen Rollen erforderlichen Fach- und Sozialkompetenzen durchgeführt. Dafür wird die unternehmensspezifische Zielausprägung der SE-Rollen zugrunde gelegt. Da, wo sich Lücken auftun, werden Ausbildungsinhalte formuliert, anhand derer die Mitarbeiter zum Experten befähigt werden können. Diese Schulungsinhalte werden gegenüber bestehenden Trainings abgeglichen, so dass ein unternehmensspezifisches Systems Engineering Trainingskonzept resultiert. Erfolgreiche Trainingskonzepte in der industriellen Praxis zeichnen sich durch zeitlich aufeinander abgestimmte Theorie- und Praxis-Bausteine auf unterschiedlichen Lernstufen aus. Für die Teilnehmer werden Eingangsvoraussetzungen einschließlich einer individuellen Anpassbarkeit des Programms an nachgewiesene Vorkenntnisse festgelegt. Damit Teilnehmer den Erwerb der benötigten Kompetenzen nachweisen können, werden Prüfformate für einen zertifizierten Abschluss definiert.

Literatur

Abramovici, M. und Herzog, O. (Hrsg.). (2016). Acatech Studie. Engineering im Umfeld von Industrie 4.0: Einschätzungen und Handlungsbedarf. acatech; Herbert Utz Verlag GmbH.

Gräßler, I., Bodden, E., Pottebaum, J., Geismann, J. und Roesmann, D. (2020). Security-Oriented Fault-Tolerance in Systems Engineering: A Conceptual Threat Modelling Approach for Cyber-Physical Production Systems. In A. Bartoszewicz, J. Kabziński und J. Kacprzyk (Hrsg.), Advances in Intelligent Systems and Computing. Advanced, Contemporary Control (Bd. 1196, S. 1458–1469). Springer International Publishing. https://doi.org/10.1007/978-3-030-50936-1_121

Gräßler, I., Hentze, J. und Bruckmann, T. (2018). V-Models for Interdisciplinary Systems Engineering. In Design Society (Hrsg.), DESIGN Conference, Dubrovnik.

Gräßler, I., Hentze, J. und Oleff, C. (2018). Systems Engineering Competencies in Academic Education: An industrial survey about skills in Systems Engineering. In 13th System of Systems Engineering Conference, Paris.

Gräßler, I., Oleff, C. und Hentze, J. (2019). Role Model for Systems Engineering Application. In Design Society (Hrsg.), International Conference on Engineering Design 2019, Delft.

Gräßler, I., Oleff, C. und Preuß, D. (2022). Proactive Management of Requirement Changes in the Development of Complex Technical Systems. Applied Sciences, 12(4), 1874. https://doi.org/10.3390/app12041874

Gräßler, I., Oleff, C. und Scholle, P. (2018). Methode zur Bewertung von Anforderungsänderungen additiv gefertigter Produkte. In D. Krause, K. Paetzold und S. Wartzack (Hrsg.), Design for X: Beiträge zum 29. DfX-Symposium (1. Aufl., S. 333–344). TuTech Innovation.

Gräßler, I., Oleff, C. und Scholle, P. (2020). Method for Systematic Assessment of Requirement Change Risk in Industrial Practice. Applied Sciences, 10(23), 8697. https://doi.org/10.3390/app10238697

Gräßler, I., Wiechel, D. und Pottebaum, J. (2021). Role model of model-based systems engineering application. IOP Conference Series: Materials Science and Engineering, 1097(1), 12003. https://doi.org/10.1088/1757-899X/1097/1/012003

INCOSE. (2018). Systems Engineering Competency Framework. https://www.incose.org/products-and-publications/competency-framework

INCOSE UK. (2010). Systems Engineering Competency Framework. http://www.incoseonline.org.uk/Program_Files/Publications/zGuides_6.aspx?CatID=Publications

Kossiakoff, A. und Sweet, W. N. (2005). Systems engineering principles and practice: Principles and practices. Wiley series in systems engineering and management. Wiley. https://doi.org/10.1002/0471723630

NASA. (2020). Systems Engineering Handbook (NASA/SP-6105): rev. 2. National Aeronautics and Space Administration. https://nasa.gov/sites/default/files/atoms/files/nasa_systems_engineering_handbook_0.pdf

Oleff, C. (2022). Proaktives Management von Anforderungsänderungen in der Entwicklung komplexer technischer Systeme [Dissertation]. Universität Paderborn, Paderborn. https://digital.ub.uni-paderborn.de/urn/urn:nbn:de:hbz:466:2-43614 https://doi.org/10.17619/UNIPB/1-1600

SEBoK Editorial Board. (2022). Guide to the Systems Engineering Body of Knowledge (SEBoK): v2.6. The Trustees of the Stevens Institute of Technology.

Sheard, S. A. (1996). Twelve Systems Engineering Roles. In Sixth Annual International Symposium, Marriot Copley Place Hotel, Boston, Massachusetts, USA.

Trudeau/Ziarko. (2007). MITRE Institute SE Competency Model. https://www.mitre.org/publications/technical-papers/systems-engineering-competency-model

Walden, D. D. (2007). The Changing Role of the Systems Engineer in a System of Systems (SOS) Environment. In IEEE (Hrsg.), 1st Annual IEEE Systems Conference (S. 1–6). IEEE. https://doi.org/10.1109/SYSTEMS.2007.374665

Walden, D. D., Roedler, G. J., Forsberg, K., Hamelin, R. D. und Shortell, T. M. (2015). Systems engineering handbook: A guide for system life cycle processes and activities (4. Aufl.). Wiley.

Weilkiens, T. (2014). Systems Engineering mit SysML/UML: Modellierung, Analyse, Design (3. Aufl.). dpunkt.

6 Der Praxistransfer – Systems Engineering einführen

Mit Systems Engineering lassen sich umfassende und nachhaltige Leistungssteigerungen erschließen. Voraussetzung dafür ist, dass sich das Unternehmen organisatorisch, strukturell und im Hinblick auf die Mitarbeiterkompetenzen darauf einstellt. Zur Schaffung dieser Voraussetzungen ist ein organisationaler Veränderungsprozess erforderlich. Mitarbeiterinnen und Mitarbeiter müssen für die erforderlichen Veränderungen gewonnen und begeistert werden. Am nachhaltigsten überzeugen erfolgreiche Pilotanwendungen.

Erste Schritte werden durch die drei Befähiger Tailoring, Methoden und Modellbildung ermöglicht (Kapitel 2). Damit der Praxistransfer gelingt, müssen die Kernelemente Systemdenken, Entwicklungsmethodik und Systems Engineer im Unternehmen eingeführt werden (Kapitel 3-5). Als Grundlage für einen erfolgreichen Praxistransfer wird in diesem Kapitel der Veränderungsprozess erläutert (Kapitel 6.1) und ein Referenzprozess vorgestellt, der Schritt-für-Schritt die Einführung anhand von Umsetzungsbeispielen aus der Praxis erläutert (Kapitel 6.2).

Analyse & Definition
Planung
Konzepti
Veränderungsprozess-Management
Lernen und Tailoring

6

Der Praxistransfer

6.1 Der Veränderungsprozess als organisationales Lernen

Ein Veränderungsprozess kann als organisationales Lernen verstanden werden. Dabei werden Verhaltensweisen und Wertevorstellungen innerhalb einer Organisation verändert. Dies lässt sich nach dem Eisberg-Modell aus der Psychologie in vier Stadien des Lernens untergliedern (Abbildung 6-1). Zunächst herrscht eine unbewusste Inkompetenz. In diesem Stadium ist noch nicht klar, dass eine Veränderung erforderlich ist. Durch eine Sensibilisierung der Schlüsselpersonen hinsichtlich Notwendigkeit und Nutzen einer Veränderung, in diesem Fall der Einführung von Systems Engineering, wird das nächste Stadium erreicht: die bewusste Inkompetenz. In diesem Stadium ist den Entscheidern bewusst, dass eine Ver-

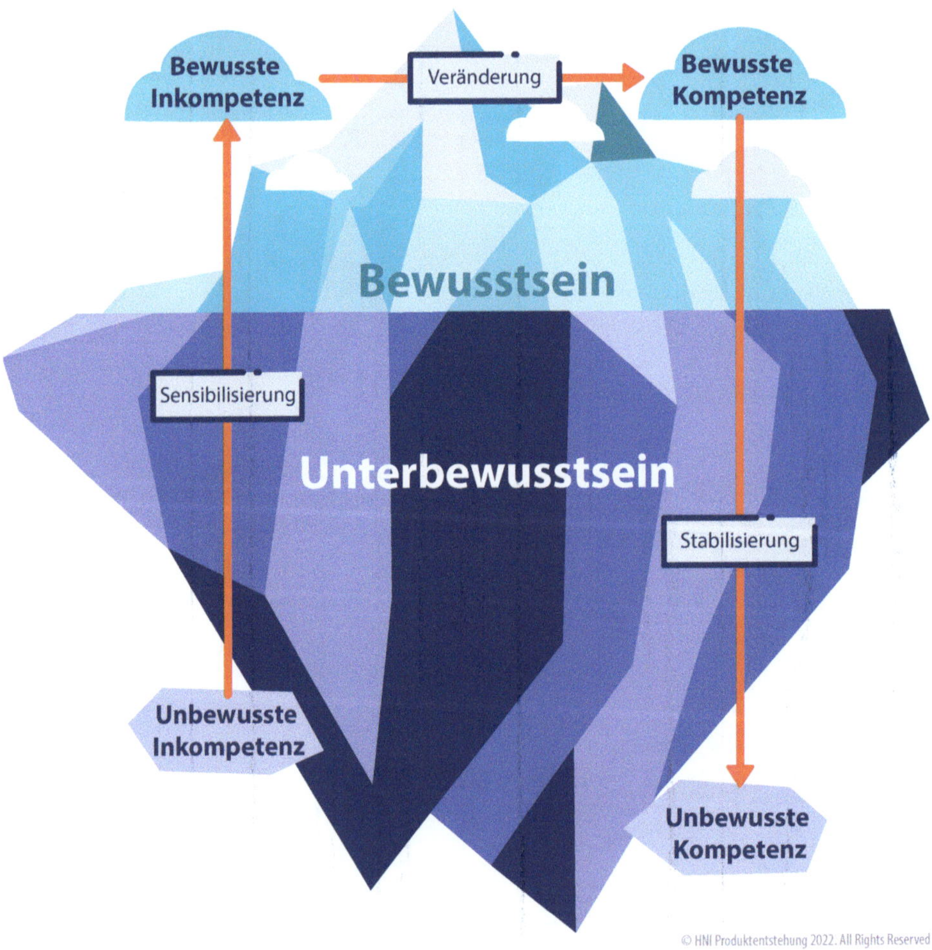

Abbildung 6-1 *Vier Stadien des organisationalen Lernens (Gräßler, 2004; aufbauend auf O'Connor und Seymour, 1996)*

I. Gräßler und C. Oleff, *Systems Engineering*,
https://doi.org/10.1007/978-3-662-64517-8_6

änderung notwendig ist. Nun folgt der eigentliche Veränderungsprozess, in dem die angestrebte Fähigkeit aufgebaut wird. In der industriellen Praxis macht dies den Schwerpunkt aus. Der Veränderungsprozess mündet im Stadium der bewussten Kompetenz. In diesem Stadium ist noch volle Konzentration zur Anwendung und Bewahrung der Fähigkeit erforderlich. Durch eine anschließende Stabilisierung wird die Fähigkeit in den vorherrschenden Gewohnheitsabläufen verankert, so dass die Konzentration zunehmend auf andere Aspekte gelenkt werden kann. (Gräßler, 2004; aufbauend auf O'Connor und Seymour, 1996)

Übertragen auf den Kontext von Systems Engineering befinden sich noch viele Unternehmen im Stadium der **unbewussten Inkompetenz**. Vielfach führt erst ein externer Anreiz, wie z. B. kundenseitiger oder gesetzlicher Zertifizierungsdruck, steigende Komplexitätskosten, neue Mitarbeiter oder hoher Wettbewerbsdruck dazu, etablierte Prozesse in Frage zu stellen und Verbesserungspotenziale zu ermitteln. Problemursache sind evolutionär gewachsene Entwicklungsprozesse, die im Kern nicht auf die Herausforderungen der heutigen System- und Lebenszykluskomplexität (vgl. Kapitel 1.1) ausgelegt wurden. Ebenso fehlt es vielfach an Mechanismen, um mit der steigenden Volatilität, Unsicherheit und Dynamik des Unternehmensumfelds umzugehen, was im heutigen schnelllebigen Wettbewerb zunehmend zu Wettbewerbsnachteilen führt.

Das Stadium der **bewussten Inkompetenz** haben Unternehmen mit hoher organisatorischer oder technischer Komplexität in der Systementwicklung vielfach bereits erreicht. Dies zeigen das wachsende Interesse an Systems Engineering Beratung und die derzeitigen Systems Engineering Einführungsprojekte führender deutscher Industrieunternehmen. Die zur Anwendung von Systems Engineering erforderliche Veränderung des Entwicklungsvorgehens ist jedoch tiefgreifend und herausfordernd, weshalb einige Unternehmen in diesem Stadium stagnieren. Die Entscheidung, einen Veränderungsprozess anzustoßen erfordert viel Überzeugungsleistung und nimmt Zeit in Anspruch. Aufgrund der Tragweite ist einer fundierten Entscheidungsfindung Priorität einzuräumen. Denn auch für das Systems Engineering gilt, dass es kein „Allheilmittel" ist. Anstelle einer vollumfänglichen Einführung kann auch eine abgegrenzte oder reduzierte Anwendung von Systems Engineering der richtige erste Schritt sein. Es ist Aufgabe der Führungskräfte, die Weichen zu stellen, das Veränderungsprojekt anzustoßen und der ersten Ernüchterung standzuhalten, die sich einstellt, wenn den Betroffenen der Umfang des Problems deutlich wird. In diesem Stadium der Ernüchterung setzen Führungskräfte positive Signale und zeigen das eigene Bekenntnis („Commitment"). Dabei gilt es, Betroffene zu Beteiligten zu machen und bei ihnen das für den Lernprozess erforderliche Durchhaltevermögen zu fördern.

Mit Abschluss des Veränderungsprojekts erfolgt der Übergang zum Stadium der **bewussten Kompetenz**. Veränderungsprojekte sind aufgrund der Umstellung von Arbeitsweisen und Techniken durch eine zeitweise sinkende Leistungsfähigkeit gekennzeichnet. Das ist unvermeidbar, wird jedoch nach einiger Zeit durch eine beständige und nachhaltige Leistungssteigerung abgelöst (Boehm et al., 2008; Honour, 2013; SEBoK Editorial Board, 2022; Valerdi, 2008).

Erst die Stabilisierung der neu angeeigneten Arbeitsweisen und Techniken nach Abschluss der Veränderung führt zum Stadium der **unbewussten Kompetenz**. Beispiele hierfür sind die Integration von SE-Expertentrainings in reguläre Bildungsprogramme, die Modellierung sämtlicher Entwicklungsartefakte oder die regelmäßige Kontrolle der neuen Praktiken durch die bestehende Linienführung, also beispielsweise im Rahmen der Projektmeilensteintermine. Erst durch die Verankerung und Kontrolle der neuen Praktiken in den Regelabläufen wird die Systems Engineering Anwendung verinnerlicht und in den Entwicklungsalltag integriert.

Um die mit der Umsetzung der Veränderung verbundenen Chancen zu erschließen, wird im Folgenden eine Hilfestellung für alle Stadien des Veränderungsprozesses geboten. Die Hilfestellung umfasst sowohl einen Schritt-für-Schritt Referenzprozess zur Einführung von Systems Engineering mit Praxisbeispielen als auch eine Übersicht darüber, was man tun und lassen sollte („Do's and Don'ts").

6.2 Referenzprozess zur SE Einführung

Der im Folgenden erläuterte Referenzprozess orientiert sich an einem in der Praxis bewährten Veränderungsprozess zur kundenindividuellen Massenproduktion im Unternehmen Robert Bosch GmbH (Gräßler, 2004). Er stellt eine allgemeine Leitschnur zur Einführung von Systems Engineering in einem beliebigen Unternehmen dar. Neben Großunternehmen ist der Referenzprozess auch für kleine und mittelständische Unternehmen gültig, da der zugrunde liegende organisationale Lernprozess unabhängig von der Teamgröße ist. Der Referenzprozess wird durch eine ablaufbezogene und eine inhaltliche Dimension aufgespannt. Die ablaufbezogene Dimension dient zur Erläuterung der Veränderungsphasen. Die inhaltliche Dimension beschreibt Aufgaben und Verantwortlichkeiten und detailliert diese innerhalb von sechs Handlungsfeldern.

6.2.1 Phasen im Veränderungsprozess

In jedem Veränderungsprozess werden die sechs Phasen Analyse und Zieldefinition, Planung, Konzeption, Einführung und Umsetzung, Internalisierung sowie Liniengeschäft durchlaufen. Dabei werden die vier Stadien des organisationalen Lernens durchlaufen (Kapitel 6.1).

Der Veränderungsprozess beginnt mit der **Analyse und Zieldefinition**. In dieser Phase wird der Veränderungsbedarf identifiziert und präzisiert. Dafür wird die Ist-Situation hinsichtlich vorherrschender Organisationsstrukturen und Arbeitsabläufe erfasst und auf Veränderungsbedarfe geprüft. Anschließend werden die verfügbaren Ressourcen und sonstige Rahmenbedingungen analysiert. Im Abgleich der Veränderungsbedarfe und mit den verfügbaren Mitteln wird die Entscheidung über die Umsetzung der Veränderung getroffen. Im Falle einer positiven Entscheidung werden Ziele für den Veränderungsprozess definiert. Diese bilden das Leitkonstrukt für alle nachfolgenden Phasen.

Die **Planungsphase** umfasst eine tiefergehende Analyse der Anpassungsbedarfe auf Ebene der Prozesse, Abläufe, Techniken und Verhaltensmuster. Darauf aufbauend wird ein initialer Ablaufplan für das Veränderungsprojekt erstellt. Ein Veränderungsprojekt ist ein eigenständiges und mit ausreichend Ressourcen ausgestattetes Projekt zur Umsetzung des Veränderungsprozesses. Darin werden die wesentlichen Veränderungen angestoßen und umgesetzt. Teil des Ablaufplans für das Projekt sind Schritte, die vollzogen werden müssen, sowie Überlegungen zur Internalisierung und Absicherung der Ergebnisse.

Die Phase **Konzeption** dient der Detaillierung der Planungen und der Schaffung aller notwendigen Voraussetzungen. In der Konzeption sind auch Anpassungsbedarfe in den Veränderungsprozess zu integrieren, die aus den nachfolgenden Phasen resultieren. Daher erfolgen die Aktivitäten dieser Phase häufig iterativ oder parallel zu denen anderer Phasen.

Die praktische Durchführung des Veränderungsprojekts erfolgt in der **Einführungs- und Umsetzungsphase**. Dafür werden die Planungen der vorherigen Phasen ausgeführt und die Veränderungen angestoßen.

In der **Internalisierungsphase** werden die erreichten Veränderungen in den Regelabläufen des Unternehmens verankert. Dafür werden die neuen Abläufe festgesetzt, standardisiert und stabilisiert. In dieser Phase erfolgt der Übergang in das Stadium der unbewussten Kompetenz.

Die letzte Phase eines Veränderungsprozesses ist das **Liniengeschäft**. In dieser Phase befindet sich das Unternehmen bereits im Zustand der unbewussten Kompetenz. Die Ziele sind die Aufrechterhaltung der erzielten Veränderungen und die kontinuierliche Optimierung des Systems Engineering Ansatzes. Dafür sind Vorgaben und Abläufe konsequent einzuhalten und durchzusetzen. Nachträgliche Anpassungsbedarfe werden erfasst und regelmäßig integriert, die grundlegenden Änderungen werden jedoch nicht mehr infrage gestellt.

6.2.2 Handlungsfelder im Veränderungsprozess

In einem Veränderungsprozess sind die sechs Handlungsfelder Führung, Kommunikation, Veränderungsprozessmanagement, organisatorische Befähigung, Trainings- und Methodenbereitstellung sowie Lernen und Tailoring zu unterscheiden (vgl. Abbildung 6-2). Die Handlungsfelder strukturieren alle wesentlichen Aufgabenfelder einer Veränderung gemäß ihrer Verantwortlichkeiten. Durchgängige Handlungsfelder sind Führung, Kommunikation sowie Lernen und Tailoring. Führung und Kommunikation sind eng miteinander verwoben. Zeitlich verzögert beginnen die Handlungsfelder Veränderungsprozessmanagement, organisatorische Befähigung sowie Trainings und Methodenbereitstellung. Die drei letztgenannten Handlungsfelder sind der Kern des Veränderungsprozesses und bringen das Unternehmen vom Stadium der Inkompetenz in das Stadium der Kompetenz.

Um den Praxistransfer zu unterstützen, wird je Handlungsfeld eine Erläuterung der Aufgaben, exemplarische Lösungsansätze aus der Praxis sowie eine Zuordnung der verantwortlichen Stellen gegeben. Neben der Unternehmensleitung und dem mittleren Management wird auch der Systems Engineer benannt. Da es vor der Einführung noch keinen Systems Engineer geben kann, sind damit alle Personen gemeint, die eine der dazugehörigen Rollen ausüben oder ausüben werden.

Ziel des Handlungsfeldes **Führung** ist es, den Veränderungsprozess anzustoßen, die Voraussetzungen zu schaffen, die Veränderung in Gang zu bringen und kontinuierlich ihren Fortschritt zu kontrollieren (vgl. Abbildung 6-3). Schwerpunkt der ersten Phasen ist der Anstoß und die Vorbereitung der Veränderung. Die Unternehmensleitung evaluiert aus einer strategischen Perspektive heraus den Bedarf einer Systems Engineering Einführung und trifft die Umsetzungsentscheidung. Nachdem die Entscheidung für eine Systems Engineering Einführung gefallen ist, gibt die Unternehmensleitung die grundlegende Richtung des Veränderungsprozesses vor. Zu diesem Zweck sollte eine Arbeitsgruppe gebildet werden, die eine umfassende Nutzenanalyse durchführt. Für eine aussagekräftige Analyse ist die Einbeziehung des mittleren Managements und der zukünftigen Systems Engineers sinnvoll. So wird abgesichert, dass den operativen Bedarfen ausreichend Bedeutung zukommt und die Akzeptanz der Beteiligten in den nachgelagerten Aktivitäten abgesichert ist.

Abbildung 6-2 Phasen und Handlungsfelder des Referenzprozesses für die Einführung von Systems Engineering in einem Unternehmen

Dass eine stufenweise Zieldefinition hilfreich sein kann, zeigt das Beispiel eines mittelständischen Automobilzulieferers. Hier wurde als übergeordnetes Ziel einer Systems Engineering Einführung beschrieben, dass das Unternehmen in der Branche als zertifizierter und innovativer Systementwickler wahrgenommen wird. Konkret hieß dies eine Zertifizierung nach A-SPICE, IAFT 16949 und ISO 26262 sowie die Verschiebung des Umsatzschwerpunkts von mechanischen Bauteilen zu mechatronischen Systemen durch innovative Lösungen im Bereich Akustik. Erreicht werden sollte das Ziel in drei Schritten. Im ersten Schritt sollte ein Pilotprodukt (elektronischer Dachfensterantrieb) im Geschäftsbereich Kinematik mit SysML modelliert werden. Das Pilotprojekt diente als Anschauungs- und Kommunikationsbeispiel, um weitere Geschäftsbereiche von den Systems Engineering Potenzialen zu überzeugen. Im zweiten Schritt sollten in jedem Geschäftsbereich eigene Pilotprojekte folgen, in denen kollaborativ mit Modellierungssoftware entwickelt wird. Im dritten Schritt wurde die prozessuale und organisatorische Verankerung des Systems Engineering (insb. MBSE mit Fokus auf Wirkkettenanalyse) als Bestandteil der Systementwicklung für das gesamte Unternehmen angestrebt. So kann in einem stufenweisen Roll-Out-Prozess mit klar definierten Zwischenzielen das zuvor erläuterte Ziel einer Systems Engineering Einführung erreicht werden.

Praxisbeispiel

Im Laufe des Veränderungsprozesses geht ein Teil der Führungsverantwortung an das mittlere Management über. Während die Unternehmensleitung den Veränderungsprozess fördert und grundlegende Entscheidungen trifft, koordiniert das mittlere Management die Definition, Delegation, Umsetzungskontrolle und Steuerung von Aufgaben. Die Internalisierung und nachhaltige Etablierung nach Abschluss der Veränderungen wird über ein Belohnungs- und Bestrafungssystem gefördert, z. B. anhand von Bereichszielen.

Im Zuge der Einführung von Systems Engineering bei einem großen deutschen Automobilzulieferer kam es zu der Erkenntnis, dass sich die neuen Arbeitsweisen, Techniken und Praktiken nur durchsetzen werden, wenn sich gleichzeitig die Führungskultur ändert. Beispielsweise benötigt ein SE-Team zur disziplinübergreifenden Optimierung des Systems mehr Gestaltungs- und Entscheidungsfreiraum als es dies in einer klassischen disziplinbezogenen Organisationsstruktur hat. Anstelle eines rein statusorientierten Projektcontrollings in Ampelsystematik (grün/gelb/rot) soll die Führungskraft zusätzlich dabei unterstützen, im Entwicklungsprojekt die richtigen Schwerpunkte zu setzen und durch gezielte Fragen inhaltlich führen. Um dies wirklich in die Umsetzung zu bringen anstatt nur darüber zu sprechen, wurden Führungskräftetrainings konzipiert. Zu den Trainingsterminen wurden die Führungskräfte jeweils so eingeladen, wie sie im Alltag tatsächlich zusammenarbeiten: also ein Abteilungsleiter mit seinen zugehörigen Gruppenleitern. Anstatt im Training nur theoretisch die neue Führungskultur zu behandeln, konnten so während der Trainings verbindliche Vereinbarungen über die aktuell laufenden Projekte getroffen werden. Beim nächsten Trainingstermin erfolgte ein Abgleich zwischen den Vorsätzen und der in der Führungspraxis gelebten Realität, so dass sich schrittweise eine neue Führungskultur entwickeln konnte.

Praxisbeispiel

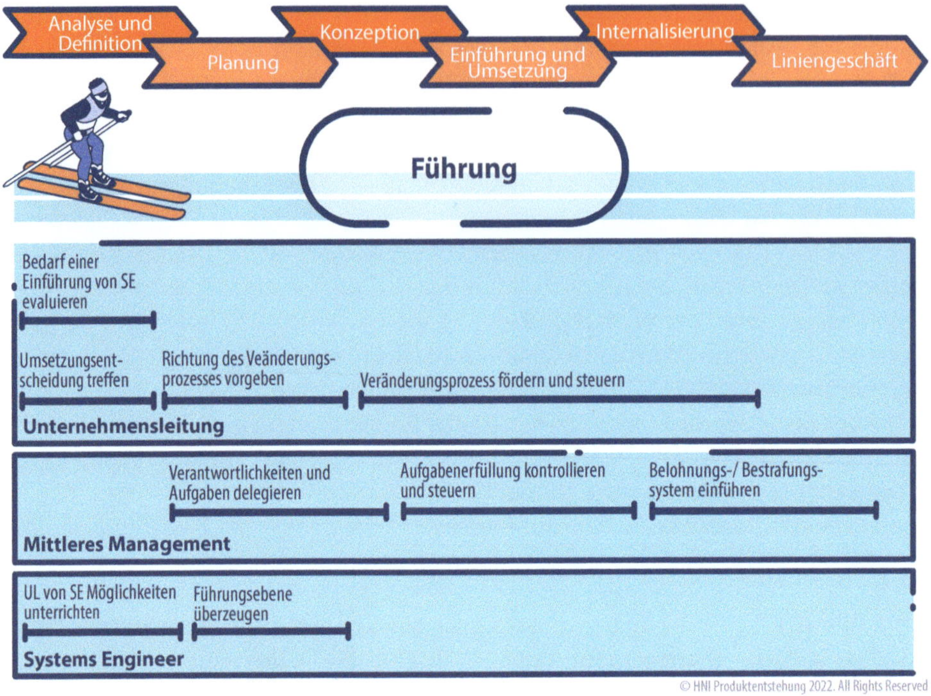

Abbildung 6-3 Handlungsfeld Führung

Das Handlungsfeld **Kommunikation** begleitet den gesamten Veränderungsprozess und verfolgt das Ziel, alle Beteiligten in die Veränderung einzubinden und Transparenz herzustellen (vgl. Abbildung 6-4). Die Inhalte, Ziele und Zielgruppen der Kommunikation wandeln sich im zeitlichen Ablauf. Dafür bedarf es einer Kommunikationsstrategie, die von der Unternehmensleitung entworfen und etabliert wird. In den frühen Phasen bieten sich insbesondere Meetings und persönliche Gespräche an, um der inhaltlichen Komplexität und Tragweite gerecht zu werden. In späteren Phasen steht weniger der Austausch als die Bekanntmachung von Informationen im Fokus, daher sind breitere Kommunikationskanäle zielführend, wie z. B. Videos, Foren, Intranet oder E-Mail.

Zunächst ist ein von der Unternehmensleitung angestoßener und vom mittleren Management intensivierter Austausch über Problemfelder, Chancen und Risiken anzustreben. Darauf aufbauend werden Lösungsansätze und Vorgehensweisen diskutiert, bewertet und vermittelt. Während der Implementierung von Änderungen zielt die Kommunikation auf Transparenz ab und ist ein wichtiges Hilfsmittel, um die Akzeptanz der Beteiligten zu fördern. Zur Akzeptanz trägt auch der Bericht über Pilotanwendungen bei, welche die Fortschritte erkennbar machen. Erste Erfolge, wie z. B. die gelungene Zusammenarbeit mehrerer Disziplinen zur erstmaligen Realisierung einer neuen Kundenfunktion oder die geglückte Einführung eines Software-Tools zur SysML-Modellierung sollten bereits während der Einführungs- und Umsetzungsphase kommuniziert werden.

Praxisbeispiel

Eine mittelständische Gießerei sowie mehrere Unternehmen aus der Automobilbranche haben erkannt, dass es vorteilhaft ist, Systems Engineering und MBSE anhand konkreter Beispiele der Belegschaft zu vermitteln. So kann der gedankliche Transfer der zunächst abstrakt erscheinenden Thematik für die eigenen Aufgaben erleichtert werden. Daher wurden Pilotprojekte zur Wirkkettenmodellierung für bestimmte Bauteile (z. B. Guss-Pendel eines Raupenlaufwerks) durchgeführt. Anhand der Pilotprojekte wurden zunächst thematisch affine Key-User (z. B. Anforderungsmanager und Systemarchitekt) in MBSE eingeführt. Dabei stellte sich heraus, dass externe Begleitung z. B. durch eine Universität hilfreich ist. So konnten die ersten Schritte der Modellierung anhand von konkreten Anschauungsbeispielen vermittelt und gemeinsam durchgeführt werden. Der wichtigste Mehrwert der externen Begleitung lag aber darin, die Nutzenpotenziale von Systems Engineering z. B. für Zertifizierungen, effizientes Änderungsmanagement oder höhere Wiederverwendungsraten aufzuzeigen und anhand einer fundierten Argumentationslinie innerhalb des Unternehmens zu kommunizieren.

Insbesondere während der Einführung und Umsetzung der Veränderungen ist es Aufgabe des mittleren Managements, die Kommunikation zwischen den Mitarbeitern anzuregen. Damit wird die Umsetzung der Maßnahmen gefördert und zugleich werden Anpassungsbedarfe identifiziert. Darüber hinaus ist es die Verantwortung der Systems Engineers, Erfahrungen und Verbesserungsansätze an das Management zurückzuspielen, um einen Lern- und Anpassungsprozess in Gang zu setzen.

Praxisbeispiel

Einer der führenden deutschen Automobilhersteller hat als einen zentralen Teil der Kommunikationsstrategie „Multiplikatoren" definiert. Dies waren Mitarbeiterinnen und Mitarbeiter, die gesondert zum Thema Systems Engineering und MBSE geschult wurden. Ausgewählt wurden die Multiplikatoren in einem Casting. Die Multiplikatoren dienten als niederschwellige interne Ansprechpartner für Kolleginnen und Kollegen und führten informelle SE- und MBSE-Trainings durch (z. B. in Teambesprechungen). Neben der Aufgabe, die Umsetzung der neuen Prozesse und Aufgaben innerhalb des Fachbereichs sicherzustellen, haben die Multiplikatoren das Berichtswesen innerhalb des Veränderungsprojekts aufgebaut und Erkenntnisse zu operativen Schwierigkeiten an die Projektleitung übermittelt.

Im Handlungsfeld **Veränderungsprozessmanagement** gilt es zunächst einen Gesamteindruck über die Vielfalt der zu berücksichtigenden Aspekte zu gewinnen und anschließend den Veränderungsprozess zu strukturieren (vgl. Abbildung 6-5). Dafür ist zu untersuchen, wie sich der Ist-Zustand und der Soll-Zustand unterscheiden, beispielsweise hinsichtlich der Abläufe und Arbeitsweisen. Hierbei kann die Definition von Anwendungsfällen (engl. use-cases) als methodische Unterstützung zur Abbildung der Soll-Zustände hilfreich sein. Über die Abläufe und Arbeitsweisen hinaus ist zu prüfen, welche Abteilungen und Personen von den Veränderungen am stärksten betroffen sind und wann diese Akteure in den

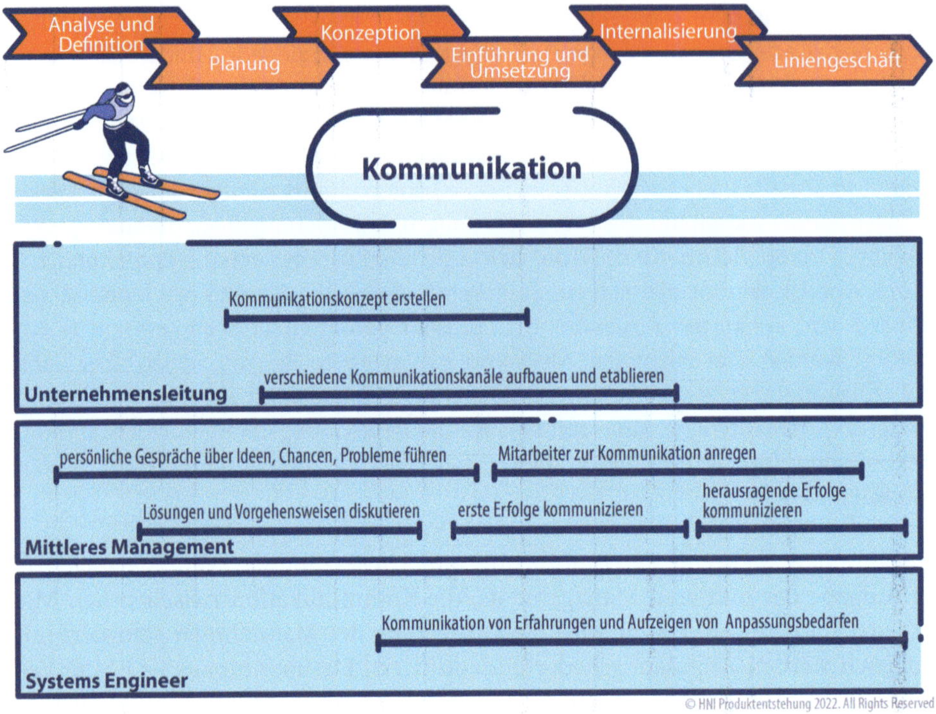

Abbildung 6-4 Handlungsfeld Kommunikation

Veränderungsprozess eingebunden werden können. So lässt sich ein umfassender Überblick über die im Veränderungsprojekt zu berücksichtigenden Aspekte ermitteln.

Anschließend ist der Handlungsrahmen für das Veränderungsprojekt mit Zielen, Ressourcen, Risiken, Rahmenterminplan und Aufbauorganisation festzulegen (Hartwich, 2011, 2014). Abhängig vom Anwendungsfall kann es sinnvoll sein, dies in Form einer Auftragsvereinbarung zu strukturieren und dokumentieren. Die bisherigen Aktivitäten werden überwiegend von der Unternehmensleitung verantwortet und koordiniert. Dabei ist eine enge Einbindung des mittleren Managements und der Systems Engineers anzustreben.

Die Umsetzung des Veränderungsprojekts obliegt überwiegend dem mittleren Management. Zunächst wird das Veränderungsprojekt geplant. Das Aufgabenspektrum wird in einem Projektstrukturplan gesammelt und unter Berücksichtigung von Eckterminen, Kapazitäten und Ergebnissen in einem Projektablaufplan zeitlich angeordnet. Die Einhaltung der Pläne wird im Rahmen der Veränderungsprojektplanung und -verfolgung gewährleistet. Bei Abweichungen sind vom mittleren Management Korrekturmaßnahmen einzuleiten.

Praxisbeispiel

Ein großer deutscher Automobilhersteller hat zur konzernweiten Einführung von Systems Engineering ein sechsjähriges Veränderungsprojekt ins Leben gerufen. Innerhalb des Projekts wurde der Systems Engineering Ansatz nach INCOSE zunächst für den Konzern, anschließend für die Marken und im letzten Schritt für die Fahrzeugentwicklungsprojekte angepasst (Tailoring). Dies umfasst Prozesse, Methoden, Tools und Organisationsstrukturen (PMTO). Um die Praktikabilität und kontinuierliche Verbesserung des maßgeschneiderten Ansatzes sicherzustellen, wurden die Zwischenergebnisse begleitend in einer neu gegründeten Organisationseinheit anhand eines Fahrzeugentwicklungsprojekts erprobt. Um Konflikte mit bestehenden Strukturen und Prozessen zu vermeiden, wurden Überlappungen minimiert. Die Organisationseinheit wurde räumlich getrennt und hatte die Entwicklung einer neuen Fahrzeug-Plattform zum Ziel. Durch die Trennung konnte von Beginn an vollständig entsprechend der neuen Systems Engineering Prinzipien entwickelt werden.

Zu beachten ist, dass eine Projektverfolgung und -bewertung anhand wirtschaftlicher Kennzahlen wenig sinnvoll ist. Solche Kennzahlen sind erst aussagekräftig, wenn das letzte Stadium eines Veränderungsprozesses eingetreten ist (unbewusste Kompetenz). Während der Veränderung sollte daher der inhaltliche Fortschritt innerhalb der Arbeitspakete und deren Beitrag zur Zielerreichung im Fokus stehen. Nach Abschluss der Veränderung können je nach Zielsetzung des

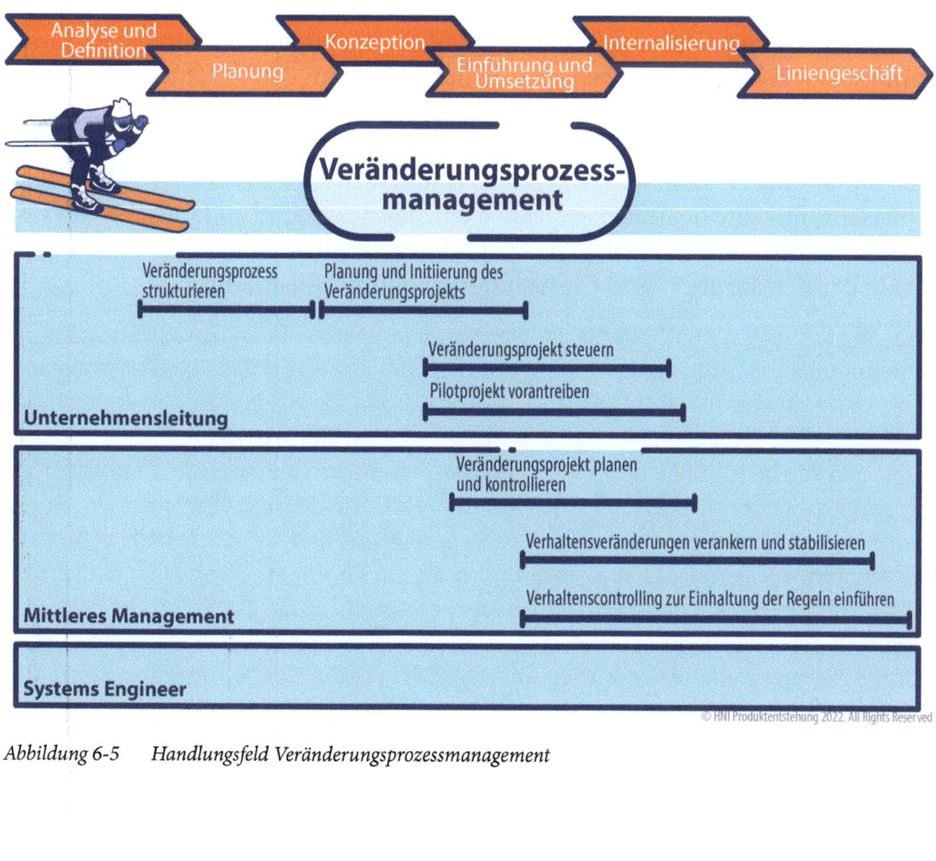

Abbildung 6-5 Handlungsfeld Veränderungsprozessmanagement

Einführungsprojekts beispielsweise die Time-to-Market, die Personaleinsatzquote oder die First-Pass-Yield Quote Indikatoren für eine Leistungssteigerung in der Entwicklung sein.

Die **organisatorische Befähigung** des Unternehmens umfasst Aufgaben und Verantwortlichkeiten einzelner Rollen im Entwicklungsprozess sowie den Entwicklungsprozess (vgl. Abbildung 6-7). Die Zielsetzung ist, strukturelle Voraussetzungen für die Anwendung von Systems Engineering schaffen. Für die Anpassung der Aufgaben und Verantwortlichkeiten ist das Systems Engineering Rollenmodell (vgl. Kapitel 5) als Referenz zu nutzen und mit der vorherrschenden Struktur abzugleichen. Bei einem Fokus auf die Modellierung kann zusätzlich ein MBSE-Rollenmodell (Gräßler et al., 2021) verwendet werden. Dabei sind die Existenz und dafür eingeräumte Kapazität einer entsprechenden Rolle zu prüfen. Wichtig ist, nicht lediglich den Titel (z. B. Systems Engineer) zuzuordnen. Stattdessen ist abhängig von den Rahmenbedingungen eine Verteilung der Systems Engineering Aufgaben und Verantwortlichkeiten auf ausreichend viele Personen anzustreben, so dass diese in der Praxis tatsächlich ausgeübt werden können. Ähnliches gilt für die Anpassung des Entwicklungsprozesses. Hier sind anhand der Systems Engineering Entwicklungsmethodik (vgl. Kapitel 4) die Existenz und der Umfang der Prozesse sowie deren Zusammenspiel im V-Modell zu prüfen und anzupassen.

In die Analyse von Anpassungsbedarfen sind alle Hierarchieebenen intensiv einzubinden. Dabei kann eine Arbeitsgruppe helfen, die mit der Unternehmensleitung und Vertretern betroffener Bereiche besetzt ist und ergebnisoffen die Anpassungsbedarfe identifiziert sowie einen Vorschlag für die Restrukturierung ausarbeitet. Für diese Aufgabe kann auch die Einbeziehung externer Berater vorteilhaft sein. Einerseits, um eine neutrale Perspektive einzubeziehen und andererseits, um eine vermittelnde Instanz zu etablieren. Am Ende dieser Aktivität steht ein Zielkonzept, das in der Einführungs- und Umsetzungsphase implementiert wird.

Praxisbeispiel

Die Anwendung eines Systems Engineering gerechten Entwicklungsprozesses im Liniengeschäft eines Landmaschinenherstellers hat gezeigt, dass in großen Unternehmen kein one-size-fits-all Prinzip angewandt werden kann. Ein Geschäftsbereich des Unternehmens, der insbesondere die Entwicklung und Produktion der Antriebstechnik verantwortet, benötigte einen auf dessen Besonderheiten angepassten Entwicklungsprozess. Das zeigte sich dadurch, dass der zentrale Entwicklungsprozess des Unternehmens in dem Geschäftsbereich schrittweise verwässert und als bürokratisches Hindernis empfunden wurde. Aus diesem Grund wurde in Kooperation mit einer Universität als externem Partner der Anpassungsbedarf ermittelt, an die Zentralstelle kommuniziert und ein maßgeschneiderter Prozess für den Geschäftsbereich erarbeitet. Dabei konnte die Kompatibilität mit den unternehmensweit geltenden Meilensteinen und Dokumentationspflichten gewahrt werden.

Praxisbeispiel

Bei einem großen deutschen Automobilhersteller wurde nicht der Prozess, sondern die Verantwortlichkeiten als Ausgangspunkt der Einführung gewählt. Aufgrund der Konzerngröße wurde die organisatorische Befähigung innerhalb eines umfangreichen Restrukturierungsprojekts vorgenommen. Zunächst wurden alle Systems Engineering Prozess-Outputs (vgl. Kapitel 4.1) anhand einer RASI Logik („Responsible", „Accountable", „Supportive" und „Informed") den Rollen im Unternehmen zugewiesen. Eine Besonderheit war, dass in diesem Zuge auch vorgeschriebene Entwicklungsartefakte aus Zertifizierungen, z. B. A-SPICE, berücksichtigt wurden (vgl. Abbildung 6-6). Anschließend wurden Steckbriefe für die Rollen erarbeitet, so dass neben einer vollständigen Abdeckung aller Artefakte auch eine unmittelbare Verbindlichkeit zur Erarbeitung der Systems Engineering Outputs hergestellt wurde. Aufbauend auf dieser Zuordnung können in einem nachfolgenden Schritt mittels Clusterbildung auch Teamstrukturen optimiert werden (vgl. (Gräßler et al., 2022)).

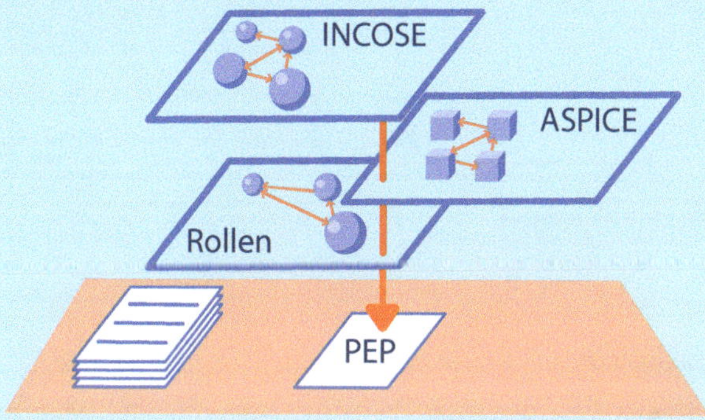

Abbildung 6-6 Identifikation von Synergiepotenzialen zwischen Zertifizierungen zur Definition eines PEP

Das Handlungsfeld **Trainings und Methodenbereitstellung** zielt auf die Befähigung der Mitarbeiterinnen und Mitarbeiter ab und ergänzt damit die organisatorische Befähigung. In einem ersten Schritt sind für die Befähigung Initialisierungstrainings durchzuführen (vgl. Abbildung 6-8). In den Trainings werden Schlüsselpersonen mit dem Systems Engineering Ansatz vertraut gemacht und über die damit verbundenen Chancen unterrichtet. Zu den Schlüsselpersonen zählen neben der Unternehmensleitung auch wichtige Führungs- und Vorbildpersonen sowie Key-User auf den unterschiedlichen Hierarchieebenen.

Im Anschluss gilt es, geeignete Methoden und Werkzeuge auszuwählen sowie ein Trainingskonzept auszuarbeiten, um sukzessive alle relevanten Personenkreise durch Umsetzungstrainings mit dem erforderlichen Wissen bzw. Fähigkeiten auszustatten. Dabei ist rollenspezifisch zu unterscheiden, welches Wissen und welche methodischen Kompetenzen für die Entwicklungspraxis erforderlich sind und bei welchen Methoden ein Grundverständnis ausreicht. Neben internen Trainingskonzepten können auch externe Angebote sinnvoll sein, beispielsweise eine Zerti-

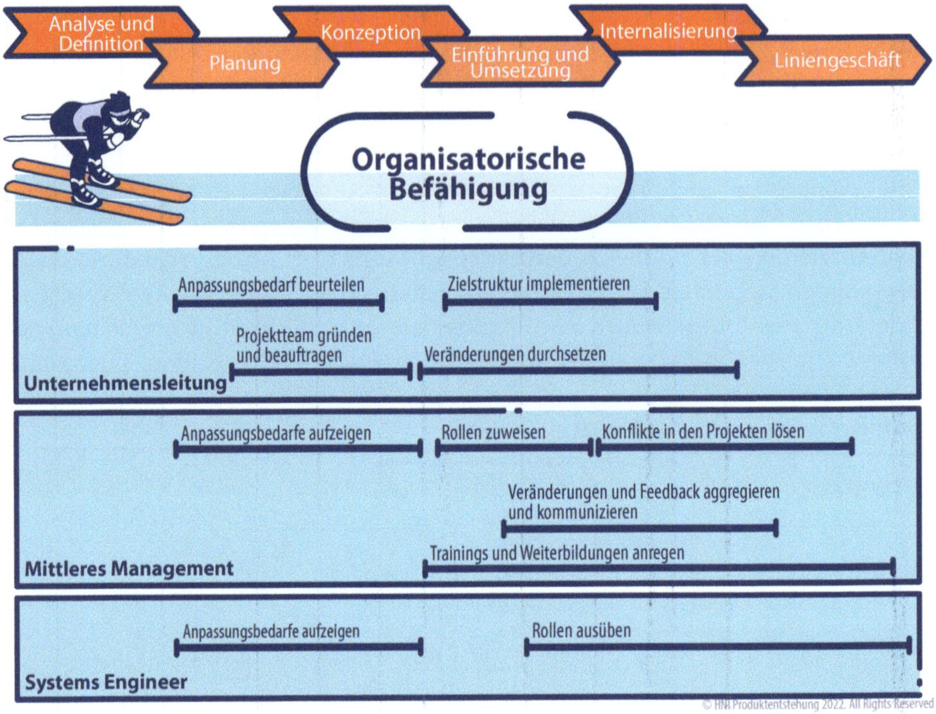

Abbildung 6-7 Handlungsfeld Organisatorische Befähigung

fizierung oder Systems Engineering Trainings von darauf spezialisierten Dienstleister und Universitäten.

Fallstudien bieten eine gute Möglichkeit, die theoretischen Grundlagen zum Systemdenken und der Entwicklungsmethodik in einen Anwendungskontext zu übertragen. Dabei kann Bezug auf Referenzprojekte genommen werden, siehe z. B. „SE Implementation Examples" in (SEBoK Editorial Board, 2022). Um den gedanklichen Transfer zu erleichtern, empfiehlt es sich jedoch, die Inhalte anhand von Praxisbeispielen der Teilnehmerinnen und Teilnehmer zu erschließen. Pilotprojekte sind eine bewährte Möglichkeit, an die Fallstudien anzuschließen und die neu erworbenen Kompetenzen zu festigen (vgl. Handlungsfelder Führung und Kommunikation). Am Ende des Veränderungsprojekts ist es die Aufgabe des mittleren Managements, die Methoden und Trainingskonzepte in das unternehmensinterne Bildungsprogramm zu integrieren, um langfristig den Aufbau und Erhalt der Systems Engineering Kompetenz zu sichern.

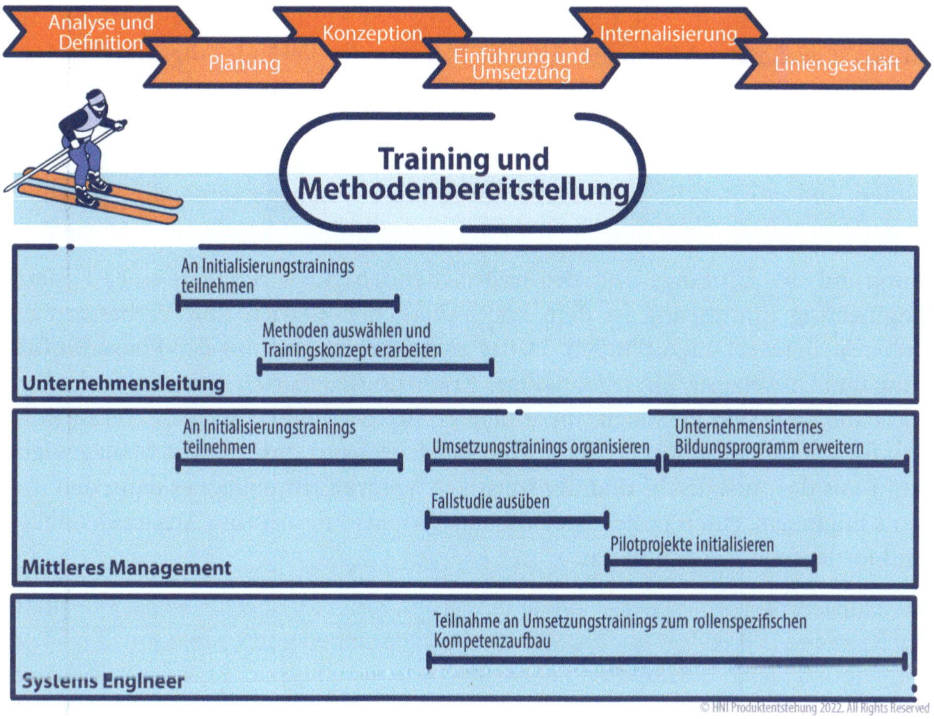

Abbildung 6-8 Handlungsfeld Training und Methodenbereitstellung

Praxisbeispiel

Ein deutscher Automobilhersteller hat umfangreiche Informationsmaterialien für die Entwicklerinnen und Entwickler erarbeitet und in einem Systems Engineering Handbuch gebündelt. Das Handbuch war ein „lebendes" Dokument, in dem unter anderem folgende Inhalte erläutert wurden: unternehmensspezifische Motivation für die Systems Engineering Einführung, Erläuterung zentraler Begriffe, Organisationsstrukturen, logische Zergliederung eines Fahrzeugs (Systemstruktur), Rollensteckbriefe, vorgesehene Zusammensetzung und Befugnisse von aufgabenbezogenen Teams, Gremienstruktur (Freigabe von Lösungen), operative Leitfäden (z. B. für die Modellierung, Architekturarbeit oder Anforderungserhebung) und Schnittstellen mit weiteren Stakeholdern im Konzern (z. B. andere Marken oder Entwicklungseinheiten). Zudem wurde eine Zentralabteilung gegründet, welche die unternehmensweite Systems Engineering Kompetenz bündelt. In kleinen und mittelständischen Betrieben wird diese Kompetenzbereitstellung in der Regel über einzelne Experten gewährleistet.

Das Handlungsfeld **Lernen und SE-Tailoring** ist in allen Phasen der Veränderung von Bedeutung und hat zum Ziel, die Leistungsfähigkeit des unternehmensspezifischen Systems Engineering Ansatzes zu steigern (vgl. Abbildung 6-9). In den frühen Phasen werden systematisch die Erfahrungswerte der Beteiligten zu vorherigen Veränderungsprozessen erfasst und im Rahmen der weiteren Handlungsfelder berücksichtigt, z. B. für die Gestaltung des Kommunikationskonzepts, die Auswahl geeigneter Methoden oder die Planung des Veränderungsprojekts. Darauf aufbauend wird ein individualisierter Systems Engineering Ansatz erarbeitet (Tailoring). Der Ansatz ist eng auf die im Handlungsfeld Führung erarbeiteten Ziele abzustimmen. Während die Unternehmensleitung diese Aktivität koordiniert und anleitet, ist es Aufgabe des mittleren Managements, die operativen Bedarfe zu untersuchen und einen darauf abgestimmten Ansatz auszuarbeiten.

Aufgrund des Umfangs und der weitreichenden Auswirkungen einer Systems Engineering Einführung ist dem kontinuierlichen Lernen und Verbessern ein hoher Stellenwert einzuräumen. Daher sollte, beginnend mit der Phase Einführung und Umsetzung, ein regelmäßiger Erfahrungsaustausch innerhalb eines Projekts und zwischen Personen mit ähnlichen Rollen etabliert werden. Verantwortlich für die Organisation des Erfahrungsaustauschs ist das mittlere Management. Auf Basis des Austauschs und der sonstigen Vorarbeiten obliegt es dann den Systems Engineers, einen projektspezifischen Systems Engineering Ansatz abzuleiten und fortlaufend zu optimieren.

Praxisbeispiel

Die Etablierung von MBSE bei einem deutschen Automobilhersteller zur Einhaltung der Regularie UNECE 156 war geprägt von Verzögerungen und Korrekturmaßnahmen. Hintergrund waren unzureichend etablierte Lernmechanismen. Beispielsweise wurde die Modellierungsmethode begleitend zur tatsächlichen Modellierung entwickelt und laufend angepasst. Es zeigte sich früh, dass eine systematische Ausarbeitung der Modellierungsmethode (z. B. mit Use-Cases) im Vorfeld der Modellierung und dessen Erprobung im realen Modellierungstool einen erheblichen Teil der Korrekturen hätte verhindern können. Zudem hätten auf diese Weise die Synergiepotenziale zu nachfolgenden Schritten (z. B. Verknüpfung mit dem Variantenmanagement und entsprechender Softwareprodukte) aufgezeigt werden können, die in diesem Fall aufwändig nachgearbeitet werden mussten. In dem Projekt wurde ersichtlich, dass ein systematischer Lernmechanismus vorzusehen ist, der beim Übergang vom Pilotprojekt in ein übergreifendes Vorhaben die Optimierung des Vorgehens und Ressourcenverteilung fördert. In diesem Fall fehlte die erforderliche Mitarbeiterkapazität zur Ausarbeitung eines Lernmechanismus, so dass durch Verzögerungen und Inkonsistenzen im Systemmodell das grundlegende Zertifizierungsziel und damit die Zulassung neuer Baureihen gefährdet war. Als Gegenmaßnahme wurde externe Expertise eingeholt, um Reibungsverluste zu beseitigen und Synergiepotenziale zu heben.

Im Referenzprozess werden die in Kapitel 2 bis 5 beschriebenen Inhalte aufgegriffen, so dass diese nicht nur für die Anwendung von Systems Engineering zugrunde gelegt werden können, sondern bereits für dessen Einführung. Zusätzlich sind in Abbildung 6-10 die fünf wichtigsten Do's und Don'ts einer Systems Engineering Einführung aufgeführt.

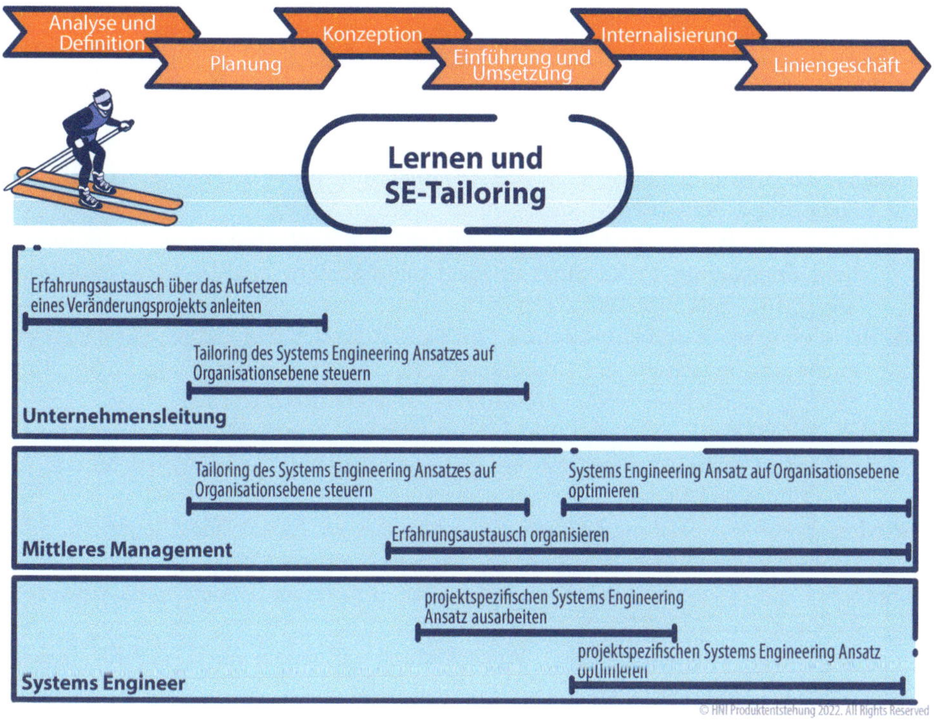

Abbildung 6-9 Handlungsfeld Lernen und SE-Tailoring

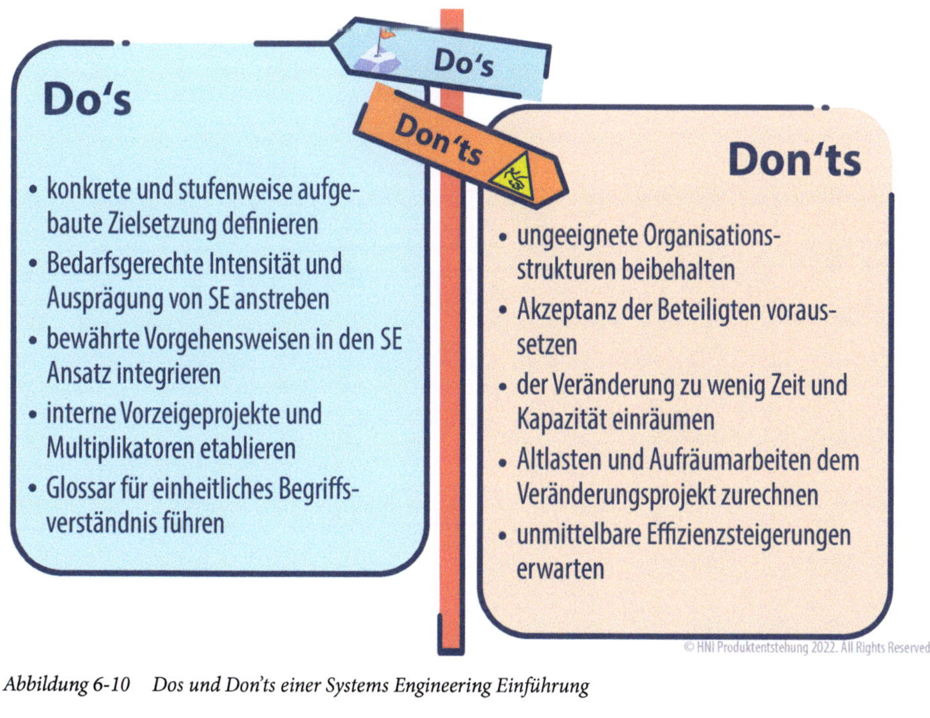

Abbildung 6-10 Dos und Don'ts einer Systems Engineering Einführung

Literatur

Boehm, B., Valerdi, R. und Honour, E. (2008). The ROI of systems engineering: Some quantitative results for software-intensive systems. Systems Engineering, 11(3), 221–234. https://doi.org/10.1002/sys.20096

Gräßler, I. (2004). Kundenindividuelle Massenproduktion: Entwicklung, Vorbereitung der Herstellung, Veränderungsmanagement. Springer Verlag.

Gräßler, I., Thiele, H., Grewe, B. und Hieb, M. (2022). Responsibility Assignment in Systems Engineering. Proceedings of the Design Society, 2, 1875–1884. https://doi.org/10.1017/pds.2022.190

Gräßler, I., Wiechel, D. und Pottebaum, J. (2021). Role model of model-based systems engineering application. IOP Conference Series: Materials Science and Engineering, 1097(1), 12003. https://doi.org/10.1088/1757-899X/1097/1/012003

Hartwich, E. (2011). Grundlagen Change Management: Organisationen strategisch ausrichten und zur Exzellenz führen. Führungsakademie Baden-Württemberg. Richard Boorberg Verlag.

Hartwich, E. (2014). Führung in Veränderungsprozessen: Den Wandel gestalten. Führungsakademie Baden-Württemberg. Richard Boorberg Verlag.

Honour, E. C. (2013). Systems engineering return on investment [Dissertation]. University of South Wales, New South Wales, Australia.

O'Connor, J. und Seymour, J. (1996). Weiterbildung auf neuem Kurs: NLP für Trainer, Referenten und Dozenten. VAK.

SEBoK Editorial Board. (2022). Guide to the Systems Engineering Body of Knowledge (SEBoK): v2.6. The Trustees of the Stevens Institute of Technology.

Valerdi, R. (2008). The constructive systems engineering cost model (COSYSMO): Quantifying the costs of systems engineering effort in complex systems. VDM Verlag.

7 Zusammenfassung

Das vorliegende Buch gibt Antworten darauf, wie technische Systeme, die in Komplexität und Anspruch alles bisher Dagewesene übertreffen, zeitgemäß entwickelt werden. Allen an der Entwicklung mechatronischer und cyber-physischer Systeme Beteiligen wird Systems Engineering wissenschaftlich fundiert, anwendungsnah und kompakt vermittelt. Die Inhalte werden grafisch professionell und bewusst lebendig dargestellt. Ausführungen werden durch konkrete Produkt- und Umsetzungsbeispiele angereichert, um die unmittelbare Übertragbarkeit des Wissens in die praktische Anwendung zu erleichtern. So wird bei Jedem - egal ob mit oder ohne Systems Engineering Vorerfahrungen - ein grundlegendes Verständnis für den Gesamtansatz geschaffen. Durch die verständliche Vermittlung der Inhalte wird gleichzeitig die Basis für Kommunikation und Umsetzung im Unternehmen gelegt.

Systems Engineering ist kein neues Phänomen. Es fand bereits beim russisch-amerikanischen Wettrennen um die erste Landung auf dem Mond Anwendung und gewinnt derzeit schnell und branchenübergreifend an Bedeutung. Das Streben nach Materialzirkularität, eine wachsende Komplexität, disziplinübergreifende Vernetzung und Volatilität sind Triebkräfte dieses Trends.

Ausgangspunkt einer Systems Engineering Anwendung sind die drei Befähiger „Tailoring", „Methoden" und „Modellbildung". Tailoring steht für das Maßschneidern des Systems Engineering Ansatzes auf die individuellen Erfordernisse und hat oberste Priorität für eine erfolgreiche Anwendung. Methoden werden eingebunden, um Probleme systematisch und anhand bewährter Vorgehensmuster zu lösen. Rückgrat der Komplexitätsbeherrschung bildet die Modellbildung. Modelle ermöglichen die Abbildung und Analyse des zu entwickelnden Systems. Als Einstieg in die Modellierung finden Wirkketten Anwendung. Deren Modellierung und Analyse bietet einen pragmatischen und zertifizierungskonformen Direkteinstieg in die Modellbildung.

Um trotz hoher Komplexität der Systeme ganzheitliche Entscheidungen zu treffen, ist Systemdenken erforderlich: das erste von drei Systems Engineering Kernelementen. Ziel des Systemdenkens ist die Wahrung der Systemintegrität innerhalb einer lebenszyklusgerechten Entwicklung. Technische, geschäftliche und finanzielle Aspekte sind bei Entwicklungsentscheidungen in ein Gleichgewicht zu bringen. Dabei müssen Restriktionen und Chancen über den Lebenszyklus eines Systems hinweg erkannt und berücksichtigt werden, so dass beispielsweise die Kreislaufwirtschaft mit einem zukunftsrobusten Geschäftsmodell vereint wird. Dafür wird das Systemdenken entlang von drei Dimensionen strukturiert: Erstens, das zu entwickelnde System vom Umfeld abgrenzen und damit die Bemühungen fokussieren. Zweitens, die Zusammenhänge innerhalb und außerhalb der System-

I. Gräßler und C. Oleff, *Systems Engineering*,
https://doi.org/10.1007/978-3-662-64517-8_7

grenze ermitteln und daraus resultierende Wechselwirkungen erkennen. Drittens, die Komplexität beherrschen, indem geeignete Sichten auf das System eingenommen und die Perspektiven der Stakeholder verstanden werden.

Das zweite Kernelement des Systems Engineering ist die Entwicklungsmethodik. Die Entwicklungsmethodik ermöglicht ein systematisches und auf den Anwendungsfall abgestimmtes Vorgehen bei der Systementwicklung. Teil der Entwicklungsmethodik ist die Prozesslandschaft. Sie basiert auf dem in Wissenschaft und Praxis etablierten INCOSE-Standard sowie der zugrunde liegenden Norm ISO/IEC/IEEE 15288:2015. Jeder der 30 Prozesse dient der Lösung einer bestimmten Entwicklungsaufgabe. Die Aufgaben kommen aus den Bereichen Technik, technisches Management und organisatorische Projektbefähigung. So wird eine ganzheitliche Unterstützung geboten, die über die Betrachtungsweise der klassischen Produktentwicklung hinausgeht. Sachlogisch verknüpft werden die Prozesse anhand des zweiten Teils der Entwicklungsmethodik, dem V-Modell nach VDI/VDE 2206. Das V-Modell vermittelt eine Denkstruktur, die zentrale Prinzipien des Systems Engineering unmittelbar in das individuelle Entwicklungsvorgehen integriert.

Die Umsetzung des Systems Engineering obliegt den an der Entwicklung beteiligten Personen. Daher ist das dritte Kernelement der Systems Engineer (m/w/d). Das große Spektrum an Verantwortlichkeiten und Aufgaben im Systems Engineering wird in einem Rollenmodell erfasst. Das Modell ist der Schlüssel für die organisatorische Systems Engineering Befähigung eines Unternehmens und seiner Entwicklungsteams.

Abschließend ebnet eine konkrete Schritt-für-Schritt Anleitung den Weg für den erfolgreichen Transfer aus der klassischen Produktentwicklung hin zum Systems Engineering. Es werden die Voraussetzung für eine nachhaltige Leistungssteigerung geschaffen, indem sich das Unternehmen organisatorisch, strukturell und im Hinblick auf die Mitarbeiterkompetenzen auf Systems Engineering einstellt. Der dazu erforderliche Veränderungsprozess umfasst sechs Handlungsfelder und wird durch Umsetzungsbeispiele aus der industriellen Praxis greifbar gemacht.

Glossar

Details der Kurzbelege sind den Literaturverzeichnissen der Kapitel zu entnehmen.

Anforderung
: verifizierbare und validierbare „Messgröße“ zur formalen Strukturierung der Bedürfnisse

Baseline
: zu einem bestimmten Zeitpunkt vorherrschender Entwicklungsstand des Systems, der von den relevanten Stakeholdern akzeptiert wurde (EIA649C:2019)

Bedürfnis
: „Etwas“, das für das Leben des Stakeholders notwendig ist oder dieses erleichtert

Einigungsprozesse
: Aufgabenbündel zur systematischen Herbeiführung einer Vereinbarung zwischen zwei Parteien (in Anlehnung an (Walden et al., 2015))

MBSE
: formalisierte Anwendung der Modellierung zur Unterstützung von Anforderungserhebung, Entwurf, Analyse, Verifikation und Validierung (in Anlehnung an (Walden et al., 2015))

Methode
: planmäßiges Verfahren, das den Anwender zur Lösung einer praktischen oder theoretischen Aufgabe befähigt (Brockhaus, 2022)

Methodik
: Ein System von zusammengehörigen Modellen, Methoden und Hilfsmitteln zur Lösung einer theoretischen und / oder praktischen Aufgabenstellung (aufbauend auf (Laufenberg 1996; Bochtler 1996; Gräßler 2000))

Modellbasierte Wirkketten
: Ursache-Wirkungs-Beziehungen, die Elemente und ihre Abhängigkeiten untereinander abbilden (Gräßler, Wiechel et al., 2022)

Organisatorische Projektunterstützungsprozesse
: Aufgabenbündel zur Schaffung der organisatorischen Voraussetzungen für eine erfolgreiche Durchführung des Entwicklungsvorhabens (in Anlehnung an (Walden et al., 2015))

RFLPV²
: Strukturierung der Entwicklungsartefakte in Anforderungen, Funktionen, logische und physische Systemelemente, Verifikation und Validierung (engl. Requirements, Functions, Logics, Physics, Verification and Validation) (Gräßler, Wiechel und Oleff, 2022)

I. Gräßler und C. Oleff, *Systems Engineering*,
https://doi.org/10.1007/978-3-662-64517-8

SoI
Betrachtungsobjekt, welches durch eine Systemgrenze vom Umfeld separiert wird (engl. System of Interest) (in Anlehnung an (Walden et al., 2015))

Stakeholder
Personen oder Organisationen, die ein berechtigtes Interesse an einer Unternehmung haben (ISO/IEC/IEEE 15288:2015)

System
Gebilde aus einzelnen Systemelementen, die zwar einzeln gesehen werden, im Zusammenspiel aber zu einem größeren Nutzen als die Summe der Einzelnutzen führen (Hitchins, 2009).

Systemarchitektur
bildet Elemente, Beziehungen und notwendige Prinzipien eines Systems ab (Walden et al., 2015)

Systemdenken
ganzheitliches Denken und Handeln in der Systementwicklung

Systemintegrität
Ausgewogenheit von geschäftlichen, finanziellen und technischen Aspekten (Walden et al., 2015)

Systems Engineer (m/w/d)
Inhaber von Rollen für eine erfolgreiche Anwendung von Systems Engineering (Gräßler et al., 2019)

Systems Engineering
beruht auf systemischem Denken und umfasst eine Methodik für die Entwicklung komplexer technischer Systeme zur Erzielung eines disziplinübergreifenden Optimums innerhalb eines zuvor festgelegten Zeit- und Kostenrahmens. Hierfür werden die Diziplinen modelltechnisch strukturiert und miteinander vernetzt (aufbauend auf (Gräßler 2015))

Systems Engineering Prozesse
adressieren ein bestimmtes Aufgabenbündel und bieten eine auf die Systems Engineering Prinzipien abgestimmte Umsetzungsunterstützung

Tailoring
bedarfsorientiertes Anpassen an den Anwendungsfall („Maßschneidern") (in Anlehnung an (Walden et al., 2015))

Technische Management Prozesse
Aufgabenbündel zur Koordination des Entwicklungsvorhabens (in Anlehnung an (Walden et al., 2015))

Technische Prozesse
unmittelbar wertschöpfende Aufgabenbündel von der Ausarbeitung einer voll-

ständigen Anforderungsliste über deren Erfüllung bei Auslieferung des Systems bis hin zur Außerbetriebnahme (in Anlehnung an (Walden et al., 2015))

Validierung
objektive Überprüfung der Erfüllung der Stakeholderbedürfnisse durch das System, ein Teilsystem oder ein Systemelement (in Anlehnung an (Walden et al., 2015))

Verifikation
objektive Überprüfung des Erfüllungsgrads der Anforderungen an ein beliebiges Systemelement, Teilsystem oder das Gesamtsystem (in Anlehnung an (Walden et al., 2015))

V-Modell
sachlogische Verknüpfung von Entwicklungsaufgaben (VDI/VDE 2206:2021; Graessler und Hentze, 2020)

Stichwortverzeichnis

I. Gräßler und C. Oleff, *Systems Engineering*,
https://doi.org/10.1007/978-3-662-64517-8

L

M

N

O

P

Q

R

S

FSC
www.fsc.org
MIX
Papier aus verantwortungsvollen Quellen
Paper from responsible sources
FSC® C105338

If you have any concerns about our products,
you can contact us on
ProductSafety@springernature.com

In case Publisher is established outside the EU,
the EU authorized representative is:
Springer Nature Customer Service Center GmbH
Europaplatz 3, 69115 Heidelberg, Germany

Printed by Libri Plureos GmbH
in Hamburg, Germany